PETER PLICHTA

DAS

PRIM ┼ ZAHL

KREUZ

IV

Quadropol Verlag
Marburg
2021

Alleinige Verantwortung für den Inhalt:

Dr. Peter Plichta

Wissenschaftliche Mitarbeit:

Yvonne Burk

7. Buch 1. Auflage

Quadropol Verlag ist ein Imprint des Verlages »Die Silberschnur« GmbH

ISBN 978-3-9802808-5-3
Druck: Finidr, s.r.o. Cesky Tesin

Verlag »Die Silberschnur« GmbH · Steinstr. 1 · 56593 Güllesheim
www.silberschnur.de · E-Mail: info@silberschnur.de

Band IV

XENOS, das Fremde

Wir Flüchtigen;
Was sind wir,
schon sind wir nichts mehr.

Pindar

Inhalt des vierten Bandes

Das Siebte Buch: Das Geheimnis der Zahlen –1 und +2 bei Bildung und Zerfall der Materie.

Kapitel 1

Die sieben Bücher der Sibille

Mit Einschulung in das Gymnasium bereitete mir die lateinische Sprache und ihre Grammatik große Freude. Der alte, vom Leben gezeichnete Lateinlehrer, halbblind durch eine Starbrille und Invalide mit einem Bein aus Holz, war von schrecklichem Antlitz. Er hielt neunundsechzig Schüler mit seiner brüllenden Stimme und einem immer schlagbereiten, massiven Spazierstock in Schach. Ganz selten aber zeigten sich auch milde Züge. In solchen Momenten konnte er mit laut singender Stimme Homers griechische Verse aus der Illias oder aus der Odyssee zitieren oder Begebenheiten aus der römischen Geschichte erzählen.

Eine dieser Geschichten hat mich merkwürdig beeindruckt. Sie handelte von Tarquinius Superbus, dem letzten römischen König, den Rom für immer in die Verbannung schickte, damit die republikanische Staatsform eingeführt werden konnte. Superbus heißt übersetzt übermütig, aber auch hochmütig.

Der König bekam eines Tages Besuch von der alten Hexe Sibille, die ihm sieben Bücher anbot, in denen die Weisheit dieser Welt erläutert, aber auch ihre Rätselhaftigkeit entschlüsselt dargeboten sein sollten. Allerdings war der Hochmütige über die Höhe des Kaufpreises so erbost, dass er befahl, das alte Weib auszupeitschen und aus dem Palast zu jagen. Die Alte reagierte merkwürdig. Sie begann vor dem Tor des Palastes Brennholz zu sammeln und von der Festung aus beobachtete der Herrscher, wie vier der sieben Bücher in Flammen aufgingen. Nun ließ er das alte Weib in den Palast zurückzerren. Die Alte bot ihm die restlichen Bücher wiederum zum gleichen Kaufpreis an. Erneut wurde sie fortgeschleift und ausgepeitscht. Das Spiel mit dem Feuer wiederholte sich. Diesmal verbrannte sie zwei Bücher. Erschrocken bezahlte der König in seiner Panik für das eine übriggebliebene Buch den zuvor genannten Kaufpreis für alle Bücher.

Die Geschichte des Lateinlehrers endete mit der Feststellung, dass seit diesem Geschehen sechs Siebtel des Weltwissens unwiederbringlich verloren gegangen sind. Seitdem war die Rätselhaftigkeit dieser Welt in meinem Bewusstsein.

Auch wenn ich später, bei der Beschäftigung mit der Antike, davon las, dass eine römische Sibille beziehungsweise eine griechische Sybille und die Zahl der Bücher in den Bereich der Sagen anzuordnen sind, hatte der Zusammenhang von Wissen und Zahlen begonnen zu keimen.

Einen Haken hatte die Sache allerdings. Der Schulunterricht in Algebra, der eigentlich von Zahlen handeln sollte, beschäftigte sich einzig mit Bruchrechnung und eingekleideten Textaufgaben. Nicht einmal das Wort Primzahlen fiel. In Geometrie wurde nicht das Wesen der Figuren behandelt, sondern nur etwa das Ausrechnen der Fläche eines Kreises. Die Kreisfigur galt für den Lehrer als die Erfindung von den Mathematikern, die vorher den Zirkel entdeckt hatten.

*

Der Religionsunterricht vermittelte damals, dass Gott die Welt in sechs Tagen erschaffen habe und am siebten Tage ruhte. Auf diese Weise hätten sich die sieben Tage einer Woche für die ganze Welt als verbindlich erwiesen. Das alte Testament erzählt aber auch von sieben Trompeten von Jericho und von sieben Todsünden oder von sieben Plagen. Das neue Testament enthält als Anhängsel die Apokalypse des Johannes. Hier entlädt sich der Zorn Gottes mit dem Bruch des siebten Siegels. Aber nicht nur die Primzahl sieben spielt eine Rolle in der Bibel, sondern auch weitere Zahlen, wie zwei, drei, vier, fünf sechs und andere.

Ich erinnere mich noch, dass sich im Schulunterricht außer mir kein Mitschüler für solche Zahlen interessiert hat. Begonnen hatte mein Interesse für Zahlen und Naturwissenschaften mit dem Abwurf von zwei Atombomben über Japan. Ich war zu diesem Zeitpunkt erst fünf Jahre und wollte unbedingt wissen, was denn das Wort „Atom“ bedeutet. Aber niemand in meiner Umgebung konnte es mir erklären. Erst als ich lesen konnte, fiel mir ein Kinderbuch aus dick gepresster Pappe in die Hände, das in farbigen Bildern technisches Grundwissen vermittelte, etwa wie die Dampfmaschine arbeitet oder warum ein Flugzeug fliegt.

Das letzte Bild zeigte einen dicken grinsenden Atomkern mit einem menschlichen Gesicht. Der Kopf bestand aus vier bunten Kugeln, den beiden Protonen und den zwei Neutronen. Um den Atomkern rasten zwei Elektronen mit Motorrädern auf verschiedenen Kreisbahnen. Die Elektronen waren kleinen Menschen ähnlich und trugen Motorradbrillen. Der Titel des Bildes lautete: „Das Heliumatom“. Unterhalb des Bildes wurde der Aufbau eines Atoms mit Atomkern und Elektronenhülle erklärt. Anhand der positiven Ladung eines Protons und der neutralen Ladung eines Neutrons wurde dem siebenjährigen Peter klar, dass die negativ geladenen Elektronen nicht in Kern fallen wollen. Und deswegen rasen sie!

*

Im Alter von elf Jahren begann ich mit chemischen und physikalischen Experimenten. Die auf Motorrädern rasenden Elektronen hatte ich ersetzt durch elektrisch negativ geladene, punktförmige, Teilchen. Die sausten jetzt auf einer Kreisbahn um den positiv geladenen Atomkern. Ihre Kreisbahn konnte nicht von Menschen erfunden sein, somit ist die Geometrie eines Kreises eine ewige Idee.

Während der ganzen Schulzeit, aber auch während meinen verschiedenen Universitätsstudien, wurde die Rätselhaftigkeit dieser Welt mit keinem Wort erwähnt. Die Studienräte und die Professoren nehmen sie gar nicht wahr. Der alte Lateinlehrer hatte Recht. Sechs Siebtel des Wissens dieser Welt scheinen verloren zu sein, ohne dass wir es vermissen. Dafür wird umgekehrt das übrig gebliebene eine Siebtel immer gründlicher untersucht, immer heftiger vermessen, immer mehr verschachtelt und unterrichtet.

So war die Voraussetzung geschaffen für eine Behauptung unserer Epoche: „Wir wissen schon alles“. Auf die Weise ist es den Forschern gelungen, David Hilberts hinterlassene Vision „Sciemus“ („Wir werden wissen“) zu ignorieren. Du Bois-Reymonds gar vernichtendes Urteil, „Ignorabimus“ („Wir werden nicht wissen“) stört keinen Forscher mehr, schon einfach deswegen, weil sie diese Prophezeiung schon lange nicht mehr kennen.

*

Neben der Rätselhaftigkeit dieser Welt spürte ich immer stärker, dass ich über eine merkwürdige Fähigkeit verfüge, zukünftige Ereignisse vor ihrem Eintritt zu sehen, zu träumen oder vorher als Ahnung zu fühlen. Verschiedene solcher vorausgesehenen Erlebnisse sind in Band I eingeflossen, so etwa die angezettelte Vergiftung meines Vaters und die bestialische Ermordung meiner ersten Frau.

Der Tod meines Vaters war für mich verknüpft mit der Möglichkeit, meinem Bruder in der Schweiz eine Anstellung in einem Kanadischen Konzern zu verschaffen. Eigenartigerweise gab sein Tod auch den Weg frei, meinen unreifen, völlig ungebildeten und verbitterten Zwillingsbruder in Deutschlands reichsten Familienclan hinein zuschieben, also die Regie für seine Einheirat zu führen.

Mehrfach konnte ich unmittelbar bevorstehende Ereignisse in der Nacht vor dem Geschehen als Farbfilm so erleben, als säße ich in einem Kino und würde mir selbst zuschauen. Diese Art filmische Vorausschau war dadurch gekennzeichnet, dass die bevorstehende Handlung von mir im Traum bis ins kleinste Detail, dreidimensional und in Farbe, wahrgenommen wurde. Genau nach diesem Drehbuch lief dann das Geschehen am nächsten Tag ab. Dabei fühlte ich mich dann so wie im Traum als Beobachter.

Da es für solche Fähigkeiten keine Erklärung gibt, außer der Möglichkeit, dass alles Geschehen auf diesem Planeten schon immer festgestanden hat und dann wie ein Film abläuft, habe ich darüber weitgehend geschwiegen. Die Sache schien mir nicht entscheidbar.

*

Da ich einmal damit begonnen hatte, Volkwirtschaft zu studieren, musste ich mich mit den Fächern Propädeutik, Buchführung und Statistik beschäftigen. Im Fach Statistik gibt es ein eisernes Gesetz für einen Würfel. Bei jedem Wurf beträgt die Wahrscheinlichkeit, dass eine bestimmte Zahl gewürfelt wird, 1 zu 6. Jede Möglichkeit, dass der Würfel auf irgendeine Weise eine Erinnerung davon besitzt, welche Zahlen vorher gefallen sind, gilt als ausgeschlossen. Beispiel: Würfelt jemand dreimal hintereinander eine 6, beträgt die Wahrscheinlichkeit, dass zum vierten mal eine 6 fällt, immer noch 1 zu 6. Es lässt sich zwar ausrechnen, wie unwahrscheinlich dieser Fall ist, aber auch das ist Statistik, die der Laie gerne mit dem Begriff Zufall verbindet.

Für mich ist die Frage nach dem Zufall mit einem Geschehen verknüpft, dass es wahrlich notwendig macht, diese Geschichte zu erzählen. Es geht um ein Erlebnis, das so unwahrscheinlich ist, dass es sich statistisch einer Untersuchung entzieht, obwohl es dabei um einen Zufall geht. Das, was sich abgespielt hat, wird nur noch überboten von dem Hinweis, dass ich es Jahre vorher als eine Form der Prophezeiung angekündigt hatte.

Die Geschichte hätte niemals stattgefunden, wenn mein Vater nicht gestorben wäre, und ich meinem Bruder nicht die Möglichkeit verschafft hätte, mit Milliardenvermögen in Berührung zu kommen.

Nach dem Tod meines Vaters verwaltete ich sein Erbe, weil das Haus in der Bruhnstrasse nicht zu Ende gebaut war. Die Zeiten von erbärmlicher Sparsamkeit und beschämendem Geiz waren vorbei. Ich wusste genau, dass es notwendig war, jetzt groß zu denken. Also buchte ich für Helga und mich im Sommer 1964 einen Billigflug in die USA. Ich besorgte Bustickets, um wochenlang über den Nordamerikanischen Kontinent zu reisen. Der US-Dollar kostete damals noch 4,20 Deutsche Mark, was die Reise unerwartet zu einer Strapaze werden ließ.

Irgendwann landeten wir ziemlich abgezehrt in San Franzisco und stopften erst einmal unsere hungrigen Mäuler mit französischem

Stangenbaguette, die nicht nur mit Butter geschmiert, sondern auch mit feinstem Roastbeef oder französischem Camembert belegt waren. Plötzlich hatte sich eine Stadt in diesem riesigen Land, mit seinem Gewirr von Wolkenkratzern, glühender Hitze, seinen nicht endenden Wüsten, Müllbergen, Hamburgern und dem Kontrasten von Arm und Reich, in eine Märchenstadt verwandelt.

So in Hochstimmung begegneten wir einem BWL-Studenten, auch aus Köln, Winfried. Die Freundschaft wuchs von Tag zu Tag bis das Wort Würfel fiel. Ich hatte noch nicht ausformuliert, dass ich das Gesetz von den sechs Oberflächen eines Würfels und der damit verbundenen Statistik zwar akzeptiere, jedoch abhängig mache, von der Person, die würfelt. Da begann ein ernsthafter Streit.

Winfried stritt kategorisch jeglichen Bauplan für die Natur ab. Ich argumentierte, dass er doch gar keine Ahnung habe vom Aufbau der Materie. Die Chemie lässt sich überhaupt nur mit Zahlen und ihren Regeln verstehen. Fast alle wichtigen Gesetze der Physik setzen sich aus drei Bestandteilen zusammen, die miteinander über ein Gleichheitszeichen mathematisch in Beziehung stehen. Und für die Biologie und die damit verbundene Biochemie bleibt nur die resignative Erkenntnis, dass sich ihre hochkomplizierten chemischen Verbindungen mit Zufall überhaupt nicht erklären lassen. Winfried explodierte fast.

*

Winfried entpuppte sich nicht nur als überzeugter Darwinist, der jegliche Art von Planung verneint – nein, er argumentierte knallhart mit statistischen Gesetzen. Das Alter der Erde und die Umwelt mit ihren immer wieder auftretenden Verwüstungen hätten die Entstehung der Einzeller bis hin zum Homo Sapiens und seine Weiterentwicklung bis zum heutigen Menschen ermöglicht. Dadurch würde die Evolution ausschließlich auf dem Zufall basieren.

Beide Seiten bemühten sich einen heftigen Streit zu vermeiden, um die Weiterreise freundschaftlich fortzusetzen. Dann trat ein merkwürdiges Ereignis ein, das auf einer anderen Ebene unseren Streit über den Zufall weiterschüren sollte. Und zwar in einem Spielcasino in Reno, Nevada.

Wir mussten dort den Bus wechseln und nutzten die zweistündige Wartezeit für einen Casinobesuch. Innen war der vom Kunstlicht hell erleuchtete große Spielsaal völlig menschenleer. Es gab seltsamerweise nur einen einzigen Angestellten, einen Croupier, der bei unserem Näherkommen eine Roulettekugel in einen drehenden Kessel warf. Der Croupier spielte fortwährend, als wenn es um wirkliche

Einsätze ging. Mir fiel auf, dass ständig rot fiel und ich sagte laut, dass wohl im nächsten Spiel endlich schwarz fallen würde. Jetzt legte ich eine Dollarmünze auf schwarz. Falls nun schwarz fiele, hätte ich einen Dollar gewonnen und mit dem Spiel aufgehört. – Nicht sehr abenteuerlich in der Spielerstadt Reno. Ich verlor.

Es fiel weiter rot und ich setzte nacheinander 2 Dollar, dann 4, 8, 16, 32, 64, 128. Inzwischen war mein Bargeld aufgebraucht, und ich zahlte mit American Express Schecks, die der Croupier in Dollarnoten umtauschte, ohne auch nur die Schecks zu prüfen. Ein Blick auf Helga und Winfried genügte. Angstschweiß! Das Abenteuer hatte sich in eine gefährliche Katastrophe verwandelt, denn es waren gerade noch so viel Dollar übrig, um $ 512.- und $ 1.024.- zu verlieren, es sei denn, endlich käme schwarz. Ich spielte ruhig weiter und ganz zum Schluss kam schwarz. Selbst der Croupier war erleichtert.

Damit hatte ich meine Einsätze wieder zurück und einen Dollar gewonnen. Was für ein Risiko für einen deutschen Studenten in den USA im Jahr 1964. Helga fragte mit entsetzter Stimme:

„Hast Du gewusst, dass Du am Ende das viele Geld zurück gewinnst?"

Ich sagte:

„Ja".

Winfried erstarrte. Wir redeten kein Wort mehr über den Vorfall.

*

In Deutschland hielt die Freundschaft eine Zeitlang an und war verbunden mit Partys oder nächtlichen Diskussionen und gemeinsamer Alkoholvernichtung. Doch dann brach die Beziehung ab. Beim Abschied sprach ich eine merkwürdige Prophezeiung aus:

„Winfried, wir werden uns eines Tages wiedersehen, und wenn es auf der anderen Seite dieser Erde ist. Und dann wird sich entscheiden, ob unsere Wiederbegegnung Zufall ist oder kein Zufall sein kann, weil es geplant war."

Ich hatte zu diesem Zeitpunkt keine Erklärung für diese Voraussage, die ich fast ein wenig zwanghaft von mir gegeben hatte. Vielleicht war ich von einem Geschehen am Chemischen Institut der Universität Köln aufgerüttelt worden.

Dort hatte ich meine Diplomprüfung in Organischer Chemie mit der Note „Summa cum laude" abgeschlossen. Trotzdem beabsichtigte ich, meine Diplomarbeit in Anorganischer Chemie zu schreiben. Jetzt saß ich dem prüfenden Professor gegenüber.

Mit 13 Jahren war mir einmal zum Weihnachtsabend ein Buch

über Organische Chemie geschenkt worden, und ich hatte sofort begonnen, die Einleitung zu lesen. Der Verfasser stellte klar, dass die Organische Chemie nur auf Kohlenwasserstoffen aufbaut und damit auf dem chemischen Element Kohlenstoff. Er hatte es aber auch für nötig gehalten, darüber zu berichten, dass ab 1916 der deutsche Professor für Anorganische Chemie Alfred Stock begonnen hatte, Siliziumwasserstoffe mit mehr als zwei Siliziumatomen (das Pendant des Kohlenstoffs) erstmalig herzustellen. Ihm gelang die Gewinnung von Trisilan mit einer Kette von drei Siliziumatomen – Si – Si – Si – und weiterhin ein Tetrasilan mit einer Kettenlänge von vier Siliziumatomen – Si – Si – Si – Si –. (Die Wasserstoffatome sind nicht gezeichnet.) All seine Bemühung, längerkettige Silane zu gewinnen – also Pentasilan oder Hexasilan oder noch höhere – war gescheitert.

Noch erstaunlicher war, dass es den Mitarbeitern nicht gelungen war, das Disilan, das Trisilan bzw. das Tetrasilan mit Halogenen zu substituieren. Gemeint ist, sie an die Kette Chlor-, Brom- oder Jodatome zu binden. Die Gründe lagen in den heftigen Explosionen.

Nachdem Stock vor der Machtergreifung Hitlers zu der Cornell Universität in den Vereinigten Staaten geflüchtet war, wurden weltweit alle Silan-Forschungsaktivitäten mangels Erfolgsaussichten eingestellt.

Ich habe schon in Band I davon berichtet, dass der 13-jährige Peter, mit gewaltigen Explosionen glücklich vertraut, damals beim Lesen etwas erfasst hatte, was er sich später als Chemiker an der Universität vornehmen würde.

*

Professor Fehér sprach das Unmögliche aus: „Wir sind das einzige Silaninstitut weltweit. Ahnungsvoll fragte ich:

„Haben Sie die Stoffe halogeniert?“

Die Antwort lautete:

„Nein, es hat zu heftige Explosionen gegeben.“

Meine nächste Frage folgte sofort:

„Haben Sie Höhere Silane gewonnen?“

„Nein, wir haben erstmalig größere Mengen an Disilan, abgefüllt in Stahlflaschen, gewonnen, und einiges an flüssigen Silanen mit drei und vier Siliziumatomen. Die liegen jetzt in einer Tiefkühltruhe im Institutsschlaf.“

Ich traf sofort die Entscheidung:

„Dann werde ich Ihnen erst einmal die Halogenverbindungen des Di-, Tri-, und Tetrasilans herstellen und dann jeweils in ihre Einzelbestandteile fraktionieren. Wenn mir das gelungen ist, werde ich mit neuen Ideen endlich einmal die Höheren Silane herstellen und beweisen, dass sie bei Raumtemperatur stabil sind!“

Professor Fehér fragte von solch frecher Zuversicht irritiert: „Und wie wollen Sie die Explosionsgefahr bei der Halogenisierung umgehen?“

„Indem ich die Silane mit einer Flüssigkeit stark verdünne und auf eine Temperatur von minus 80 Grad kühle. So ist nur noch dafür zu sorgen, dass auch die Halogene hochverdünnt und gekühlt eingesetzt werden.“

Professor Fehér erstarrte. An diese notwendige Bedingung hatten sowohl Stock als auch er selbst nicht gedacht.

Was Professor Fehér nicht wissen konnte war eben die einfache Tatsache, dass ich mit 13 Jahren den festen Entschluss gefasst hatte, die Silanchemie wieder zu erwecken oder besser zu revolutionieren. Nur einmal, in einer Rede als Abiturient hatte ich mein Vorhaben vor einhundertzwanzig Abiturienten angedeutet.

Jetzt wurde ich zum Leiter der weltweit einzigen Silanabteilung ernannt. In dieser Abteilung würde ich mein Vorhaben in die Tat umsetzen, chemische Silanverbindungen und natürlich langkettige Silane herzustellen.

*

Ich hatte Winfried von dieser Geschichte berichtet, weil sie mir wie die Verwirklichung eines übergeordneten Planes erschien. Er entgegnete wütend, dass schon ganz andere junge Forscher ihre frühen Ideen später im Leben verwirklicht hätten. Das hatte mich ungewollt beim Abschied zu der Aussage verleitet:

„Wir werden uns wiedersehen, und wenn es auf der anderen Seite dieser Welt ist“

Warum dies auf der anderen Seite der Erde stattfinden sollte, wusste ich selber nicht. Erst recht nicht, wann!

Das Abenteuer im Spielcasino von Reno hatte doch Spuren hinterlassen. Ich versuchte nach unserem Gespräch genau zu analysieren, wie und was abgelaufen war. Im Prinzip ging es damals am Roulett-tisch nicht darum, welche Zahl fiel, sondern nur darum, von welcher Farbe diese Zahl war, entweder rot oder schwarz.

Mathematisch ging es also um Ja/Nein-Entscheidungen. Hierbei war es notwendig gewesen, die Einsätze ständig zu verdoppeln, d. h. die Anzahl der Spiele 1, 2, 3, 4, 5, ... usw. in Exponenten der Basis 2 zu verwandeln: $2^0 = 1$, $2^1 = 2$, $2^2 = 4$, $2^3 = 8$, $2^4 = 16$, $2^5 = 32$ usw.

Wie der Leser erkennt, führt der Ausdruck $2^0 = 1$ zu dem Wert eins, obwohl der Zahlenwert null uns wie ein Nichts erscheint. Die für mich wichtige Frage bestand in der Beobachtung, dass nun die fortlaufenden Zahlen als Hochzahlen, auch Exponenten genannt, klein geschrieben, rechts hochgestellt, neben der Basiszahl 2 angeordnet sind.

Hieraus lässt sich folgern, dass es zwei Sorten von fortlaufenden Zahlen gibt: die Anzahlen und die Exponenten.

Das entscheidende Kennzeichen von fortlaufenden Zahlen ist die Primzahlverteilung. Diese wird dem Zufall zugeordnet, da der Sechsertakt der Primzahlen und die damit verbundene Abnahme der Primzahlen unbekannt sind. Auf diese Weise wird etwa ein Satz von Wilson als eine menschliche Beobachtung angesehen, die von Mathematikern bewiesen worden ist. Den ersten Beweis lieferte Leibnitz, er blieb aber unbekannt. Seinen Nachfolgern gelang eine Reihe von Beweisen bis hin zu Gauß.

Niemanden kam der Verdacht, dass für die Beobachtung

$$(p-1)! + 1 \equiv 0 \mod p$$

ein notwendiger Grund existieren muss. Mathematikern reicht einfach der Beweis. Die Gründe für den Satz von Wilson liegen in der Geometrie des Primzahlkreuzes. Es baut auf der Zahl

$$24 = 1 \cdot 2 \cdot 3 \cdot 4 = 4!$$

auf. Folglich müssen sämtliche größeren Fakultäten immer oberhalb von 4 Fakultät stehen. Aus diesem einfachen Grund lässt sich zeigen, warum es den Satz von Wilson gibt. (Bd. III 5. Buch, S. 101 – 106). Ich zeigte damals meine Entdeckung mehreren Mathematikern und damit die Gründe für den Satz von Wilson. Ihre Reaktion äußerte sich in völligem Unbegreifen und gipfelte in der Behauptung: „Aber der Satz von Wilson ist doch bewiesen."

Ich möchte ein weiteres Beispiel bringen für das Fehlen von Warumfragen. Warum sind die einzelnen chemischen Elemente nicht einfach alle Reinisotope mit nur einer Ordnungszahl und mit einer Neutronenanzahl? Da die Zahl der verschiedenen Isotope eines Elementes sich einfach als Anzahl von schwarzen Strichen auf Fotoplatten ablesen ließ, erledigte die Beantwortung dieser Frage die Erfindung des Massenspektrographen. Würde einem Studenten oder einem Professor der Kernchemie bzw. der Kernphysik die Frage gestellt, warum etwa das Zinn zehn Isotope besitzt, könnte er diese die Frage nicht verstehen. Seine Antwort würde lauten: „Weil man es auf der Nuklidkarte nachlesen kann. (Sagte der Clown.)

Was fordert das Fehlen eines Verdachtes? Dass eben keine Suche stattfindet!

*

Zu dem Zeitpunkt, als ich Winfried viele Jahre später noch einmal wiedertraf, existierte in mir nur der Verdacht, dass es zwei Welten geben muss, die der Anzahlen und die der Exponenten. Die Idee, die Existenz dieses Planeten und des unendlichen Weltalls auf einem Bauplan aus Zahlen zu begründen, würde den Zufall ausschließen.

Es musste etwas stattfinden, um den bedingungslosen Glauben zu erlangen, dass hinter der Welt ein Plan und hinter den Abläufen des Lebens eine Planung steht.

*

1971 war ich der Vernichtungskunst des Industriellen Dr. Konrad Henkel sowie den drei Mitgliedern der Universität Köln, dem Rektor und den beiden Institutsdirektoren der Anorganischen Chemie entkommen. Ab Oktober desselben Jahres hatte ich eine sichere Position bei der Wella AG Darmstadt gefunden. Diese Geschichte ist mit einem Auto verbunden.

Mein erstes Einstellungsgespräch sollte an einem Nachmittag stattfinden. Am Vormittag hatte bereits ein anderes Vorstellungsgespräch bei der Firma Procter & Gamble in Worms stattgefunden. Das Unternehmen hatte in einer Zeitungsanzeige einen jüngeren Chemiker gesucht. Das war auffallend, weil ein derartig chemischer Gigant einen einzelnen, talentierten Chemiker nicht über eine Anzeige sucht, sondern über Beziehungen.

Aus einem Gefühl heraus informierte ich meinen Zwillingsbruder von der Tatsache, dass ein sehr hoher Mitarbeiter mich zu einem persönlichen Vorstellungsgespräch eingeladen hatte. Wahrscheinlich hatte es diesem gefallen, dass ich außer dem Studium der Chemie auch Kernchemie und Jura studiert hatte.

Indem ich Paul begeistert von dieser ausgeschriebenen Stelle erzählte, fand genau das statt, was ich erwartet hatte. Meine Schwägerin Christa rief mich mit zuckersüßer Stimme an, dass es wichtig sei, ausgeruht zu diesem Besuch zu erscheinen. Dazu sei es notwendig, dass ich die Strecke Düsseldorf Worms nicht zu lange in einem Auto verbringe. Ich sollte ein sehr schnelles Auto nehmen. Sie bot mir ihren gelben Porsche Targa an, und um das Ausmaß ihres Mitgefühls für diesen so wichtigen Besuch zu betonen, versprach sie, mir das Auto persönlich vorbeizubringen.

Am Abend stand dann dieser auffällige Wagen, den ich bis dahin noch nie hatte fahren dürfen, vollgetankt vor der Haustür. Schlüssel und Wagenpapiere waren abgegeben worden. Mit einem Wagen dieser Art zu einem Vorstellungsgespräch bei Procter & Gamble zu erscheinen, kann nur mit Selbstmord verglichen werden. Die Tür der Falle stand weit offen.

Der Besuch bei einem Direktor von Procter & Gamble stellte eine kleine Sensation dar. Nach kurzer Unterhaltung teilte mir dieser mit, dass er schon lange auf einen Chemiker mit umfassenden Kenntnissen, Phantasie und glänzenden Manieren gewartet habe. Er brauche mich, um in der europäischen Zentrale in Brüssel Fuß zu fassen. Ich wurde aufgefordert, sofort die englische und französische Sprache fließend sprechen zu lernen. Kurz und gut – mir stünde die Welt offen – weil er mich persönlich fördern würde. Mir war klar, wenn Dr. Henkel von der Erfüllung meines Traumes erführe, würde er sicher toben!

Plötzlich wurde die Türe des großen Saales mit seiner ehrwürdigen Ausstattung ohne Anklopfen aufgerissen. Zwei Männer des Werkschutzes stürzten hinein, der eine bewachte die Tür, der andere begann dem Direktor eine längere Mitteilung ins Ohr zu flüstern. Plötzlich sprang dieser auf und brüllte mich an, ob mir der gelbe Porsche mit dem Kennzeichen D-CP ... gehöre. Ich erwiderte nein, der Wagen gehöre meiner Schwägerin Christa Plichta. Er brüllte weiter, sie sei „eine Henkel“ und ich sei ein Spion, der versuche bis in die Europäische Zentrale dieses Amerikanischen Konzerns vorzudringen.

Ich hielt es für aussichtslos, jetzt auch nur irgendwelche Klarstellungen vorzubringen und ließ mich von den Werkschutzbeamten abführen bis zu Christas Porsche. Dabei blieb ich innerlich ganz ruhig, weil ich noch einen weitern Vorstellungstermin an diesem Tage in Darmstadt hatte.

*

Diesmal parkte ich Christas Auto schön versteckt, irgendwo hinter dem Bahnhof. Dann ging ich zu einem Taxistand. Von meinem Besuch bei der Wella AG hatte ich meinem Bruder nichts erzählt. Ich wusste, dass ich diesen Konzern brauchte. Ansonsten würde ich niemals mehr in einem chemischen Konzern eine Anstellung erhalten. Ich erhielt den Posten bei der Wella und machte dann schnell Karriere.

Nachdem meine Position gefestigt war, konnte ich erst einmal durchatmen und wieder zu dem Gedanken zurückfinden, wie ich es anstellen kann, theoretischer Naturwissenschaftler zu werden. Groß denken war wieder angesagt, und ich plante diesmal eine Weltreise. Ich würde die Reise alleine durchführen, weil ich mich nicht an die

Schulferien meiner Frau binden und auch nicht durch meine noch kleine Tochter eingeschränkt werden wollte. Noch hatte ich nicht die geringste Ahnung, wie ich denn überhaupt später ohne die Einkünfte eines Angestellten leben wollte. Theoretische Physik zu studieren, kam nicht in Frage. Man darf ein Fach nicht studieren, dessen Inhalte schon in den siebziger Jahren in einer Sackgasse gelandet waren.

Noch war ich nicht zu der Idee vorgedrungen, die mir noch fehlenden Fächer Biochemie und Pharmazeutische Chemie zu studieren, um wenigstens das Fach Chemie umfassend zu beherrschen. Ich versprach mir von dieser Reise Distanz zum Berufsalltag und meinem Zuhause zu gewinnen und zu einer Entscheidung zu finden, wie ich vorgehen wollte.

Mir schwebte der Beruf eines Privatgelehrten vor, wusste jedoch nicht, wie dieses Vorhaben denn finanziert werden sollte. Mein Bruder würde mich nicht unterstützen. Seine Frau hasste mich ganz einfach, weil Onkel Konrad das wünschte. Sie war sehr ehrgeizig und hatte mit Sicherheit vor, die Nachfolge der Mutter im Familienrat des Henkel-Konzerns zu übernehmen. Wie sie dabei ihre älteren Geschwister ausschalten wollte, war mir nicht klar.

*

Die Reise erfolgte im Frühsommer 1973. Alles war glatt gelaufen, und irgendwann landete ich auch in Bangkok, Thailand. An einem Vormittag verließ ich das Hotel und bewegte mich in Richtung des Ozeans. Auf einer belebten Straße direkt am Meer vermietete ein Händler japanische Motorräder mit 250 Kubikzentimeter Brennkammervolumen. Ich suchte mir eins aus und fuhr ohne Motorradhelm immer der Küste entlang. Dabei kam ich durch ein kleines Küstendorf an einem Hafen vorbei, in dem ein hochseetaugliches Passagierschiff lag. Eine große Menge weiß gekleideter Einheimischer hatten sich in einer Schlange aufgestellt, um über ein hölzernes Fallreep zum Schiff hochzusteigen. Nach einer kurzen Befragung einiger Personen, die ein paar Worte Englisch sprachen, erfuhr ich, dass dieses Schiff eine Insel ansteuern sollte, die bei den einheimischen Thailändern sehr beliebt war. Ich stellte das Motorrad ab und reihte mich in die Schlange ein.

Nach über einer Stunde Fahrt erreichten wir die Insel, die wohl keinen Hafen besaß. Aus diesem Grund ankerte das Schiff weit vor der Küste, und schon näherte sich eine kleine Flotte von Ruderbooten, die Passagiere abzuholen.

Um von dem hohen Schiff hinunter zu den Ruderbooten zu gelangen, setzte die Besatzung Seilwinden ein, an denen immer zwei

Seile mit einem Holzbrett verbunden waren. Männlein und Weiblein setzen sich unter viel Geschnatter auf die Bretter und wurden zu den Ruderbooten hinunter gelassen. Alles ging sehr schnell, bis auch der letzte Passagier verschwand, und ich nur noch alleine zurückblieb. Schon war auch die Mannschaft verschwunden. In weiter Entfernung umrundeten die Ruderboote die Inseln, von der nur der weit entfernte Strand und die Palmen zu erkennen waren. Wälder aus Palmen, das sah wie von Menschenhand angelegt aus. Plötzlich packte mich das Verlangen, jetzt nicht stundenlang bis zum Abend auf einem Schiff auszuharren, dessen ganze Besatzung sich zum Schlafen zurückgezogen hatte. Und da war noch etwas, was mich immer mehr packte. Es war, als ob von der Insel ein Ruf das Schiff erreicht hätte:

„Komm zu mir!"

Gleichzeitig hatte die Vernunft auch damit begonnen, auf mich einzureden, wie schön denn ein Sonnenbad auf den Bootsplanken in Verbindung mit einer Süßwasserbrause wäre.

Ich suchte die Kapitänskajüte auf und bat den Mann, der das Sagen auf dem Motorschiff hatte, mit zur Reling runterzukommen. Dort zog ich mich vor seinen Augen bis auf eine Shorts aus und legte die Kleidung auf die Erde. Jetzt überreichte ich ihm meinen Reisepass, die Schlüssel, eine größere Menge Bargeld und die Brieftasche und gefüllt mit wichtigen Papieren.

Ich erklärte dem verblüfften Kapitän, dass ich beabsichtige, mit einem Kopfsprung das Schiff zu verlassen. Dabei nahm ich die Brille ab, verstaute sie in meiner Shorts und sagte dem thailändischen Seemann, dass ich vorhätte, den Strand der Insel schwimmend zu erreichen. Von dort wolle ich dann zu Fuß am Strand entlang in die Richtung laufen, wohin die Boote verschwunden seien, um dann mit den Passagieren auf den Ruderbooten wieder zurückzukommen.

Gegen jede Vernunft kletterte ich über die Reling und sprang aus etwa 5 Meter Höhe mit einem Kopfsprung in die blaue See.

*

Ich war nie ein guter und ausdauernder Schwimmer gewesen, und so überkam mich nach etwa 20 Minuten langsam eine Erschöpfung. Als ich zurück schaute, sah ich die kurze Distanz zum Schiff und die weite Entfernung zum Ufer. Ich überlegte, ob es nicht besser sei, zum Schiff zurückzuschwimmen und dann setzte schlagartig Panik ein. Ich könnte zwar zum Schiff zurückschwimmen, aber dort würde keiner mein Rufen hören. Da war niemand, der mich mit der Winde hochziehen würde, denn inzwischen schliefen alle fest. Da blieb nur eins, weiterschwimmen!

Nachdem ich die Hälfte der Strecke zum Ufer zurückgelegt hatte verlor ich immer mehr an Kraft und war jetzt in Lebensgefahr. Das Wasser unter mir konnte nicht tief sein. Vielleicht half es, sich auf den Rücken zu legen, in der Hoffnung, dass die Dünung mich zum Ufer treibt. Ich kämpfte und musste irgendwann die Besinnung verloren haben. Ich weiß nicht mehr, wie ich an Land gekommen bin. Irgendwann kam das Bewusstsein wieder zurück, weil ich eine menschliche Stimme hörte. Ich spürte den Sand unter meinem Bauch und die brennende Tropensonne auf dem Rücken.

Jemand stand neben mir und rief:

„Er lebt noch!"

Benommen drehte ich mich um und blickte in das erstaunte Gesicht meines Freundes Winfried.

„Peter, wie kommst Du um Gotteswillen hierher?"

„Ich komme vom Schiff dort draußen. Die Passagiere sind von Ruderbooten abgeholt worden. Plötzlich wollte ich auch hierhin."

„Machst Du in Thailand Urlaub?"

„Nein, ich bin nur auf der Durchreise und habe mir heute Morgen ein Motorrad gemietet."

„Bist Du an den Strand geschwommen?"

„Ja, aber die Entfernung war zu weit, ich muss irgendwie ohnmächtig geworden sein. Erst von Deiner Stimme bin ich wieder aufgewacht."

Ich erfahre, dass Dr. rer. pol. Winfried Reske mit seiner Frau auf der Insel seinen Urlaub verbringt und ausgerechnet an diesem Tag den Wunsch hatte, die einsamen Strände dort in mehreren Stunden abzuwandern. (Später erfahre ich, dass seine Begleiterin eben nicht seine Ehefrau war.)

Jetzt begreife ich, dass sich meine Prophezeiung erfüllt hat. Wir befinden uns auf der anderen Seite der Erde. Das Jahr, der Monat, der Tag, die Stunde haben mit Zufall nichts zu tun.

„Winfried, ich habe Dir gesagt, dass wir uns noch einmal wiedersehen. Irgendwann auf der anderen Seite der Erde. Genau das hat gerade stattgefunden."

Jetzt sehe ich so etwas wie Hass in den Augen meines Freundes glimmen. Er war gar nicht mein Freund. Er war wie ein böser Geist.

Kapitel 2

Anatomie eines törichten Betruges

Welche Klagen erheben die Sterblichen wider die Götter!
Nur von uns, wie sie schreien, kommt alles Übel; und dennoch
Schaffen die Toren sich selbst, dem Schicksal entgegen, ihr Elend.

Odyssee, I. Gesang, Homer

Bei der Lektüre „Bildung – *Alles, was man wissen muss*“ von Dietrich Schwanitz war ich beim Lesen seines Werkes beeindruckt, wie geschickt Schwanitz sein enormes Bildungspotential auf knapp 700 Seiten so darlegt, wie es eben unsere Lehrer an Gymnasien/ Hochschulen und die Lehrbücher in ihrer Humorlosigkeit gar nicht vermögen. Obwohl der Autor die Fächer Mathematik, Chemie, Physik und Biologie eindeutig nicht dem Wissen, das die Bildung ausmacht, zuordnet, sondern den Wissenschaften, stutze ich bei folgender Formulierung:

„Es gehört zu den unerklärlichen Wundern der Welt, dass sich die Natur in der Sprache der reinen Mathematik ausdrückt. (...). Sie ist das Gegenteil der Natur, nämlich reiner Geist. Und doch tut die Natur so, als ob sie alle Gesetze der Mathematik beherrsche und sich nach ihr richte.“

Professor Schwanitz stellt eine Behauptung auf, die erkennen lässt, in welchem Ausmaß unsere Bildung nur eine Kostümierung unseres Unwissens ist: „Und doch tut die Natur so, als ob sie ...“.

Das verrät in meinen Augen die reine Ahnungslosigkeit. Im Folgenden geht Schwanitz auf die Evolutionstheorie von Charles Darwin ein. Er schildert Darwins Idee von einem Prozess, der ohne Plan auskam, weil er sich selbst steuerte.

„Die Idee eines sinnvollen Weltplans und eines Ziels der Naturgeschichte erwies sich als überflüssig.“

Hier liegt der Widerspruch klar auf der Hand. Wenn sich die Natur in der Sprache der reinen Mathematik ausdrückt, kann sie das nur, weil sie von reinem, mathematischem Geist beseelt ist. Dann wäre die Mathematik keine Erfindung der Mathematiker, sondern ein planender Geist.

Das Genie Darwins liegt eben nicht in der Ablehnung eines Planes oder Planers, sondern in Wirklichkeit in seinem Mut und Weitblick. Er war von Beruf Theologe und räumte auf mit den frommen Legenden, oder anders ausgedrückt, mit den dreisten Lügen des alten Testamentes. Dies hat im 20. Jahrhundert endlich dazu geführt, dass auch die Althistoriker zum alten Testament Stellung bezogen haben. So hat etwa das Volk Israel niemals im Reich der Pharaonen (in Ägypten) unter Zwang leben müssen. Damit sind die Bücher Moses, eine Säule des jüdischen Glaubens, aber auch der christlichen Religionen, im Reich der Märchen und Sagen anzusiedeln.

Darwins Leugnen eines „sinnvollen Weltplanes“ erwies sich für die Wissenschaftler des 20. Jahrhundert als eine Katastrophe. Das soll hier in ausführlicher Form aufgedeckt werden.

Mit der Entdeckung der Elektronen- und Protonenstrahlen durch die Physiker vor 1900 und der Gewinnung von Verbindungen der radioaktiven chemischen Elemente Radium und Polonium kurz nach Beginn des 20. Jahrhunderts, waren die α-Strahlen als ionisiertes Helium und die β-Strahlen als Elektronen identifiziert worden. Mit dem Atommodell von Nils Bohr begann die Entwicklung der Quantenmechanik und ihrer Zahlengesetze (Quantenzahlen). Hiermit war ein deutlicher Hinweis entdeckt, dass die Natur „die Gesetze der Mathematik“ verkörpert. Damit war für mich der Weg frei für die Suche nach dem Bauplan der Natur in der Zahlentheorie, die C. F. Gauß als die Königin der Wissenschaften bezeichnet hat.

*

Um den Gedanken an einen Bauplan kollektiv zu verwerfen, wurde die Behauptung aufgestellt, dass der Mensch die Quantengesetze erfunden, und die Natur diese Gesetzmäßigkeit nur zu erfüllen habe. Mit anderen Worten: Die Natur besitzt kein Selbstbewusstsein.

Die Kenntnis vom Bau der Atome beruhte lediglich auf dem Wissen, dass die Atomkerne irgendwie aus einer bestimmten Menge von Protonen bestehen. Da ihre Anzahl aber nicht identisch war mit dem Atomgewicht, blieb der zahlenmäßige Atomaufbau letztlich ein Rätsel. Ein Beispiel: Phosphor hat die Ordnungszahl 15 und das Atomgewicht beträgt aufgerundet 31. Da zwischen 15 und 31 die Differenz 16 liegt, schlug Rutherford vor, dass in dem Atomkern eben noch 16 weitere Kernbausteine existieren müssten. Diese sollten allerdings nicht über eine elektrische Ladung „plus“ oder „minus“ verfügen, sondern über die merkwürdige und bisher unbekannte Ladung „null“. Obwohl Ernest Rutherford schon damals zu den größten Physikern gerechnet wurde, erklärten seine Kollegen ihn dafür verrückt.

Nach dem neuen Atomteilchen wurde erst gar nicht gesucht, weil man eine Ladung null eben nicht messen kann. Wie so oft half ein merkwürdiger Zufall weiter. Ein namentlich Unbekannter betrat ein physikalisches Labor mit einer Metallplatte aus dem seltenen Element

Beryllium und ließ sie auf einem Labortisch stehen. In unmittelbarer Nähe befand sich zufällig eine stark radioaktive Quelle von Alphastrahlen. Kurze Zeit später war das gesamte Labor radioaktiv verseucht. Da die Alphastrahlen wegen ihrer kurzen Reichweite nicht für diesen Missstand in Frage kamen, begann das große Rätselraten.

Es brauchte eine längere Zeit bis ein Mitarbeiter von Rutherford, James Chadwick, eine famose Erklärung fand. Die Alphateilchen mit der Ordnungszahl 2 und dem Atomgewicht 4 mussten in das Element Beryllium mit der Ordnungszahl 4 und dem Atomgewicht 9 eingedrungen sein und dabei das Beryllium in das Element Kohlenstoff mit der Ordnungszahl 6 verwandelt haben. Das entstandene Kohlenstoffisotop hatte allerdings nicht die Masse 13, sondern die Masse 12. Gleichzeitig musste schlicht ein Wunder geschehen sein, denn die Massendifferenz von 1 beruhte auf der Abgabe eines bis dahin unbekannten Kernbausteins mit der Ladung null. Nun stand fest, dass Atomkerne aus positiv geladenen Protonen und neutralen Neutronen bestehen, während die Elektronen der Hülle elektrisch negativ geladen sind. Zwar wurde hier das Gesetz der Dreifachheit erst gar nicht zur Kenntnis genommen, doch war man einen Schritt weiter gekommen: Die Atome sind auf den Ladungszahlen +1 und –1 und 0 aufgebaut.

Auch wenn es nicht die geringste Erklärung für diese merkwürdige Umwandlung gab, so war doch allen klar, dass sich das Geschehen in eine Neutronenquelle verwandeln ließ. Man brauchte nur Berylliumpulver mit ein wenig Poloniumsalz als Alphastrahler zu mischen, und schon ließen sich die dabei endstehenden Neutronen dazu benutzen, andere chemische Elemente zu beschießen. Schon 1939 gelang Otto Hahn mit gebremsten Neutronen die Spaltung des Uranisotops 235, das in geringem Maß im Mutterelement Uran 238 vorkommt. Jetzt lockte endlich die Atombombe.

*

Mit der endgültigen Entschlüsselung der vier radioaktiven Zerfallsreihen in den 50er Jahren war die Frage aufgetaucht, warum eigentlich nach den stabilen Elementen Blei und Bismut mit der Ordnungszahlen 82 und 83 schlagartig die Radioaktivität einsetzt. Mit dem von Marie Curie entdeckten Element Polonium mit der Ordnungszahl 84 ist das erste natürliche, radioaktive Element ein sehr heftiger Alphastrahler.

Da man nicht das Geringste wusste, warum oberhalb von Bismut die natürliche Radioaktivität beginnt, wurde eine Lüge erfunden. Man behauptete stolz, dass oberhalb des Elementes 83 die Massenzahlen so hoch ansteigen würden, dass eben die Atomkerne mit Gewalt gezwungen seien, sich über Abgabe von Alpha- und Betateilchen in die Stabilität zu retten. Das war natürlich kein Beweis, sondern nur eine Theorie, mit der sich unter beamteten Forschern herrlich lebt. Da man wusste, dass Lügen kurze Beine haben, musste ein neues Modell her.

Gibt es einen tieferen Grund, warum die Ordnungszahlen 82 und 83 so hartnäckig stabil sind? Aber vielleicht waren sie ja doch gar nicht so stabil, wie man vermutete, sondern schon ein ganz wenig instabil. Also wurden gewaltige Mengen von chemisch reinem Blei oder Bismut mit immer verfeinerten Geigerzählrohren vermessen in der Hoffnung, vielleicht Spuren von radioaktivem Zerfall zu finden. Die Sache ging schief. Eine List musste her, um zu erklären, was denn das Element Blei mit seinen drei Isotopen und das Element Bismut, ein Reinisotop, so hartnäckig stabil machen.

Die französische Kernchemikerin Dr. Maria Goeppert-Mayer und der deutsche Professor J. H. D. Jensen tasteten sich durch die Nuklidkarte von dem eigenartigen Gedanken erfüllt, dass Elemente mit bestimmten Protonen- oder Neutronenzahlen stabiler seien als deren jeweils benachbarte Kerne. Der Gedanke basierte auf dem beharrlichen Glauben, dass die Atomkerne, genau wie die Elektronenhüllen, irgendwie auch einen Schalenaufbau besitzen müssten. Ähnlich wie die Edelgaskonfiguration den Schalenaufbau durch Quantenzahlen bestimmt, sollten bestimmte Protonen- und Neutronenanzahlen manchen Kernen eine besondere Stabilität verleihen. So kam es zu der seltsamen Überzeugung, dass der Heliumkern mit der Protonenzahl 2 und der Neutronenzahl 2 deswegen besonders stabil sei, weil die Zahl 2 als magisch zu bezeichnen wäre. Auch die Ordnungs- und Neutronenzahl zahl 8 des Sauerstoffisotops mit dem Atomgewicht 16 waren plötzlich magisch. Da bei dem Element Calcium mit der Ordnungszahl 20 und seiner Elektronenkonfiguration 2, 8, 8, 2 zweimal die Hauptquantenzahlen 2 und 8 auftreten, und diese beiden Zahlen ja schon als magisch identifiziert waren, war so die dritte magische Zahl 20 mit einer magischen Beweisführung entdeckt. Ähnlicher Unfug führte zu der magischen Zahl 28.

*

Für das Element 50 musste eine andere Beobachtung herhalten. Zinn hat mit seinen 10 Isotopen die „wundervolle" Eigenschaft, dass es das einzige Element mit 10 Isotopen ist.

Ich habe schon an anderer Stelle den Begriff der Isotopenzahlen mit der Anzahl der Kinder einer Familie verglichen. Existiert nur ein

Nachkömmling, wird dieses Einzelkind genannt, analog zu dem Begriff des Reinisotopes. Aus diesem Vergleich lässt sich auch der Begriff Doppelisotop ableiten (z.B. Peter und Paul). Während in einer Familie die Anzahl der Kinder durchaus die Anzahl 10 übersteigen kann, ist mit dem Element 50 die höchste Isotopenanzahl 10 erreicht. Dies im Physik- und Chemieunterreicht so zu erklären, dass es die Schüler verstehen, ist den Lehrern nicht möglich. Vielleicht würde die Erklärung helfen, dass die Isotopie über familienähnliche Eigenschaften verfügt, die aber nichts mit dem Besuch von Klapperstörchen zu tun haben.

Die 4 · (1+19) stabilen chemischen Elemente unterteilen sich in Rein- oder Doppelisotope mit ungeraden Ordnungszahlen und in Mehrfachisotope (Isotopenanzahl 3 bis 10) mit geraden Ordnungszahlen (Bd. I Kap. 32 Tab. 3).

Unsere Hände besitzen zwei Daumen und acht Finger. Das gilt für die Evolutionstheoretiker und für die Mathematiker als Zufall. Letztere betonen immer wieder, dass man ja in jedem Stellenwertsystem rechnen könne. Nur müsste dann die Existenz von genau 10 Sorten Isotopen ebenfalls als Zufall eingestuft werden. Und da liegt der Widerspruch. Es lässt sich nämlich aus der Nuklidkarte leicht beweisen, dass die Zehnfachheit der Isotope ein ewiges Gesetz darstellt.

Stattdessen wurden die zehn Isotope des Elementes Zinn mit der Ordnungszahl 50 als Zufall eingestuft und die Zahl 50 als magisch bezeichnet. Übrig bleiben die beiden letzten Zahlen 82 und 126.

Das Element $_{82}$Blei besitzt 3 Isotope mit den Massezahlen 206, 207, 208. Das $_{83}$Bismut ist ein Reinisotop mit der Masse 209.

Das Bleiisotop 208 verfügt über 82 Protonen und 126 Neutronen. Diese beiden Zahlen wurden kurzerhand ebenfalls als magisch erklärt. Nunmehr ließ sich auch dem $_{83}$Bismut mit seinen 126 Neutronen eine magische Zahl zuordnen. Es wurde behauptet, dass Blei doppeltmagisch und Bismut einfach magisch sei. Damit war eine Erklärungsbehauptung gefunden, dass die beiden letzten stabilen Elemente nicht doch mindestens ein wenig radioaktiv sein dürfen.

Diese Eulenspiegelei wurde mit der Verleihung von zwei Nobelpreisen abgesegnet. Mein Lehrer im Fach Kernchemie, Professor Herr, der wie schon erwähnt vor langer Zeit Assistent bei Otto Hahn war, hat diese Art der Beweisführung mit Verachtung in der Stimme in seinen Vorlesungen vorgetragen.

Ich bin immer von der Voraussetzung ausgegangen, dass die Theorie der magischen Zahlen irgendwann in Vergessenheit geraten würde. Ich habe die Sache falsch eingeschätzt, oder besser gesagt, ich habe den Irrsinn unterschätzt.

Die Frage, warum nach dem Bismut schlagartig die Radioaktivität einsetzt, war ja immer noch offen und ungelöst. Deswegen hätten bestimmte Forscher es lieber gesehen, wenn mit neuartigen Messinstrumenten das letzte stabile Element Bismut – wie eine „magische Brücke“ zu den natürlich radioaktiven Elementen – als eben doch ein ganz wenig radioaktiv vermessen worden wäre.

*

Mit Herausgabe von Band I und Band II des Primzahlkreuzes 1991 wurde meine Überlegung zur Anzahl der stabilen Elemente mit dem $3^4 = 81$ Gesetz bekannt. Zum damaligen Zeitpunkt wurden die Elemente $_{43}$Technetium und $_{61}$Promethium noch den stabilen Elementen des Periodensystems zugerechnet. Lediglich ihre chemischen Zeichen Tc und Pm wurden anstatt in schwarzer Farbe in Rot gedruckt. Da ich nachgewiesen hatte, dass sich diese beiden Elemente überhaupt nur künstlich herstellen lassen, weil sie keine stabilen Isotope besitzen, begann langsam und still das Umdenken.

Im Internet tauchten Berichte auf, dass es im Universum nur 81 stabile Elemente gäbe, weil die zwei Elemente mit den Ordnungszahlen 43 und 61 von der bisherigen Anzahl 83 der stabilen Elemente abgezogen werden müssten.

2006 erschien die 7. Auflage der Karlsruher Nuklidkarte. Ich erfuhr, dass von nun an das Element Bismut als Alphastrahler bezeichnet wird mit einer Halbwertzeit von 10^{19} Jahren. Diese Zahl hat 19 Nullen und lässt sich kaum noch gedanklich einordnen, denn das Weltall soll ein Alter von 14 Milliarden Jahren haben. Eine Milliarde hat eben nur neun Nullen. Da eine derart lange Halbwertzeit mit mir bekannten Messapparaturen nur nachgewiesen werden kann, wenn Alphateilchen aus dem Bismut herausschießen, habe ich nur gelacht.

Die Kernchemie war 2006 schon ungefähr 100 Jahre alt. Nie war beim Element Bismut auch nur die Spur einer Radioaktivität nachgewiesen worden. Im Gegenteil, es wurde ja dem Bismut sogar mit seiner Neutronenzahl 126 eine magische Erklärung für seine Stabilität angedichtet.

Dem Blei haben sie gleich zwei magische Zahlen zugeordnet, denn schließlich kann man sich vor radioaktiver Strahlung nur mit einem Bleimantel oder Bleiblöcken schützen. Ihre einzige Chance war das Bismut. Es besteht aus nur einem Isotop. Wenn dieses Isotop auch nur ein wenig radioaktiv wäre, müsste es ein Alphastrahler sein. Die Ordnungszahl 83 würde auf 81 sinken und die Massenzahl von 209 auf 205 fallen. Dabei entstände ein Isotop des Elementes $_{81}$Thallium mit der Massezahl 205. Dieses müsste sich in den Lagerstätten der Bismut-Erze befinden. Da aber noch nie ein derartiger radioaktiver Zerfall beobachtet wurde, war ich dann doch verblüfft, dass im Internet immer häufiger die Anzahl der stabilen Elemente nun von 81 auf 80 reduziert zu lesen war. Was war passiert?

*

Im Jahr 2003 hatten Stefan Queckbörner und ich damit angefangen, das 6. Buch zu schreiben. Just in diesen Zeitraum fiel eine Veröffentlichung einer Forschergruppe um den Physiker Pierre de Marcillac vom Institut d'Astrophysique Spatiale der Universität Paris. In der wissenschaftlich angesehensten Zeitschrift Nature ließ sich nachlesen, dass erstmalig der radioaktive Zerfall von Bismut Bi 209 beobachtet worden war. Darüber berichteten alle überregionalen Tageszeitungen, Wochenmagazine und Fachzeitschriften. Gottseidank war ich mit dem Schreiben am Band III so eingespannt, dass ich von der allgemeinen Hysterie überhaupt nichts mitbekommen hatte. Erst nach Erscheinen der 7. Auflage der Karlsruher Nuklidkarte, als das 6. Buch längst gedruckt war, erhielt ich Kenntnis davon. Später konnte man dann dem Internet entnehmen, dass mit einem Wärmemessgerät Alphateilchen vermessen worden waren, obwohl man nach diesen gar nicht gesucht hatte.

Astrophysiker hatten tief unter den Pyrenäen mit einer im Facettenstil geschliffenen gläsernen Kugel nach dunkler Materie im Weltall gesucht. Allerdings war das Material dieser Kugel kein echtes Glas, sondern ein durchsichtiges Germanium-Bismut-Mischoxid mit der Formel $Ge_3Bi_4O_{12}$, das als Wärmemessinstrument diente.

Silizium und Germanium stehen im Periodensystem in der IV Gruppe direkt untereinander. Glas ist eine Siliziumsauerstoffverbindung. Bismut steht am Ende der fünften Gruppe des Periodensystems. Die Bismutverbindung ist von glasartiger Struktur und wurde als eine elektrische Linse eingesetzt, um Teilchen zu messen, die durch 2000 Meter Pyrenäenmassiv durchrasen, während aller Andersbeschuss aus dem Weltraum durch das Felsgestein weggefiltert wird. Wonach immer man gesucht hatte, man hat es nicht gefunden.

Es ist noch notwendig darauf hinzuweisen, dass dieses jetzt zum Einsatz kommende sog. Bolometer fast bis zum absoluten Nullpunkt gekühlt war. Auf diese Weise war nämlich die Voraussetzung dafür geschaffen, dass jedes auftreffende einzelne Teilchen oder Photon über seine Energieabgabe von den Germaniumatomen des Bolometers in Form von Wärmeveränderung vermessen werden konnte. Aus den

Messdaten konnte man entnehmen, dass von Zeit zu Zeit ein Alphateilchen gemessen worden war.

Insgesamt wurden innerhalb von 5 Tagen 128 Alphateilchen registriert. Die Ursache musste in der Linse des Bolometers selber liegen, denn diese bestand ja aus einer Bismut Verbindung. Ein Traum war wahr geworden. Man hatte etwas gemessen, wonach man gar nicht gesucht hatte. Jetzt konnte man behaupten, Bismut sei doch radioaktiv, wenn auch nur ein ganz kleines bisschen. Die Sache hatte noch einen Haken. Die Alphateilchen waren innerhalb der Detektorlinse registriert worden und hatten das Detektormaterial nicht verlassen. Die Gründe hierfür lagen in der geringen Energie der Alphateilchen von nur 3 MeV. Die Radioaktivität eines Alphastrahlers ist aber dadurch definiert, dass eine radioaktive Probe Alphateilchen aus der Substanz selbst schießt, die sich dann beim Verlassen der Oberfläche registrieren lassen.

*

Der Begriff Radioaktivität wurde von Marie Curie geprägt. Sie hatte erkannt, dass die beim radioaktiven Zerfall entstehenden negativ geladenen Elektronen oder positiv geladenen Heliumkerne so energiereich sind, dass sie den jeweiligen Atomkern wie ein Geschoss nach einer Explosion verlassen können. Ihr Blitzen in völlig dunklen Räumen war eine Zeit lang der einzige Nachweis für Radioaktivität.

Da unsere heutigen Naturwissenschaftler immer noch davon überzeugt sind, dass jeder einzelne Atomkern aus einer bestimmten Anzahl von Protonen besteht, die mit einer entsprechenden Menge Neutronen über die starke Kernkraft wie Magnete zusammenkleben, taucht hier ein Widerspruch auf.

Um ein Alphateilchen zu bilden, müssten sich an irgendeiner Stelle in dem zusammengeklebten Atomkern gerade zwei Protonen und zwei Neutronen aus ihrer Verleimung lösen und sich dann sofort unter sehr viel Energieabgabe zusammenfügen. Anschließend soll das entstandene Alphateilchen mit Explosionskraft aus dem Kern herausschießen. Das ist Lehrmeinung und ist noch niemals angezweifelt worden. Der Widerspruch wird erst gar nicht erfasst.

Um dieses Paradoxon zu lösen, habe ich 2004 mit Herausgabe des 6. Buches in Band III dem Neutron die imaginären Zahlen (+1, –1, +i, –i) und dem Proton ebenfalls die imaginäre Zahlen +1, 0, +i, –i als komplexe Ladung zugewiesen, die sich auf der Oberfläche der kugelförmigen Atomkerne über eine 4-Pol-Geometrie geometrisch verteilt.

Leonard Euler und sein geistiger Erbe Carl F. Gauß haben sich als Erste mit der Idee einer nichteuklidischen Geometrie beschäftigt, ohne bei dieser Geometrie komplexe Zahlen einzusetzen.

Auch einer ihrer Erben, Bernd Riemann, ist nicht auf die Idee gekommen, die Oberfläche einer Kugel geometrisch komplex zu behandeln. So war es 2004 an der Zeit, die komplexen Zahlen mit der nichteuklidischen Geometrie zu verknüpfen.

Über eine 3-D Grafik ist die Kugelgestalt des Neutrons abgebildet. Es sei daran erinnert, dass freie Neutronen, die einen Atommeiler verlassen, nach sehr kurzer Zeit im Minutenbereich durch einen Betazerfall in Protonen übergehen. Hierbei wird die Ladung –1 in Form eines Elektrons e^- emittiert und ersetzt auf der Kugeloberfläche die Ladung –1 durch die Ladung 0.

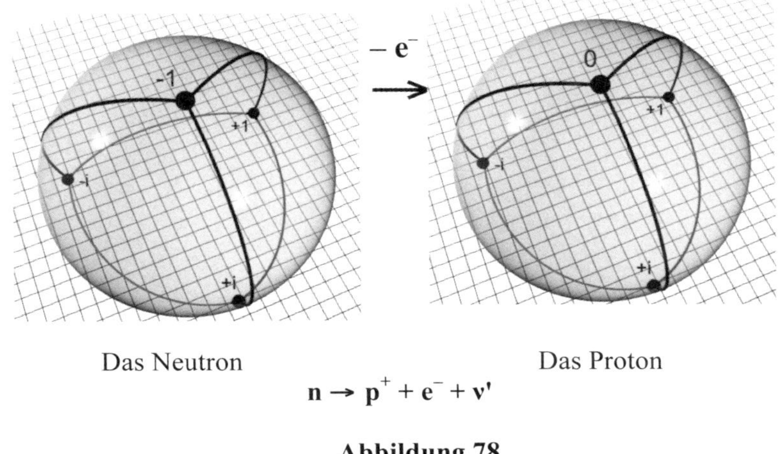

Das Neutron Das Proton

$$n \rightarrow p^+ + e^- + \nu'$$

Abbildung 78

Indem ich die Zahl Null auf der Oberfläche des Protons einführte, erhöhen sich die Anzahlen der vier komplexen Zahlen +/–1, +/–i um die Zahl Null auf insgesamt fünf Ladungszahlen.

Abbildung 78 zeigt, dass mit der Herausnahme der Zahl –1 (Elektron) gleichzeitig das Proton mit der Ladung +1 entsteht. Auf der Oberfläche des Protons bilden jetzt die komplexen Zahlen + i und – i die Differenz 0, während die Differenz +1 und 0 das Ergebnis + 1 liefert. Nur so ist die Ziffer Null auf der Oberfläche des Protons überhaupt zu verstehen. Das erklärt, warum Protonen positiv geladen, und Neutronen ladungsmäßig neutral sind.

*

Die vier Wurzelausdrücke aus eins (Abbildung 79) implizieren in der Kreuzgeometrie, dass im Mittelpunkt die Zahl Null existiert. Man hält diesen Gedanken allerdings für bedeutungslos.

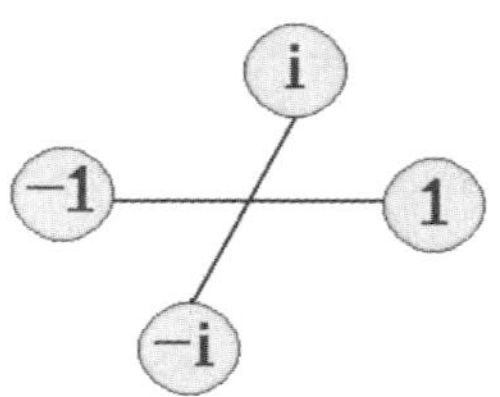

Abbildung: 79

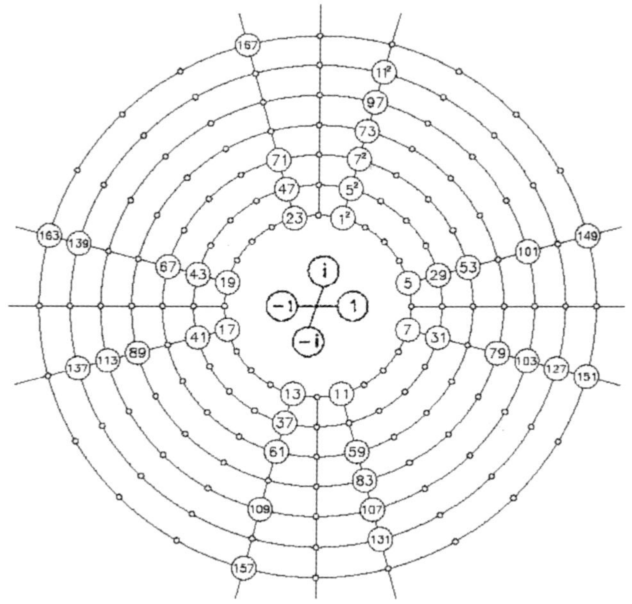

Abbildung: 80

Abbildung 80 zeigt das Primzahlkreuz. In der Mitte befindet sich der Eulersche Einheitskreis. Bei der Entdeckung der sich erweiternden Zahlenkreise war ich mir nicht darüber im Klaren, dass meine Leser und natürlich meine Zuhörer diesen Vorgang nicht als Quadratur verstehen. Beispiel: Wenn eine Keramikkachel von der Fläche 1^2 von drei weiteren Kacheln umgeben wird, entsteht auf die Weise eine Fläche von der Größe 4 Kacheln (1+3). So hat sich die Fläche von 1^2 zur Fläche 2^2 vergrößert. Nimmt man jetzt einen Kreis, von der Fläche $\pi r^2 = \pi \cdot 1^2$ und umgibt ihn mit einem größeren Kreis vom Radius 2 hat dieser die Fläche $\pi 2^2 = 4\pi$. Das bedeutet, dass sich die Fläche π nach der Quadratur vervierfacht. Würde der Radius 3 genommen, wäre die Fläche des dritten Kreises neunmal so groß.

Eine so einfache Überlegung lässt den Begriff des Primzahlkreuzes auf Unverständnis stoßen. Auch die Herausnahme der Primzahlen 2 und 3 als Anfangsglieder eigener Zahlenreihen 2, 4, 8, 10, 14 ... und 3, 6, 9, 12, 15 ... ist bei Lehrstuhlinhabern für Mathematik oder Naturwissenschaften entweder mit Ratlosigkeit oder mit großer Verärgerung abqualifiziert worden. Und dies alles nur, weil Euklid behauptet hat, dass die 1 keine Primzahl sei, so dass die Primzahlen erst mit 2 und 3 beginnen.

Mir war bei der Entdeckung der Primzahlkreuzgeometrie klar, dass sich im Mittelpunkt dieser Kreuzgeometrie der Atomkern befinden muss, allerdings – im Vergleich zu den riesigen Schalen – sehr klein. Ich vermutete schon damals, dass der Atomkern auf seiner Oberfläche auch über eine komplexe Geometrie verfügt, hatte aber noch nicht den Gedanken entwickelt, dass es neben der unbegrenzt euklidischen Geometrie auch eine begrenzte Geometrie geben muss, deren Schnittpunkte sich nicht **kreuzen**, sondern **gabeln**.

*

Wir wollen uns nun mit diesen neuen mathematischen Gedanken der Frage nähern, warum die Sonne in der Lage ist – umgekehrt – Protonen in Neutronen zu verwandeln. Es ist gerade zu erschreckend, wie dieses Thema im Physikunterricht abgehandelt wird.

In der Sonne herrscht eine Temperatur von 15 Millionen °C. Wenn sich zwei Protonen mit einer für uns unvorstellbar hohen Energie wie Billardkugeln stoßen, müssten sie eigentlich, nach den Gesetzen der Mechanik, durch den Aufprall ihre Richtung umkehren.

Der Hochschullehrer erklärt nun meist mit strahlender Gestik, dass die zwei Protonen gerade soviel Energie besitzen, dass sich diese, in die Einsteinformel $E = m c^2$ eingesetzt, in zwei unterschiedliche Elektronen verwandeln kann, und zwar in ein Elektron und ein Positron. Dieser Vorgang, der zu den geheimnisvollsten Rätseln des Universums gehört, wird mit folgender Gleichung erklärt, wobei d^+ einen

Deuteriumkern darstellt.

$$\mathbf{p^+ + p^+ \rightarrow d^+ + e^+ + \nu}$$

Links der Gleichung stehen die beiden Protonen, und rechts befindet sich ein Positron e^+. Da eine Einzelladung e^+ nicht entstehen kann, sondern zusätzlich auch das Elektron e^- mit entstehen muss, wird nun gefolgert, dass sich das Elektron zusammen mit einem der Protonen links der Gleichung zu einem Neutron umgewandelt hat. Dieses Neutron soll sich dann über die starke Kernkraft mit dem Proton zu einem Deuteriumatom d^+ verklebt haben.

Das alles ist natürlich nur eine Vermutung aus einer Beobachtung heraus. Wir werden dieses Rätsel jetzt mit komplexer, nichteuklidischer Geometrie auflösen. Hierzu wollen wir ein Proton betrachten und dieses mit einem Elektron mit der Ladung –1 beschießen. Aus Abbildung 81 lässt sich erkennen, dass das Elektron mit der Ladung –1 dort seinen Platz eingenommen hat, wo vorher beim Proton die Null stand. Somit ist aus dem Proton ein Neutron entstanden.

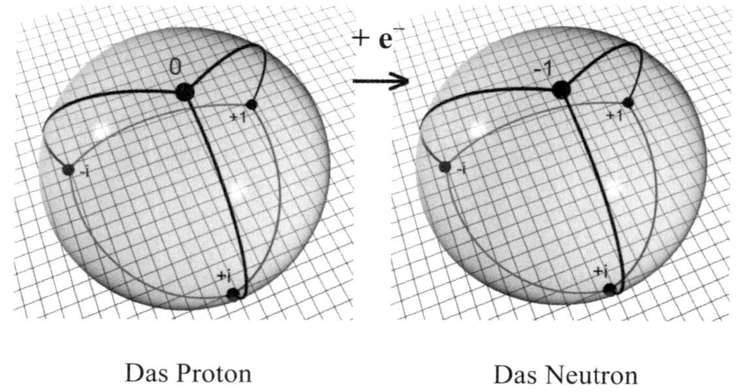

Das Proton Das Neutron

Abbildung 81

Nunmehr soll sich das entstandene Neutron mit dem weiteren Proton verschmelzen. Obwohl ich diese Fusion im 6. Buch auf Seite 396 ff. schon erläutert habe, stellen wir an dieser Stelle den Fusionsvorgang noch einmal zeichnerisch dar.

Erst einmal wird sich ein Proton, wie oben besprochen, in ein Neutron verwandeln. Nunmehr lassen sich diese beiden komplexen Kugeln, wie in Abbildung 71 gezeichnet, so darstellen, dass die negative Eins des Neutrons (**linke** Kugel) an der Stelle liegt, wo sich beim Proton (**rechte** Kugel) die Ladung Null befindet.

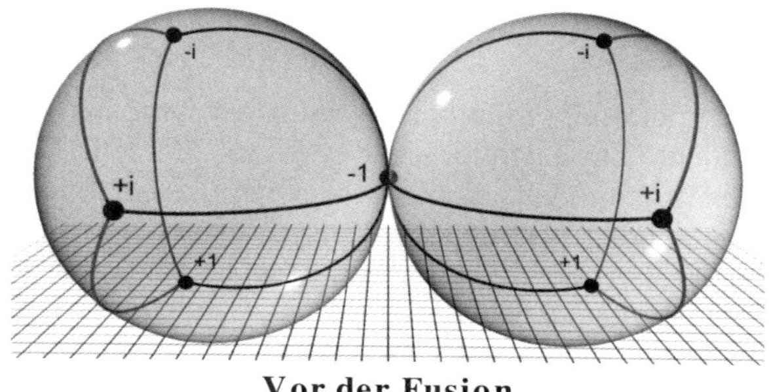

Vor der Fusion

Abbildung: 71 (Bd. III, Kap. 19)

Dadurch wird die –1 den Charakter erhalten, als wenn sie Bestandteil beider Kugeln wäre. Tatsächlich aber sind die linke und die rechte Kugel zueinander Spiegelformen. Sie lassen sich gewissermaßen ineinanderschieben, so dass sich die komplexen Ladungszahlen addieren. Ineinander geschoben ergibt sich jetzt Abbildung 72.

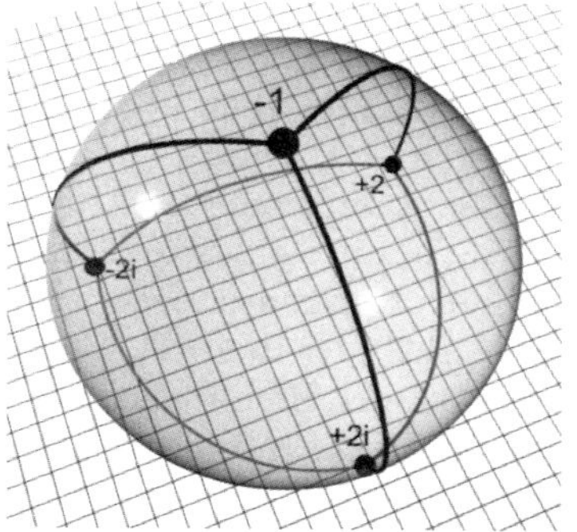

Nach der Fusion

Abbildung: 72 (Bd. III, Kap. 19)

Diese Abbildung zeigt, dass mit den Zahlen –1 und +2 auf der Kugel jetzt eine Potentialdifferenz von + 1 herrscht, entsprechend der Differenz –1 +2 = +1. Auf die Weise lässt sich verstehen, warum sich das chemisch einwertige Proton p^+ in ein Deuteriumatom d^+ verwandelt hat. Chemisch hat dieser schwere Wasserstoff die Ladung +1 und wird deswegen ein Elektron auf der nullten Schale besitzen.

*

Wir schneiden hier eine der schlimmsten Auseinandersetzungen in der Geschichte der Chemie und Physik an. Mit Nils Bohrs Entdeckung des Schalenmodells des Wasserstoffs haben Auseinandersetzungen stattgefunden, die heute in Vergessenheit geraten sind. Die Gegner von Bohr und Planck waren davon überzeugt, dass die elektrisch negativ geladenen Elektronen vom positiv geladenen Kern angezogen werden müssten. Es hieß sehr platt, dass Elektronen, die sich außerhalb des Kerns befinden, in den Kern fallen müssen.

„Diese Streitigkeiten haben sich mit dem Aussterben der Gegner von selbst gelöst." (Max Planck).

Nichts hat sich gelöst! Eine Seite der Gegner hat gewonnen. Man erklärte das Unerklärbare einfach zum Gesetz und nannte das Ergebnis die Gesetze der Quantenmechanik.

Aus heutiger Sicht lässt sich der Widerspruch endlich aufklären. Sowohl der Wasserstoff besitzt auf seiner Oberfläche die Potentialdifferenz 0 +1 = +1, als auch das Deuterium –1 + 2 = +1. Für das höhere Wasserstoffisotop Tritium ergibt sich mit seinen 2 Neutronen die Potentialdifferenz –2 + 3 = +1. Auch das Tritium ist damit einwertig.

Der Grund für diese elegante Möglichkeit, die Atomoberfläche mit einer Potentialdifferenz auszustatten liegt im Wesen des Neutrons mit seinen beiden Ladungen – 1 und +1 = 0. Dies liefert endlich die Erklärung, warum die Atomkerne überhaupt Neutronen besitzen müssen. Nicht etwa, weil sie sonst auseinanderfallen würden, sondern weil die Anwesenheit von Neutronen eben zu Potentialdifferenzen führen. Auf diese Weise erhält der Begriff „Wertigkeit" eine neue Erklärung. Hinter der Anzahl der Elektronen auf der äußeren Schale steht die Potentialdifferenz auf der Kernoberfläche.

Damit lässt sich die Frage beantworten, warum Elektronen auf Schalen um den Atomkern „kreisen". Betrachten wir den Bismutkern. Auf der Oberfläche des Bismutatoms befinden sich die Massenzahlen + 209i und – 209i sowie + 209 und –126. Ihre Differenzen lauten:

+209 + –126 = +83   +209i + –209i = 0

Aus dieser Differenzbildung ergibt sich, dass der Bismutkern nicht aus 83 Protonenkugeln besteht, die mit 126 Neutronenkugeln

„verklebt“ sind. Der Kern besitzt auf seiner Oberfläche die elektrische Ladung + 83. Deswegen umgibt sich der Kern mit einer Hülle von 83 Elektronen, deren geometrische Schalenstruktur den Gesetzen des vierdimensionalen Primzahlraumes gehorcht. Da ist nichts, was die Elektronen zwingt in den Kern zu fallen. Im Gegenteil: Die Oberfläche eines dreidimensionalen Atomkerns ist zweidimensional komplex mit vierpoliger Gabelstruktur. Um diesen Atomkern liegt die zweidimensionale, kreuzförmige und komplexe nullte Elektronenschale. Diese Elektronenschale ist wiederum durch Quadratur mit dem umgebenden, vierdimensionalen Primzahlraum verknüpft. Q.e.d.

*

Wir wollen uns jetzt weiter mit der Frage auseinandersetzen, ob das Reinisotop Bismut das letzte stabile Element im Periodensystem ist und somit das $3^4 = 81$ Gesetz Gültigkeit besitzt. Dieses Gesetz stellt einen Affront gegen alle Wissenschaften dar, denn es ist Teil eines ewigen universellen Bauplanes. „Diesen darf es aber auf gar keinen Fall geben, weil ansonsten die Forschung von über einhundert Jahren zusammenbrechen würde.“ (Prof. Dr. Dr. hc. mult. Paul Butzer, TH Aachen)

Die Zahl der Atome in einem Grammatom (das Atomgewicht in Gramm ausgedrückt) ist eine Konstante. Sie wird Avogardrozahl „N“ genannt und hat den Wert $6{,}02 \cdot 10^{23}$. Ein Beispiel: Ein Grammatom Bismut wiegt 209 g und enthält somit etwa $6 \cdot 10^{23}$ Bismut-Atome. Die Zahl der in einem Grammatom enthaltenen Atome ist so unvorstellbar groß, dass 25 Alphateilchen pro Tag schon seltsam klingen. Da diese aber erst gar nicht in der Lage waren, den Mantel des Metalloxyds im Sinne der Radioaktivität zu verlassen, ist die ganze Welt getäuscht worden.

Man kann alles bis ins Nirwana vermessen. So wurde flugs die Halbwertzeit des nun als instabil geltenden Bismuts ausgerechnet. Es ergab sich ein Wert von etwa $2 \cdot 10^{19}$ Jahren. Diese Zahl entspricht 20 mal 1.000.000.000.000.000.000 Jahren.

Es blieb nicht aus, dass die Zeitschrift „Nature“ diese Publikation annahm, denn es könnte ja ein Nobelpreis im Spiel sein, wenn Bismut plötzlich doch ein wenig radioaktiv wäre. Der Widerspruch liegt auf der Hand. Bismuts Neutronenzahl 126 ist einmal für magisch erklärt worden, und hatte so seine Stabilität gesichert – abgesegnet eben durch zwei Nobelpreise.

*

Man schätzt das Alter des Universums auf etwa 14 Milliarden Jahren. Es ist das Ergebnis von Messgeräten, das aber nichts darüber aussagt, wie viel menschlicher Irrtum und Dummheit dabei im Spiel sein mögen. Immerhin besitzt die Zahl 14 Milliarden nur zehn Nullen.

Unsere Sonne und ihr Planetensystem werden in einigen Milliarden Jahren verschwinden. Bis es soweit ist, wird sich kein Spürchen Bismut radioaktiv in Thallium verwandelt haben, schon deswegen nicht, weil es uns dann schon lange nicht mehr gibt.

Ich denke, dass die Anzahl der stabilen Elemente ein ewiger Bestandteil eines universalen Bauplanes ist. Unseren Forschern war die Anzahl immer gleichgültig. Das lässt sich schon daran erkennen, dass kein Gedanke darüber verschwendet worden ist, warum die Elemente 43 und 61 innerhalb der stabilen Elemente fehlen.

Auch in der Anzahl der natürlich radioaktiven Elemente von 84 bis 92 sowie dem künstlich hergestellten Element 93, dem Neptunium, wird kein Plan vermutet. Da diese Elemente über 4 radioaktive Zerfallsreihen unter Abgabe von Alphateilchen oder Elektronen in 4 stabile Isotope des Bleis und des Bismuts zerfallen, hat man einfach angenommen, es reiche die Zwischenprodukte zu isolieren. Man kann es auch sehr zynisch ausdrücken: Jede Überlegung, warum der radioaktive Zerfall über den Auswurf eines Elektrons mit der Ladung –1 oder eines Alphateilchen mit der Ladung +2 verläuft, hat nie stattgefunden. Die Beobachtung allein zählte. Daraus wurde die Erklärung gefunden, dass beim Betazerfall die Protonenzahl um eins steigt, während beim Alphazerfall die Protonenzahl um zwei sinkt.

Es ist zu vermuten, dass meine Vorgänger schlicht der Meinung waren, dass die Natur den günstigsten Weg gewählt hat, die instabilen Isotope in stabile Kerne zu überführen. So wurden aus den vier Zerfallsreihen, deren Vierfachheit als gegeben vorausgesetzt wurde, radioaktive Leitern. Und einer Leiter fällt man bekanntlich solange herunter, bis man unten angekommen ist.

Weil ich das schon als Student sehr misstrauisch sah, war es mir immer ein Anliegen, die Ursachen für den radioaktiven Zerfall in der Zahlentheorie zu suchen.

Ich lebe in einer Welt, in der ein so einfaches mathematisches Gesetz wie $3^4 = 81$ von hoch angesehenen Lehrstuhlinhabern überhaupt nicht verstanden wird. Ihnen fehlt das Erfassen der Dreifachheit der unteilbaren Zahlen 1, 2, 3 und natürlich erst recht die Einsicht, warum die Zahl 4 als Anzahl oder als Exponent überhaupt von Bedeutung ist. Es gibt weltweit kaum einen Naturwissenschaftler, dem bekannt ist, dass das quadratische Reziprozitätsgesetz auf der Idee aufbaut, Primzahlen im Exponenten – also als Logarithmen – abzuhandeln. Und selbst, wenn er es wüsste, würde er nicht auf den Gedanken kommen, dass die fortlaufend ganzzahligen Anzahlen oder die fortlaufend ganzzahligen Exponenten etwas mit dem Bauplan der Materie verbindet.

Erst 2004 gelang es mir, die Zahlen +2 und –1 mit den Ergänzungssätzen des von Carl F. Gauß bewiesenen quadratischen Reziprozitätsgesetzes in Zusammenhang zu sehen. Damit war eine Erklärung gefunden, warum instabile Kerne denn überhaupt entweder einen Heliumkern mit der Ladung +2 oder ein Elektron mit der Ladung –1 aus den Mutterkernen herausschießen können. Hiermit taucht zum erstenmal in der Geschichte der Naturwissenschaften und der Mathematik eine Erkenntnis aus der höheren Zahlentheorie auf. Bisher hat man nur aus einer Beobachtung heraus die Abgabe von Alphateilchen oder Elektronen als Kennzeichen der Radioaktivität erklärt. Die zweifach positive Ladung des Alphateilchens (ionisiertes Heliumatom) hat keinen Verdacht aufkommen lassen.

Immer häufiger wird im Fernsehen bei der Nennung bestimmter Professoren die Formulierung gewählt: „Der 'renommierte' Wissenschaftler der 'Eliteuniversität'...".

Das lässt erkennen, dass sich bereits ein beamtetes Kastensystem in der global vernetzten Forschung entwickelt hat. Damit wird natürlich jeder Hauch einer Revolution im Keim erstickt. Aber die Revolution wird kommen.

*

Der amerikanische Wissenschaftshistoriker (Physiker) Thomas S. Kuhn hat mit seinem Buch, „Die Struktur der wissenschaftlichen Revolution" (deutsch: 1969) die Frage aufgeworfen, warum es in den Wissenschaften überhaupt immer wieder totale Zusammenbrüche gegeben hat. Er ist der Frage nachgegangen, warum denn gerade Wissenschaftler ihr Wissen nicht zur Überprüfung einsetzen, ob die zeitgenössische Lehrmeinung überhaupt noch stimmt.

Ich möchte die Erklärungen, die Kuhn für diese Frage liefert, hier nicht abhandeln, sondern zwei Beispiele aus der Geschichte der Chemie und der Astronomie aus meiner Sicht schildern.

1. Kuhn schildert, dass die Hochschullehrer der Chemie des 18. Jahrhunderts mit Stolz eine Theorie verkündeten, die das Feuer und die damit verbundene Wärme und Lichterscheinung als eines der vier Elemente bezeichnete. Diese Lehre stammte von dem Deutschen Dr. Stahl, Leibarzt des Königs von Preußen. Seine Theorie galt in ganz

Europa als abgeschlossen. Es gab nicht einmal einen Funken Kritik.

Ein Außenseiter ohne Lehrstuhl, der vermögende und in den Adelstand gehobene Antoine de Lavoisier, hatte sich eigene Labore eingerichtet und zusammen mit seiner Frau Präzisionsinstrumente und Apparaturen entwickelt. So konnte er zeigen, dass etwa die Luft kein chemisches Element ist, sondern ein Gemisch aus zwei Gasen, dem Sauerstoff und dem Stickstoff, die er als chemische Elemente neu klassifizierte. Damit war er in der Lage, den Begriff Feuer als Element im Sinne von Aristoteles zu widerlegen. Er wies nach, dass etwa das Wachs einer Kerze eine chemische Verbindung aus den Elementen Wasserstoff und Kohlenstoff darstellt. Nunmehr erklärte er die Licht- und Wärmeerscheinung eines brennenden Dochts als eine chemische Reaktion, bei der Kohlenstoff mit dem Sauerstoff der Luft zu Kohlendioxid verbrennt und der Wasserstoff ebenfalls mit dem Sauerstoff zu Wasser. Das war der Beweis, dass auch Wasser kein chemisches Element ist. Die Wärme- und Lichterscheinung begründete er mit der Freisetzung von Energie bei chemischen Reaktionen.

Er gab im Jahr der französischen Revolution 1789 das erste Lehrbuch der Chemie heraus. Das Buch war so genial verfasst, dass es die französischen Wissenschaftler wie ein Blitz traf. Diskussion war sinnlos, es blieb nur die totale Akzeptanz.

1794 traf dann Lavoisier auch der Blitz und zwar in Form von Rache seiner Kollegen. Er wurde als ehemaliger Generalsteuerpächter verhaftet und in einem Schnellverfahren zum Tod durch die Guillotine verurteilt. Kein einziger seiner wissenschaftlichen Berufskollegen erschien als Zeuge vor Gericht, um Lavoisiers Leistung für die Revolution und für den Ruhm Frankreichs zu schildern. Dann hätten ihn die Richter in Ehren entlassen. So war das!

2. Kuhn geht auch auf die größte aller astronomischen Entdeckungen ein. Im 16. Jahrhundert hatte der Irrsinn über die Rückläufigkeit der Planeten ihren Höhepunkt erreicht. Das Fach Physik war noch nicht erfunden, aber die Astronomie, ein Universitätsstudium, hatte 1.400 Jahre lang gelehrt, dass sich sowohl die Sonne als auch der Mond und die Planeten um die Erde drehen.

Nikolaus Kopernikus, der aus dem damaligen Preußen stammte, hatte in Italien mehrere Fächer studiert und dann vierzig Jahr seines Lebens geopfert, um nachts mit einem riesigen Zirkel über Winkelvermessung den Lauf der Planeten zu erforschen. Er galt als angesehen, war aber kein Professor für Astronomie. Er hatte den Gedanken entwickelt, dass die Ptolemäische Lehre verbunden mit einem Gewusel von Epizyklen schlichtweg falsch sein musste. Ihm war bei seiner hohen Intelligenz bewusst, dass nur ein Außenseiter mit Mut und eigenen finanziellen Mitteln hier Klarheit schaffen konnte.

Er begründete die moderne Astronomie, indem er mit seinem Buch „De Revolutionibus orbium coelestium“ feststellte, dass sich sowohl die Erde, der Mond und die übrigen Planeten um die Sonne drehen. Sein Buch erschien bewusst erst 1543, als sein Tod feststand. Während er selbst noch dem Gelehrtenstreit entkommen wollte, trat das Gegenteil ein. Das Buch fand fast einhundert Jahre keine Beachtung. Selbst Keplers Beweise wurden mit akademischer Besserwisserei nicht zur Kenntnis genommen.

Immer wieder wurde behauptet, dass die katholische Kirche mit Vehemenz diese neue Lehre bekämpft habe. Im Gegenteil: Kopernikus hatte seine Ideen in Rom dem Papst geschildert und gerade dieser hatte ihn mit dem Hinweis ermutigt, dass wissenschaftlicher Fortschritt in Gottes Augen gewollt sei.

*

Kuhn hatte klar erkannt, dass in den Wissenschaften Lehrmeinungen gelehrt und nicht kritisch hinterfragt werden. Es ist schon merkwürdig, dass praktisch alle wichtigen Erfindungen überhaupt nicht an den Universitäten und ihren gigantischen Institutsverzweigungen entwickelt worden sind. Hinter fast allen Erfindungen steht eine Unzahl von Einzelerfindern oder Industrieforschung. Würde wirklich einmal in einem Institut etwas Neues entdeckt, was für die Menschheit nützlich wäre, würde auch das von den Kollegen ignoriert oder mit verbissener Bosheit bekämpft.

Leider gibt Kuhn ausgerechnet auf seinem Fachgebiet Physik ein Urteil ab. Er schreibt, dass die Newtonsche Physik gegen sehr viele Widerstände durch die Einstein'sche Relativitätstheorie ersetzt werden musste. Diese stellt er nicht in Frage und erörtert noch nicht einmal die Möglichkeit, dass die allgemeine Relativitätstheorie irgendwann korrigiert werden oder ganz verschwinden könnte, während die Newtonsche Physik zeitunabhängig bleiben wird.

Einsteins allgemeine Relativitätstheorie basiert auf der Idee einer Vierdimensionalität, die sich aus den drei Dimensionen des Raumes und einer Zeitachse zusammensetzen soll. Hier genau – bei dieser geltenden Lehrmeinung – hätte der Autor Kuhn die Kritik ansetzen müssen, die er selbst als Leser und Wissenschaftshistoriker so sehr vermisst.

So wie zwei Linien, die sich kreuzen, lassen sich auch zwei Flächen gekreuzt darstellen. Wenn das einmal verstanden wird, werden Einsteins Überlegungen zur Relativitätstheorie von selbst verschwinden.

Kapitel 3

Der Panzergeneral, der Chemiker und Pythagoras

Wohl jedem Menschen ist die Beobachtung bekannt, dass ein Wassertropfen, der auf eine glatte Wasseroberfläche fällt, ein völlig makelloses kreisförmiges Ereignis erzeugt. Da der Tropfen durch das Fallen eine bestimmte kinetische Energie besitzt, vereint er sich nicht einfach mit der Wasseroberfläche, sondern wandelt seine Energie in die Bewegung bzw. in die Ausbreitung einer Welle um. Während die Welle periodisch an Durchmesser zunimmt und die Energie dabei verloren geht, müssten beim Beobachter die Fragen aufkommen: „Warum entstehen einzelne Kreise und keine Spiralen, und welches Gesetz regelt die Vergrößerung der Kreise?“ Oder anders gefragt, woher kennt die Natur die Kreiszahl π ?

Unsere Wissenschaftler behaupten, dass wir Menschen diesen merkwürdigen Dezimalbruch 3,14159 ... erfunden und mit dem Beweis gekrönt haben, dass π eine transzendente Zahl ist. Jeder Gedanke unterblieb, dass die Kreisfigur mit den fortlaufenden Zahlen und mit dem Dezimalsystem verknüpft sein könnte. Wir begreifen einfach nicht, dass die Naturgesetze uns beherrschen und nicht umgekehrt.

*

In den fruchtbaren Flusskulturen von Mesopotamien und Ägypten begannen sich vor ungefähr 5000 Jahren Königreiche zu entwickeln. Dazu war es notwendig, Verwaltungsbeamte, Offiziere und Priester in Form von Kasten auszubilden. Die Priester teilten sich bald auf in religiöse Ränge und in Gelehrte. Da Wissenschaftler keine Arbeiten verrichten und nichts erwirtschafteten, sondern sie ihre Sinnerfüllung im Nachdenken, Rechnen, Beobachten, Experimentieren und Erfinden sehen, müssen sie bezahlt werden. Das war schon damals nur mit Steuergeldern möglich.

Im Zweistromland wurde ein Rechensystem eingeführt, das auf der Zahl Sechs aufbaut. Vielfach kann man nachlesen, dass dort die Sechs als heilig erklärt wurde. Die Gründe lassen sich ableiten aus der Überlegung, dass die Zahlen eins, zwei und drei miteinander addiert, aber auch multipliziert, jeweils das Ergebnis Sechs liefern. Heute stößt diese Einzigartigkeit nicht auf heilige Empfindungen, sondern auf Gleichgültigkeit oder gar Hohn.

Und genau an dieser zahlentheoretischen Überlegung sind die aufblühenden Nationalstaaten Europas tausende Jahre später gescheitert. Während zwar im Hochmittelalter eifrig Geometrie, Algebra und Astronomie betrieben wurde, galt die Zahlentheorie als suspekt. Die Römische Kirche hatte die Trinität Gottes in der Figur des gleichseitigen Dreiecks fundamentiert. Gleichzeitig war die Zahl Vier mit der Kreuzform verwoben. Mehr und mehr wurden solche Überlegungen als alter Ballast empfunden, die es galt, über Bord zu werfen. Jeder Gedanke, dass in den Zahlen 1, 2, 3 ein tiefes Geheimnis verborgen sein könnte, wurde in den Bereich Zahlenspielerei verbannt.

Da die ersten drei Zahlen unteilbar sind, hatten die Mathematiker in den Städten wie Ur, Ninive oder Babylon, wo der Handel blühte, aber auch die Gelehrsamkeit herrschte, etwas Entscheidendes erkannt. Ihnen war aufgefallen, dass sich mit den Zahlen 4, 5, 6 der Teilbarkeitsrhythmus der ersten drei Zahlen wiederholt. So wie die Eins eine unteilbare Zahl ist, so ist auch die Fünf nur durch eins teilbar. (Jede Überlegung, dass die Fünf auch durch sich selbst teilbar ist, ist eine Tautologie.) Für die Vier gilt, dass sie nur durch zwei teilbar ist und die Sechs lässt leicht erkennen, dass sie durch drei teilbar ist und zwar zweimal.

Die nächsten Zahlen lauten 7, 8 und 9. Hier wiederholen sich die Teiler 1, 2, 3, denn die 7 ist nur durch eins teilbar, die 8 nur durch zwei und die 9 nur durch drei.

Das Geheimnis der Zahl 3 besteht darin, dass 3 + 3 die gerade Zahl 6 liefert und 3 + 3 + 3 die ungerade Zahl 9. Im Folgenden wird die Zahl 12 als Summe von vier Dreien wieder gerade sein und die Zahl 15 als Summe von fünf Dreien wieder ungerade.

Mit der tiefen Einsicht, dass die ersten drei Zahlen prim sind, und sich alle fortlaufenden Zahlen bis in die Unendlichkeit von diesen ersten drei Primzahlen ableiten, ist vor vielen tausend Jahren in Ägypten und in Indien die Lehre von der Dreifaltigkeit und den drei Gottheiten entwickelt worden, die sich im Christentum und im Hinduismus fortsetzt.

Die Eins bildet die Anfangszahl aller Zahlen, die ungerade und nicht durch 2 oder 3 teilbar sind: 1, 5, 7, 11, 13, 17, 19, 23, ... Mit der darauffolgenden Zahl 25 muss das Quadrat der vorausgegangenen Primzahl 5 auftreten und mit der Zahl 35 die Summe von sieben Fünfen: 5 + 5 + 5 + 5 + 5 + 5 + 5 = 35. Erst die Zahl 49 beginnt mit dem Quadrat der Primzahl 7.

Somit wird die Zwei zur Anfangszahl aller geraden Zahlen, die nicht durch 3 teilbar sind: 2, 4, 8, 10, 14, 16, 20, 22, 26, ... usw.

Der Zahl Drei kommt jetzt die Aufgabe zu, dass sie zur Anfangszahl aller Zahlen wird, die durch 3 teilbar sind. Sie beginnen mit 6, 9, 12, 15, 18, ... usw. und sind abwechselnd gerade und ungerade.

In der Zahl Eins ist die Unteilbarkeit der fortlaufenden Primzahlen von der Form 6n ± 1 und zwar: –1, 1, 5, 7, 11, 13, 17, 19, 23, ... angelegt. Da die ungerade Zahl 25 sich zusammensetzt aus dem Quadrat der Primzahl 5, ist die 25 zwar nicht mehr prim, aber nur teilbar durch Eins und durch Fünf.

Die Zahl Zwei und die darauffolgenden Zweierzahlen 4, 8, 10, 14, 16, 20, 22, 26, ... usw. sind entweder Potenzen der Zahl Zwei: 2, 4, 8, 16, 32, 64 ... usw. oder Produkte der Zahl Zwei mit den fortlaufenden Primzahlen 5, 7, 11, 13, 17, ... usw.

Die Mathematiker der untergegangenen Flusskulturen haben mit Sicherheit bemerkt, dass sich um die Zahl Sechs der Primzahlzwilling 5 – 7 befindet, um die Zwölf der Primzahlzwilling 11 – 13, um die 18 der Primzahlzwilling 17 – 19 und um die 24 der Zwilling 23 – 25. Damit haben sie den Sechsertakt der Primzahlen entdeckt. Es muss ihnen bewusst gewesen sein, dass es neben dem unendlichen Raum und der unendlichen Zeit noch eine weitere Unendlichkeit in Form der Abzählbarkeit gibt – die Zahlen. Da ihr Leben tief in einer Göttervorstellung verankert war, musste ihnen der Sechsertakt der Primzahlen als Zeichen eines Schöpferplanes heilig erscheinen.

*

Indem ich im Ersten Band die Primzahlzwillinge auf Kreisen anordnete, tauchte ich genau in die geheimnisvolle Welt der Wasserwellen ein, die sich kreisförmig vergrößern.

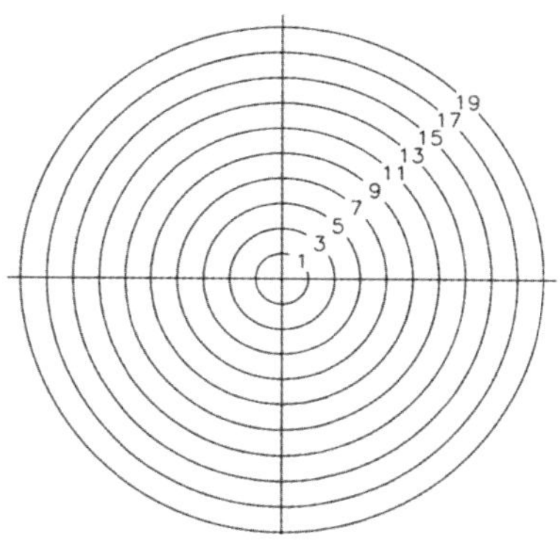

Abbildung 8a

Schnell bemerkte ich, dass die Vergrößerung der Kreise quadratisch verläuft. Fast alle Menschen stellen sich unter einem Quadrat eine viereckige Figur vor – mit rechten Winkeln und gleichen Seiten. Daher hat es sich als sehr schwierig erwiesen, den Begriff der Quadratur von Kreisen zu vermitteln.

In Abb. 8a sind in den sich erweiternden Kreisen die ungeraden Zahlen 1, 3, 5, 7, ... usw. eingezeichnet. Statt einer quadratischen Kachel befindet sich in der Mitte der erste Kreis. Dieser besitzt den Radius 1, so dass seine Fläche $\pi \cdot 1^2$ beträgt.

So wie man eine Kachel durch hinzufügen von drei weiteren Kacheln in die nächst höhere Quadratfläche $1 + 3 = 2^2$ vergrößern kann, so lässt sich auch ein Kreis mit dem Radius = 1 durch Verdoppeln des Radius in die Fläche $\pi \cdot 2^2 = 4 \cdot \pi$ vergrößern. Für den dritten Kreis ergibt sich der Wert $\pi \cdot 3^2 = 9 \cdot \pi$ und für den vierten der Wert $\pi \cdot 4^2 = 16 \cdot \pi$.

$$1 = 1^2$$
$$1 + 3 = 2^2$$
$$1 + 3 + 5 = 3^2$$
$$1 + 3 + 5 + 7 = 4^2$$

usw.

*

Zu dieser Erkenntnis sind die Begründer der Schalentheorie der Elektronen nie vorgestoßen. Der Ausbau der Quantenmechanik basierte von Anfang an auf Abzählen. Aus dem Periodensystem ließ sich nämlich zeigen, dass sich die Wertigkeit der Elemente von 1 bis 20 nach ihren Eigenschaften (Wertigkeiten) in acht Gruppen einteilen lässt.

I	II	III	IV	V	VI	VII	VIII
$_1$H							$_2$He
$_3$Li	$_4$Be	$_5$B	$_6$C	$_7$N	$_8$O	$_9$F	$_{10}$Ne
$_{11}$Na	$_{12}$Mg	$_{13}$Al	$_{14}$Si	$_{15}$P	$_{16}$S	$_{17}$C	$_{18}$Ar
$_{19}$K	$_{20}$Ca						

Abbildung: 82

(Hierbei verlangt die römische Ziffer VIII, dass die Edelgase Helium, Neon und Argon zwar in der VIII Gruppe stehen, aber nicht als achtwertig, sondern als nullwertig bezeichnet werden müssen.)

Der Mathematiker und Lehrstuhlinhaber für Theoretische Physik Arnold Sommerfeld hatte 1913 die Publikation von Nils Bohr auf Anhieb als richtig erkannt. Nun brach im Sommer 1914 der Erste Weltkrieg aus und Deutschland versank 1918 in einem Chaos. Somit konnte das Zeitalter der Quantenmechanik erst in den frühen Zwanziger Jahren beginnen.

Mit dem Bohrschen Atommodell war es ein Leichtes, dem Helium zwei Elektronen zuzuschreiben und zu erfassen, dass somit die erste Schale als abgeschlossen betrachtet werden kann. Für die darauffolgenden acht Elemente von $_{3}$Lithium bis $_{10}$Neon war die zweite Schale besetzt. Für die acht Elemente $_{11}$Natrium bis $_{18}$Argon stand die dritte Schale zur Verfügung, so dass mit den Elementen $_{19}$Kalium und $_{20}$Calcium die vierte Schale mit zwei Elektronen erst einmal abgeschlossen war. Sommerfeld verwandelte nun die zwei Elektronen der ersten Schale in einen quadratischen Ausdruck, und zwar 2×1^2.

Da sich die Elektronenanzahl Acht auf der darauffolgenden Schale wiederum in das Doppelte eines Quadrates zerlegen ließ, nämlich 2×2^2, bestand nun endlich die Möglichkeit, eine Erklärung für die Existenz der zehn Nebengruppenelemente $_{21}$Scandium bis $_{30}$Zink zu finden. Diese zehn Elemente sind nämlich Metalle und lassen sich nicht in ein Periodensystem von der Form nach Abb. 82 unterbringen.

Erst mit dem $_{31}$Gallium beginnen die Hauptgruppenelemente sich wieder zu erweitern. Mit der Idee, die Anzahl der Elektronen auf der 3. Schale von acht um die zehn Nebengruppenelemente zu vergrößern, ließ sich erkennen, dass auch die Summe von $8 + 10 = 18$ in ein quadratisches Produkt 2×3^2 umgewandelt werden kann.

Sommerfeld muss erfasst haben, dass mit den 14 Lanthanoiden die vierte Schale von 18 auf 32 Elektronen vergrößert wird. Auch die Zahl 32 ist wiederum in das Doppelte einer Quadratzahl überführbar. ($32 = 2 \times 4^2$). Somit treten im Periodensystem für die ersten vier Schalen folgende Elektronenzahlen als Abschlüsse auf.

$$2 \times 1^2 = 2$$
$$2 \times 2^2 = 8$$
$$2 \times 3^2 = 18$$
$$2 \times 4^2 = 32$$

Sommerfeld nannte die vier Quadratzahlen 1^2, 2^2, 3^2, 4^2 Hauptquantenzahlen, wobei das Wort Quanten sich aus dem Lateinischen ableitet: „Quantum“, die Menge. Da sich jede dieser Quadratzahlen als Summe der ungeraden Zahlen 1, 3, 5, 7 darstellen lässt, wurde für diese Zahlen der Begriff Nebenquantenzahlen festgelegt. Damit saß das Genie – Mathematiker und Theoretischer Physiker – in der Falle. Er hätte aussprechen müssen, dass das Periodensystem und das damit verbundene Phänomen der chemischen Wertigkeit auf Zahlentheorie aufbaut, die nicht der Mensch erfunden hat. Diese Quadratzahlen waren immer da. Sie sind eben nicht bei der Entstehung der chemischen Elemente aus einer Sternenexplosion durch Zufall mitentstanden.

Sommerfeld schwieg und bot damit seinen Kollegen die Möglichkeit, Behauptungen in die Welt zu setzen, die man als Schwachsinn bezeichnen muss. Zum Beispiel: „Die Gesetze der Quantenmechanik schreiben der Natur vor, in welchen Quantenzahlen sie angelegt sein muss." Eine solche Behauptung unterstellt, dass der Natur jedes Zahlenbewusstsein fehlt. Nur der Mensch soll die Zahlen und damit die Zahlentheorie erfunden haben.

*

Sommerfeld ist immer wieder von befugten Personen für den Nobelpreis vorgeschlagen worden. Er hat ihn nie erhalten, was wiederum für die Beteiligten unverständlich blieb. Es ist zu vermuten, dass Mitglieder des Nobelpreiskomitees die Notwendigkeit erkannt haben, dass Sommerfeld pflichtbewusst hätte Stellung beziehen müssen. Denn entweder hat der Mensch die fortlaufenden Quadratzahlen erfunden, oder die Gesetzmäßigkeiten der Haupt- und Nebenquantenzahlen in den Elektronenhüllen existieren aus sich heraus.

Sommerfeld schwieg leider. Er war als Wissenschaftler von jenem Naturell, die Ergebnisse ihrer Arbeit veröffentlichen, aber nicht kommentieren. Also schwieg man in Stockholm auch. Damit wurde ein Zeitalter eingeleitet, in dem das Wissen um den Bau und die Struktur der Atomkerne und Atomhüllen schon bald als abgeschlossen galt. So werden unsere Studenten mit grotesken Sprüchen belehrt, wie: „Das Neutron besteht nicht aus einem Proton und einem Elektron. Erst beim radioaktiven Zerfall des Neutrons in ein Proton entsteht das Elektron wie von selbst, um dann aus dem Kern herauszuschießen."

Da es im Wesen von Universitätsstudenten aller Nationen liegt, dass sie alles als gegeben notieren, was ex cathedra gelehrt wird, und sie nicht dazu erzogen werden, kritisch zu denken, ist jede Kritik in der Kernchemie und Kernphysik im Keim erstickt. Wenn aber die Kritik verstummt, dann stirbt die Wissenschaft.

*

Kehren wir noch einmal in das Zeitalter vor 5000 Jahren zurück, aus der die Gelehrsamkeit hervorging. Ihre Astronomen und Mathematiker waren erwiesenermaßen auf ihren astronomischen Gebieten so weit vorgedrungen, dass es ihnen gelang, das Geheimnis des Doppelplanetensystems Erde und Mond zu entschlüsseln. Sie fanden ganz ohne optische Geräte und Rechenmaschinen heraus, dass sich exakt alle 19 Finsternisjahre (1 Finsternisjahr umfasst 18 Jahre + 11,33 Tage) Sonnenfinsternisereignisse wiederholen. Sie hatten erkannt, dass Sonne und Mond – von uns aus gesehen – exakt den gleichen Durchmesser haben. Sie konnten somit eine Sonnenfinsternis vorausberechnen.

Diesen sogenannten Saroszyklus zu entdecken, ist lange Zeit später auch in Mittelamerika gelungen. Interessant ist, dass die Priester der Mayakultur die Zahl 19 geheiligt haben.

Es ist davon auszugehen, dass in diesen Frühkulturen die Zahlentheorie entwickelt worden ist. Den Erfindern muss bewusst gewesen sein, dass Primzahlzwillinge immer durch eine durch sechs teilbare Zahl voneinander getrennt sind, wobei die Primzahlen 2 und 3 nichts mit den Primzahlen von der Form 6n ± 1 gemeinsam haben. Es ist ein Kennzeichen des Abendlandes, dass es den Schritt für n = 0 nicht entwickelt hat, weil Leibniz den Zahlenzwilling –1, 0, + 1 nicht als solchen erkannt hat. Somit beginnt sein Sechsertakt erst mit dem Primzahlzwilling 5 – 7. Aber selbst dieses Aufblitzen von Genie wurde von seinen Zeitgenossen nicht wahrgenommen.

5, **6**, 7,
11, **12**, 13,
17, **18**, 19,

Um die Zahl 24 liegt nun der Zwilling 23 und 25, und um die Zahl 30 der Primzahlzwilling 29 und 31, so dass um die Zahl 36 der Zahlenzwilling 35 und 37 liegt.

23, **24**, 25, (25 = 5 · 5)
29, **30,** 31,
35, **36**, 37, (35 = 5 · 7)

Die Zahlentheoretiker der untergegangenen Kulturen müssen erfasst haben, dass das Auftreten von Nichtprimzahlen 25, 35, ... nichts mit Zufall zu tun hat, sondern durch Kombinatorik von Produkten vorausgegangener Primzahlen gesteuert wird. Diese einfache Erkenntnis ist dann später verloren gegangen.

Den großen Zahlentheoretikern Euler und Gauß war unbekannt, dass sich hinter den Fakultätenbetrachtung im Satz von Wilson die Ordnung der Primzahlabnahme im Sechsertakt verbirgt. Sie hatten ohne Misstrauen Newtons Erklärung für die Ableitung der transzendenten Naturkonstanten e = 2,71... aus der Fakultätenentwicklung 1/0! + 1/1! + 1/2! + 1/3! + ... übernommen. Erst Michael Felten und ich konnten in Band II Kapitel 5 Seite 90 u. 91 den Beweis dafür bringen, dass die Vorstellung 1/0! ein Trugschluss ist. Wir brachten somit den Beweis, dass die Eins der Newtonschen Reihenentwicklung aus der komplexen Unterschale des Primzahlkreuzes begründet werden muss. Der Beweis erfolgte in Bd. III 5. Buch Kap. 5 S. 101 bis 106.

Dort habe ich gezeigt, dass die Gründe für die Existenz der Zahl e nur aus der zyklischen Betrachtung der fortlaufenden ganzen Zahlen erklärt werden kann.

*

Im 6. Jahrhundert v. Chr. lebte in Süditalien ein Mathematiker griechischer Abstammung mit dem Namen Pythagoras. Die Sage berichtet, dass er in seiner Jugend in Ägypten gelebt hat und dort von den Priestern in zahlentheoretische Geheimnisse eingeweiht und auch in Geometrie unterrichtet worden ist. Aus diesen Kenntnissen heraus, aber auch aufgrund seiner genialen Veranlagung, soll er dann später in einer griechischen Provinz in Italien einen Orden gegründet haben. Die Mitglieder dieser Gemeinschaft waren aus einem Eid heraus verpflichtet, ihr Mitwissen geheim zu halten.

Übrig geblieben von dem Wissen ist der Beweis für den sog. „Satz des Pythagoras". Dieser wird heute an den Gymnasien dieser Welt in der Mittelstufe als epochale Höchstleistung der griechischen Geometrie vermittelt. In vielen Geschichtswerken kann man nachlesen, dass Pythagoras nach Gelingen seines Beweises den Göttern 100 Stiere geopfert haben soll. Einhundert Stiere passen aber überhaupt nicht zu den Riten eines Geheimordens, es sei denn, die Zahl 100 hatte für Pythagoras eine kryptische Bedeutung. Aber welche?

Vor Michael Feltens Hochzeit, im Jahr 1994 hatten wir über Primzahlen von der Form 4n + 1 (n = 0, 1, 2, 3, ...) gearbeitet. Sie lauten: 1, 5, 13, 17, 29, ...

Betrachtet man die Primzahl 5 = (4 + 1). Sie lässt sie sich mit Hilfe von komplexen Zahlen als Summe zweier Quadrate darstellen.

$$5 = 2^2 + 1^2$$
$$(2 + i) \cdot (2 - i) = 2^2 + 1^2 = 5$$

Bildet man nun von 5 das Quadrat, so zeigt sich, dass auch dieses sich wiederum in die Summe zweier Quadrate zerlegen lässt.

$$25 = 3^2 + 4^2$$

„Michael, wir sollten uns mit dieser zweimaligen Quadratur beschäftigen. Vielleicht hilft uns eine Tabelle, die alle Zahlen von der Form 4n + 1 bis 100 aufführt, so dass auch die Nichtprimzahlen 25, 45, 65 und 85 mit in der Rechnung erscheinen".

Michael begann mit der Anfertigung dieser Tabelle, wie er es vom Mathematikstudium kannte. Was er nicht erkannte, das war den Code! Diesen habe ich durch die römischen Ziffern I, II, III und durch Unterstreichen verdeutlicht.

I.	$\underline{2^2 + 1^2 = (2 + 1i) \cdot (2 - 1i) = \mathbf{5}}$
II.	$3^2 + 2^2 = (3 + 2i) \cdot (3 - 2i) = \mathbf{13}$
	$\underline{4^2 + 1^2 = (4 + 1i) \cdot (4 - 1i) = \mathbf{17}}$
III.	$\mathbf{4^2} + \mathbf{3^2} = (\mathbf{4} + \mathbf{3i}) \cdot (4 - 3i) = \mathbf{25}$
	$\mathbf{5^2} + \mathbf{2^2} = (\mathbf{5} + \mathbf{2i}) \cdot (5 - 2i) = \mathbf{29}$
	$\underline{\mathbf{6^2} + \mathbf{1^2} = (\mathbf{6} + \mathbf{1i}) \cdot (6 - 1i) = \mathbf{37}}$
	$5^2 + 4^2 = (5 + 4i) \cdot (5 - 4i) = \mathbf{41}$
	$6^2 + 3^2 = (6 + 3i) \cdot (6 - 3i) = \mathbf{45}$
	$\underline{7^2 + 2^2 = (7 + 2i) \cdot (7 - 2i) = \mathbf{53}}$
	$6^2 + 5^2 = (6 + 5i) \cdot (6 - 5i) = \mathbf{61}$
	$7^2 + 4^2 = (7 + 4i) \cdot (7 - 4i) = \mathbf{65}$
	$\underline{8^2 + 3^2 = (8 + 3i) \cdot (8 - 3i) = \mathbf{73}}$
	$7^2 + 6^2 = (7 + 6i) \cdot (7 - 6i) = \mathbf{85}$
	$8^2 + 5^2 = (8 + 5i) \cdot (8 - 5i) = \mathbf{89}$
	$\underline{9^2 + 4^2 = (9 + 4i) \cdot (9 - 4i) = \mathbf{97}}$

Teilaspekt Tabelle 7 (Bd. III, Kap.6)

Offensichtlich ist in Tabelle 7 eine Codierung verborgen, die in sechs Zeilen über die Zahlen 1i, 2i, 3i und über die Zahlen 4, 5, 6 einen Sechsertakt aufbaut. Dies lässt die Vermutung aufkommen, dass bei der Quadrierung der sich ergebenden Primzahlen bzw. Produkten von Primzahlen von der Form 4n + 1 dieser Code erhalten bleibt.

Leider kam es nicht zu einer Untersuchung durch Michael und mich, weil unser Kontakt nach seiner Hochzeit am 5. Juli 1994 abbrach, und ich ihn nie wiedergesehen habe. Erst als am 15. Oktober 1996 Bernhard Hidding in Düsseldorf mit seinem Physikstudium begann, erfüllte sich mein Wunsch, mit dem Primzahlkreuz Band III 5. Buch zu beginnen.

*

Im Frühjahr 1997 waren wir mit dem 5. Buch bei Kapitel 6 angelangt und versuchten Licht in das Problem der zweimaligen Quadratur zur Bildung der Pythagoreischen Tripel zu bringen. Abb. 83 zeigt, dass die Dreistufigkeit des Codes in 6 Schritten erhalten bleibt.

	$\mathbf{5^2} = 3^2 + 4^2 = (2^2 + 1^2)^2$	$5 = 2^2 + 1^2$
	$\mathbf{13^2} = 5^2 + 12^2 = (3^2 + 2^2)^2$	$13 = 3^2 + 2^2$
	$\mathbf{17^2} = 15^2 + 8^2 = (4^2 + 1^2)^2$	$17 = 4^2 + 1^2$
$(5 \cdot 5)^2 =$	$25^2 = 7^2 + 24^2 = (\mathbf{4^2} + \mathbf{3^2})^2$	$25 = 4^2 + 3^2$
	$\mathbf{29^2} = 21^2 + 20^2 = (\mathbf{5^2} + \mathbf{2^2})^2$	$29 = 5^2 + 2^2$
	$\mathbf{37^2} = 35^2 + 12^2 = (\mathbf{6^2} + \mathbf{1^2})^2$	$37 = 6^2 + 1^2$
	$\mathbf{41^2} = 9^2 + 40^2 = (5^2 + 4^2)^2$	$41 = 5^2 + 4^2$
$(5 \cdot 3^2)^2 =$	$45^2 = 27^2 + 36^2 = (6^2 + 3^2)^2$	$45 = 6^2 + 3^2$
	$\mathbf{53^2} = 45^2 + 28^2 = (7^2 + 2^2)^2$	$53 = 7^2 + 2^2$
	$\mathbf{61^2} = 11^2 + 60^2 = (6^2 + 5^2)^2$	$61 = 6^2 + 5^2$
$(5 \cdot 13)^2 =$	$65^2 = 33^2 + 56^2 = (7^2 + 4^2)^2$	$65 = 7^2 + 4^2$
	$\mathbf{73^2} = 55^2 + 48^2 = (8^2 + 3^2)^2$	$73 = 8^2 + 3^2$
$(5 \cdot 17)^2 =$	$85^2 = 13^2 + 84^2 = (7^2 + 6^2)^2$	$85 = 7^2 + 6^2$
	$\mathbf{89^2} = 39^2 + 80^2 = (8^2 + 5^2)^2$	$89 = 8^2 + 5^2$
	$\mathbf{97^2} = 65^2 + 72^2 = (9^2 + 4^2)^2$	$97 = 9^2 + 4^2$

Abbildung 83

In mir keimte der Verdacht, dass es zu der zweimaligen Quadratur der Primzahlen von der Form 4n +1 eine Parallele gibt. Bei der Entdeckung des Primzahlkreuzes hatte ich den 6n ± 1 Takt in eine kreisförmige Geometrie verwandelt, die mit den Zahlen von 0 bis 24 die drei Primzahlzwillinge 5 – 7, 11 – 13, 17 – 19 enthielt. Durch den Verknüpfungstrick der Primzahl 23 und der 1^2 war der notwendige vierte Zwilling entstanden. Die nunmehr übrig gebliebenen Zahlen –1 und + 1 waren jetzt zum Mittelpunkt des ersten Vollkreises geworden, der jetzt in seiner Mitte die komplexe Struktur des Eulerschen Einheitskreises angenommen hat.

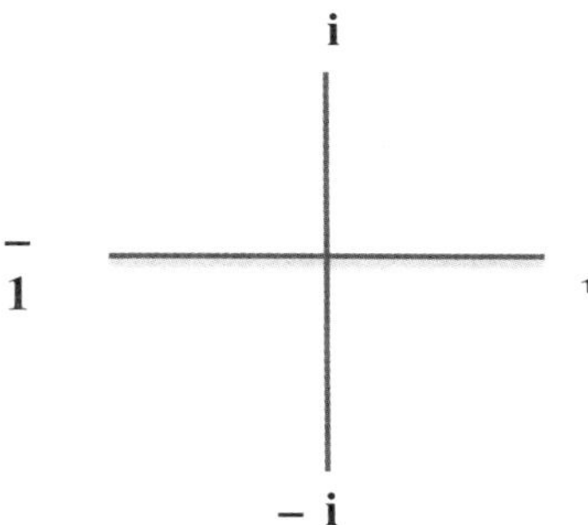

Das Prinzip des Einheitskreises hatte C. F. Gauß später in der komplexen Zahlenebene weiterentwickelt. Da ihm die Geometrie des Primzahlkreuzes unbekannt war, fehlte jeder Bezug zu der Idee, dass die komplexen Zahlen eben keine menschliche Erfindung darstellen, sondern in der Geometrie des vierdimensionalen Raumes um einen Punkt a priori existieren. Der Zahlenzwilling 1 und –1 ist der Hintergrund sowohl für den 6n ± 1 Takt des Primzahlkreuzes und für das reziproke Quadratgesetz. Während mir diese Gedanken durch den Kopf strömten, wurde mir bewusst, dass in der Idee der Pythagoreischen Tripel der Sechsertakt der ungeraden Zahlen 1, 3 und 5 sowie der geraden Zahlen 2, 4 und 6 tief verborgen liegen muss.

*

In diesem Moment klingelte das Telefon. Ich übernahm das Gespräch: „Plichta!“

„Ich bin die Barbara! Peter, Du hast mir doch einmal das Leben gerettet.“

„Barbara, das war vor 35 Jahren oder noch länger. Wo bist Du?

„Ich sitze irgendwo in der Pfalz. Mir fällt die Decke auf den

Kopf. Ich bin Landärztin und heute im Notdienst."

„Und ich sitze mit einem jungen Physiker am Computer und schreibe an meinem Lebenswerk mit dem Titel ‚Das Primzahlkreuz'."

Sie geht darauf nicht ein.

„Bist Du wieder verheiratet?"

Ich antworte: „Nein."

„Ich komme am Samstagvormittag mit dem Wagen aus der Pfalz zu Dir nach Düsseldorf."

Sie kam und fiel mir strahlend in die Arme. Damit war für viele Monate die Arbeit am Buch zum Stillstand gekommen.

*

Damals im Sommer 1959 hatte ich mich von Helga getrennt. Ich hoffte mit der Trennung der Vorhersehung ihres frühen Todes zu entrinnen. In dieser Zeit war mir Barbara begegnet. Sie war ein sehr scheues, aber auch ein schönes Mädchen. Sie besuchte so wie Helga im gleichen Jahrgang das Luisen-Gymnasium. Ihre blonden Haare und die braunen Augen wirkten wie Antipoden zu der blauäugigen, brünetten Helga.

Durch ein eigentümliches Schicksal waren die beiden sechszehnjährigen Schülerinnen miteinander verbunden. Während nämlich Helgas Vater, der Chemiker Ring, 1945 im Keller eines Berliner Wohnblocks seinem Tod an Lungenversagen mit quälender Gewissheit entgegensah, und seine junge Frau Gerlinde durch Zusammenpressen des Brustkorbes Widerstand gegen das Unvermeidliche leistete, tobte draußen auf den Bürgersteigen der Straßenkampf. Die Russen waren zu Hunderttausenden mit Panzern und schweren Geschützen in die Stadt eingebrochen und hatten begonnen, Straße für Straße und Haus um Haus zu stürmen. Die in den Kellern verschanzten deutschen Soldaten wurden mit Handgranaten und Flammenwerfern aus ihren sinnlosen Schutzräumen vertrieben, um in der Gefangenschaft zu landen.

Zum gleichen Zeitpunkt spielten sich im Führerbunker unter der Reichskanzlei geradezu irrsinnige Dramen ab. Hitler kämpfte darum, die Einkesselung von Großberlin mit Armeen zu verhindern, die längst aufgerieben waren. Die einzige Armee, auf die er noch hoffen konnte, war gleichzeitig auch die letzte Armee, die das damalige Nazideutschland aufgestellt hatte. Sie bestand mehr aus halben Kindern als ausgebildeten Soldaten.

Der Anführer dieser letzten Armee war der jüngste Generaloberst der deutschen Wehrmacht, Babaras Vater. Hitler hatte ihn zum ersten Panzergeneral ernannt. Mit seiner Hilfe sollte der Kesselring von Millionen russischen Soldaten durchbrochen werden.

Der Führer, vorzeitig gealtert und geistig verwirrt durch jahrelangen Missbrauch von Strychnin und Kokain, war umgeben von einer Kamarilla hochdekorierter Versager. Alle zusammen hofften auf diesen einen General, ausgerüstet mit neuen Panzern und ausreichend Treibstoff. Der Hoffnungsträger sah sich vor die Aufgabe gestellt, den feindlichen Ring um Berlin zu durchbrechen. Dieser Führerbefehl hätte nur Eines bewirkt. Die Russen hätten so kurz vor ihrem Sieg um Berlin diese letzte Armee bedingungslos ausradiert.

Seine einzige Alternative war, die Truppen seiner Armee irgendwie nach Magdeburg in die amerikanischen Kriegsgefangenenlager zu lenken. Aus militärischer Sicht eine Undenkbarkeit, da dies die Missachtung des Führerbefehls und Feigheit vor dem Feind bedeutete.

Der erste Panzergeneral der Deutschen Wehrmacht Wenck, überlebte. Der Diplomchemiker Ring erstickte. Den beiden Schulkameradinnen Helga und Barbara war jedoch die schicksalhafte Überkreuzung von Tod und Leben ihrer Väter unbekannt.

*

Barbara wohnte 1959 bei ihrer Großmutter, weil ihre Mutter in großen familiären Schwierigkeiten steckte. Das Mädchen war vollkommen verängstigt. Die Großmutter schlug mit allem, was ihr in die Hände fiel auf das junge Mädchen ein, wenn dieses auch nur kurz unentschuldigt das Haus verließ. Ich wiederum verstand den ganzen Irrsinn nicht und trennte mich dann auch von Barbara. Diese musste, wie ich später erfuhr, auch noch das Gymnasium verlassen, um einen Beruf zu erlernen, weil für Abitur und Studium das Geld nicht reichte.

Als ich im Frühjahr 1960 wieder mit Helga liiert war, sprach mich mitten auf der Straße ein mir unbekannter junger Mann an:

„Sie waren doch einmal mit Barbara befreundet. Wissen Sie, dass diese jetzt im Evangelischen Krankenhaus in einem Sterbezimmer liegt?“

„Was ist passiert?“

„Der Chefarzt hat Barbara operiert und sie dabei irgendwie verstümmelt, so dass sie jetzt nicht mehr leben will.“

„Was ist mit Vater, Mutter und ihrer Verwandtschaft?“

„Die haben selbst Probleme und Barbara aufgegeben.“

Ich handelte sofort und eilte nach Hause, um mit dem Rennrad in die Innenstadt von Düsseldorf zum evangelischen Krankenhaus zu fahren. Das war zu diesem Zeitpunkt die größte Klinik von Düsseldorf. Es gelang mir in der chirurgischen Abteilung mit einem der

Oberärzte Kontakt aufzunehmen, indem ich mich als Medizinstudent ausgab. Barbara war mit einer schweren Dickdarmentzündung stationär aufgenommen worden. Die Kolitis zum Abheilen zu bringen war monatelang nicht gelungen.

„Herr Plichta, unser Chefarzt ist sehr rigoros. Er hat den Dickdarm operativ für immer stillgelegt. Sie kennen die Folgen. Jetzt will das junge Mädchen nicht mehr leben und nimmt keine Nahrung mehr zu sich. Wir haben ihr Bett aus dem großen Krankensaal der dritten Klasse in ein Badezimmer gestellt, damit die anderen Patientinnen dieses Leiden nicht miterleben müssen."

„Herr Doktor, ich möchte in aller Bescheidenheit bemerken, dass die Ursachen für Kolitis in der Regel in Verletzungen der Psyche zu suchen sind. Warum ist sie vor der Operation nicht psychiatrisch behandelt worden?"

Jetzt beginnt der Oberarzt ein wenig zu lächeln. Seine Worte wirken resigniert:

„Unser Chefarzt ist nicht nur Professor für Chirurgie. Er hat auch den Nobelpreis für Medizin. Es ist Dr. Werner Forßmann."

*

Ein Blitz zündete in meinem Kopf. Dr. Forßmann war bis 1956 niedergelassener Arzt für Urologie in Düsseldorf. Die Düsseldorfer Zeitungen hatten damals mit großen Schlagzeilen verkündet, dass in Dr. Forßmanns Briefkasten ein Schreiben des Nobelinstitutes gelegen hatte. Der Inhalt des Schreibens setzte den Arzt davon in Kenntnis, dass er einer der drei Laureaten für den Medizinnobelpreis war.

Ich hatte damals mitverfolgt, wie der kometenhafte Aufstieg von Forßmann verlief. Das Wissenschaftsministerium ernannte ihn zum Professor. Die Ehefrau des Außenministers Heinrich von Brentano hatte als Kuratoriumsmitglied des evangelischen Krankenhauses Dr. Forßmann – als ehemaligen Assistenten des Chirurgen, Professor Sauerbruch – zum Chefarzt der Klinik vorgeschlagen. Sie setzte sich mit ihrem Vorhaben durch.

Ich ließ mich zum Sterbezimmer bringen wissend, dass Barbara in der Falle saß. Sie sollte jetzt, um den Skandal zu vermeiden, so schnell wie möglich sterben oder schnellstens gesund werden. Der Arzt und ich betraten das Sterbezimmer. Barbara lag im Dämmerschlaf. Sie war skelettiert, aber sie erkannte mich.

„Peter, was machst Du denn hier?"

„Ich bin gekommen, um Dich zu füttern, damit Du lebst."

„Sie haben mir hier, ohne mich zu fragen, durch eine Operation die Würde als Frau genommen. Da niemand bereit ist, mir Gift zu geben, kann ich mich nur zu Tode hungern."

„Barbara, ich bin jetzt für eine halbe Stunde weg. Ich komme mit warmem Essen zurück, und dann zeigen wir denen hier mal, wie man ein Leben rettet, anstatt dich feige abzuschieben."

*

1960 konnte man nicht einfach in einer Metzgerei eine Mahlzeit zusammenstellen und diese warm verpackt mitnehmen. Ich fuhr also mit dem Rennrad nach Hause. Da meine Mutter keinen Kühlschrank besaß, verwahrte sie die Reste von Mahlzeiten im kühlen Keller. Dort fand ich säuberlich verpackt eine Rinderroulade in pikanter Sauce sowie Töpfe mit Kartoffelbrei und Rotkohl. Schnell war die Sache heiß gemacht und mit Zeitung wärmeisoliert, so dass ich kurze Zeit später wieder bei Barbara eintraf. Ich weckte sie und zog sie hoch, so dass ich sie füttern konnte. Sie biss die Zähne zusammen.

„Barbara, Du bist erst 17 Jahre. Dein ganzes Leben liegt vor Dir. Dein Schutzengel hat mich zu Dir geschickt. Du musst das hier essen. Es ist beste deutsche Hausmannskost. Davon wird dein Geschmacksinn wieder angeregt."

Die Tür geht auf und der Oberarzt schaut ruhig zu.

„Barbara, ich werde Dir Deinen Mund nicht mit Gewalt öffnen. Mach ihn auf und iss, damit Du lebst."

Sie ließ sich wie unter Hypnose füttern. Langsam begann sie zu lächeln. Neben dem Oberarzt stehen plötzlich zwei Krankenschwestern in evangelischer Ordenstracht. Es werden immer mehr Zuschauer. Plötzlich erscheint auch die Mutter Oberin. Sie tritt auf mich zu und reicht mir ihre Hand.

Ich verkündigte laut und klar:

„ Ich werde jetzt zwei Wochen lang jeden Tag dieses junge Mädchen füttern und möchte sofort benachrichtigt werden, wenn hier irgendetwas schief läuft."

Alle Zuschauer nicken und entfernen sich dann.

Der Oberarzt und ich geben uns die Hand.

*

Einige Monate später im Hochsommer rief Barbara mich aus der Eifel an und bat mich, sie zu besuchen. Ihre Mutter wollte mich gerne kennen lernen. Die Entfernung ist groß, und ich hatte gar kein Geld für solch eine Reise. Also nahm ich das Rennrad.

Barbara führt mich in ihren großen Garten.

„Peter, Du hast mir das Leben gerettet, und Du bist jetzt in gewisser Weise für mein zukünftiges Leben verantwortlich. Ich möchte Dein Versprechen, dass Du mich später heiratest."

„Barbara, ich habe mich für Helga entschieden. Sie ist mein Schicksal. Ich werde in dieser Sache gar nicht gefragt. Das hat überhaupt nichts damit zu tun, wen ich mehr liebe."

Barbara, die gerade noch gestrahlt hat, versteht mich nicht. Für sie ist Helga nur eine Rivalin. Wir verabschieden uns.

Fünfzehn Jahre später rief Barbara mich wieder an. Ich bin zu diesem Zeitpunkt tief in das Fach Biochemie verwickelt. Sie hat erfahren, dass ich mittlerweile von Helga geschieden bin. Wir verabreden uns in einem Düsseldorfer Restaurant. Ich erfahre, sie hat auf dem Abendgymnasium ihr Abitur nachgemacht und will jetzt nach dem ersten juristischen Staatsexamen in die Referendarzeit überwechseln. Sie hatte die ganzen Jahre auf mich gewartet.

„Barbara, was sich gerade an der Uni Marburg ereignet, kann ich Dir nicht beschreiben. Ich stecke bis zum Hals in biochemischen und pharmazeutischen Studien. Gleichzeitig habe ich wieder einmal große Feinde. Dazu kommt noch, dass ich meinen Zwillingsbruder am Hals habe. Der ist völlig unfähig ohne meine Hilfe das Medizinstudium zu schaffen. Ich habe mich verpflichtet, dafür zu sorgen, dass mein Bruder Arzt wird und ich Apotheker. Nur so habe ich eine Chance, später als Privatgelehrter über ein Einkommen zu verfügen und wirklich frei von Hochschulzwängen zu forschen. Ich bin längst dahinter gekommen, dass die moderne Wissenschaft in einer Sackgasse gelandet ist, ohne es zu merken. Ich kenne meine Kollegen gut. Zweifel ist denen fremd. Ich mache mir Sorgen, wie ich meine ganzen Probleme in den Griff kriegen kann. Wenn ich Marburg überstehe, können wir beide uns immer noch zusammen tun.

Barbara versteht nicht, dass ich mit diesen knappen Sätzen Klarheit schaffen will, dass ich selbst in Marburg mein Leben auf eine neue Grundlage stellen will. Sie ist an einer Diskussion über den Sinn meines Lebens nicht interessiert und wir verabschieden uns.

Über etwas hatten Barbara und ich nicht geredet. Ihr Vater, der ehemalige Generaloberst aus der Nazizeit, hatte längst beim Aufbau der Bundeswehr mitgewirkt und es wieder nach ganz oben geschafft. Er hatte in der Nachkriegszeit seine Frau und seine Tochter Barbara verlassen und war ein Verhältnis mit Barbaras Tante eingegangen.

Niemand hatte dem jungen Mädchen damals geholfen. Sie war Kassenpatientin, und alle waren bereit, sie sterben zu lassen. Natürlich wusste Forßmann davon. Warum hatte der Chefarzt eigentlich eine

Patientin der dritten Klasse operiert?

*

Vorgeschichte

I. Inzwischen hatte sich in Düsseldorf um die Person Professor Forßmann ein Drama abgespielt. Das evangelische Krankenhaus war über Jahre hinweg in eine Vielzahl von operativen Kunstfehlern aus der chirurgischen Abteilung Forßmann verwickelt. Als der Skandal drohte überzuschäumen, kamen die Kuratoriumsmitglieder zur Besinnung. Dr. Forßmann hatte zwar in seiner Assistentenzeit als Chirurg gearbeitet, er war aber von Deutschlands berühmtesten Chirurgen Professor Ferdinand Sauerbruch entlassen worden, und zwar mit Gebrüll.

Was war passiert?

Der junge Froßmann war gerade als Volontärassistent in der Chirurgischen Klinik der Charité angestellt und hatte die geniale Idee geboren, an sich selbst ein Experiment durchzuführen. Er führte in die Vene seines linken Armes einen Katheder ein und schob diesen Schlauch hin bis zum Herz. Da er mit seinem Brustkorb hinter einem Röntgenschirm stand, konnte sein Freund mit der Durchleuchtung diesen Vorgang verfolgen. Jetzt injizierte sich Forßmann über einen Ballon ein jodhaltiges Kontrastmittel in die Vene. Sein Freund fotografierte. Damit waren die ersten Fotoplatten vom schlagenden Herzen und seinen öffnenden und schließenden Herzklappen gelungen. Diese Aufnahmen hatten jetzt Professor Sauerbruch vorgelegen. Die Reaktion war ein lautes Gebrüll:

„Mit solchen Kunststücken können Sie im Zirkus habilitieren.“

II. Die Reaktion von Professor Sauerbruch war deswegen so unverständlich, weil er selbst in seiner ehemaligen Assistenzzeit mit seinem Chef aneinander geraten war. Er hatte sich nämlich 1903 an der Chirurgischen Universitätsklinik Breslau bei Professor von Mikulicz-Radecki beworben. In dieser Zeit der Habilitation hatte auch er einen verwegenen Gedanken in die Tat umgesetzt. Herausgekommen war dabei ein Holzkasten, der mit Gummiarretierungen einen Brustkorb so dicht umgab, dass in dem Kasten die Luft über eine Pumpe weitgehend entfernt werden konnte. Dies lies sich über ein U-förmiges Quecksilbermanometer beobachten.

Der junge Sauerbruch verfolgte mit dem Experiment die Idee, bei Patienten erstmalig den Brustkorb zu öffnen, um im Thoraxbereich nicht nur die Lunge, sondern zum Beispiel auch die Speiseröhre operieren zu können. Da die Lunge im Brustkorb in einem Vakuum abgeschlossen ist, verursacht das Öffnen des Brustkorbes den sofortigen Pneumothorax. Gemeint ist damit, dass das Vakuum im Brustkorb zusammenbricht, weil Luft in das Wunderwerk der Thoraxhäute eingedrungen ist.

Sauerbruch benutzte als Versuchstiere Kaninchen und schaffte es irgendwie, seine Technik so zu präzisieren, dass eine Reihe dieser Tiere das Öffnen des Brustkorbes überlebten. In den Holzkasten eingebaut waren nämlich bewegliche Gummischläuche, die an den Enden in Gummihandschuhe übergingen. In diese konnte er nun von außen mit seinen Händen schlüpfen und gleichzeitig über ein Glasfenster in das Innere des Kastens schauen. Zusätzlich war es ihm jetzt möglich, den Stand der Quecksilbersäule zu beobachten, um einem Druckabfall entgegen zu wirken.

Als er glaubte, die Methode zu beherrschen, lud er seinen Chef zu einer Vorführung ein, die prompt misslang. Nachdem sein verdutzter Chef sich nämlich den Holzkasten hatte erklären lassen, hatte der junge Chirurg flugs ein Kaninchen hinein deponiert, so dass von dem betäubten Tier nur noch der Kopf aus dem Kasten ragte. Um den Brustkorb zu öffnen, wurde Unterdruck angelegt, dessen Höhe über den Quecksilberstand verfolgt werden konnte. Der Lehrstuhlinhaber konnte zum ersten Mal eine Lunge im Vakuum atmen sehen als plötzlich die Gummidichtungen versagten. Klappe zu, Karnickel tot, Sauerbruch fristlos entlassen!

III. Sauerbruch macht daraufhin einen Antrittsbesuch beim Todfeind von Prof. Mikulicz-Radecki. Dieser hört sich die Geschichte an und stellt Sauerbruch ein kleines Versuchslabor zur Verfügung. Dort übte der entlassene Arzt monatelang mit seiner hölzernen Lunge, bis er alle Probleme mit dem kontinuierlichen Vakuum im Griff hat. Nun wird Prof. Mikulicz-Radecki eingeladen. Dieser riecht den Braten und kommt. Dort muss er zusehen, wie Sauerbruch diesmal einen Triumpf feiert. Am Ende der Operation vernäht der junge Chirurg den geöffneten Thorax wieder zu. Das Versuchstier überlebt und prompt wird Sauerbruch wieder eingestellt. Später wird er der berühmteste Chirurg seiner Zeit.

*

Warum hatte nun Professor Sauerbruch seinen Assistenten Dr. Forßmann trotz dieser analogen Vorgeschichte entlassen? Hat er geahnt, dass Forßmanns spektakuläres Experiment vielleicht mit künftigem Ruhm verbunden war? Hier beginnt das Rätsel.

Auch Sauerbruch hatte Feinde. Forßmann hätte diese Chance für sich nutzen können. Stattdessen gab er die chirurgische Laufbahn auf und wurde Urologe. Damals eine schlechte Entscheidung!

In dieser Medizinsparte kannte man noch kein Ultraschallgerät oder das Wunderwerk der modernen Endoskopie. Die Urologie galt unter Ärzten wegen der rektalen Untersuchungen nicht viel.

Später erhielt er dann als niedergelassener Urologe einen Nobelpreis, der ihn zum Chefarzt für Chirurgie des Evangelischen Krankenhauses in Düsseldorf befördert, wo es dann zu vielen Kunstfehlern kommt. Dieses Mal nun wird er von der Krankenhausleitung entlassen.

Nur jetzt kämpfte er. Er klagte am Arbeitsgericht Düsseldorf. Dort erzählte er dem Richter, dass er schon einmal als junger Arzt in der Charité entlassen worden war. Der verblüffte Vorsitzende der Kammer am Amtsgericht erfuhr nun, dass die Kuratoriumsmitglieder des Evangelischen Krankenhauses einen Nobelpreisträger eingekauft hatten, der in seinem Lebenslauf ganz klar herausgestellt hatte, dass er nur kurz unter Sauerbruch gearbeitet hatte und dann entlassen worden war. Also stellte der Richter ihn wieder ein.

Am Evangelischen Krankenhaus brach die Panik aus. Da half nur Eines: Außergerichtliche Einigung.

Wie immer die Einigung ausging, Barbara wurde ein erneutes Opfer. Niemand half ihr dabei, Schadenersatz einzuklagen.

*

Ich möchte an dieser Stelle einmal die Frage stellen, was verbindet eigentlich das Schicksal von zwei siebzehnjährigen Mädchen, die Schulkameradinnen am Luisengymnasium waren, und sich gegenseitig nicht mochten, weil sie beide in dem Studenten Peter Plichta den Mann für ihr zukünftiges Leben sahen.

Im Frühsommer 1997 fuhr ich meist am Wochenende für mehre Tage in die Pfalz und hoffte, dass Barbara sich durch das Lesen meines ersten Bandes mit der Frage auseinandersetzen würde, wer denn dieser Peter Plichta wirklich ist, den sie seit Jahrzehnten liebte. Doch damit beginnt die Fortsetzung der Tragödie. Sie versteht die Fragen nicht, die mich seit meiner Kindheit beschäftigt haben. Während ich noch davon ausgegangen war, dass sie in ihrem Studium chemische und biochemische Kenntnisse erlangt hat, begreife ich, dass wir in zwei verschiedenen Welten leben. Sie ist eine glänzende Ärztin und wird von ihren Patienten regelrecht verehrt. Irgendwann spreche ich sie auf den Tod von Helga an und stelle fest, sie hat auch das Ungeheuerliche an Helgas Tod in der Universitätsklinik Düsseldorf überhaupt nicht erfasst. Ich lese ihr vor, dass ich Helga beim ersten Kennenlernen davor gewarnt hatte, dass sie nicht angeschlossen an eine Atemmaschine, gleich wie ihr Vater, erstickt. Helga hatte damals meinen Blick in die Zukunft überhaupt nicht verstanden und jetzt muss ich einsehen, dass auch Barbara meine Vision völlig überlesen hatte und sie auch gar keine Lust dazu verspürte, das mörderische Element in der Unfallchirurgie Düsseldorf juristisch und medizinisch mit mir in den Einzelheiten durchzugehen.

„Peter, Helga war meine Rivalin in den wichtigsten Jahrzehnten meines Lebens. Kannst Du Dir nicht vorstellen, dass ihr Tod auf mich wie eine Erleichterung wirkt. Bedenke, du hast mir das Leben gerettet, aber Helgas Tod nicht verhindert.“

Ich erstarre. Barbara empfindet mich als den Mann, den sie immer haben wollte, den sie aber jetzt nur besitzen darf, weil ihre Gegnerin gestorben ist. Wie und warum, scheint ihr gleichgültig. Sie ist eine Frau und gleichzeitig Ärztin, zu deren Alltag Sterben gehört. Während ich noch von dem Gedanken erfüllte war, dass sich jetzt unser Schicksal endlich vereinigt hat, erfasse ich, dass Barbara mich wieder verlieren wird. Wir beide werden gar nicht gefragt.

*

Es ist Spätsommer, wir haben zwei Wochen Urlaub bei Barbaras Freunden in den Pyrenäen hinter uns. Die Gastgeber besaßen ein Haus, einen uralten riesigen Kasten, der praktisch nur aus Treppen und Gängen bestand. Sie hatten Barbara und mir ihre beiden einzigen bewohnbaren Zimmer mit Betten zur Verfügung gestellt. Sie selbst schliefen in einer Mauernische auf alten Matratzen! Mit diesem Urlaub begann eine innere Zermürbung.

Wir sind jetzt wieder in der Pfalz und meine Arbeit am fünften Buch ruht. Ich werde unruhig. Mit Barbara stehe ich vor einem unlösbaren Problem. Daher wende ich mich gezielt einem anderen ungelösten Problem zu. In den pythagoreischen Tripeln muss eine Codierung verborgen sein, die auf der Splittung der sechs Zahlen in die ungeraden Zahlen 1, 3, 5 und in die geraden Zahlen, 2, 4, 6 beruht.

An einem frühen Sonntagnachmittag macht Barbara Hausbesuche bei ihren Privatpatienten. Während ich alleine zurückbleibe, empfinde ich plötzlich, wie sehr die zweifache Quadratur geometrisch mit meiner Vorstellung vom vierdimensionalen Raum verwandt ist. Beim Nachdenken wandere ich durch Barbaras Haus und werfe ein Blick in die einzelnen Zimmer. Plötzlich stehe ich in Barbaras Schlafzimmer.

Und während ich noch mit der Neugierde spiele, die von einem Schlafzimmer einer mir fast fremden Frau ausgeht, unterlasse ich das Ziehen von Schubladen oder das Blättern in intimen Unterlagen und Briefen. Stattdessen lege ich mich quer auf ihr Doppelbett auf den Rücken. Ich spüre, dass jetzt der Zeitpunkt gekommen ist, das Geheimnis der Pythagoreischen Tripel zu lösen.

Wie auf einer Kinoleinwand erscheinen vor mir die ersten sechs Tripel, die ich unterteile in Abschnitte mit Römischen Zahlen I, II und III sehen kann. Es ist, als wenn sie in den Raum projiziert wären. Ich kann das verborgene Muster sehen, von dem ich im Frühjahr 1997 Bernhard ahnungsvoll erzählt hatte. Das war damals exakt der Moment, als Barbara mich nach so vielen Jahren zum ersten Mal wieder anrief.

Ich sehe das Quadrat der Zahl **3** in Zeile **I** als das Produkt aus

$$(1 \cdot \mathbf{3})^2,$$

während das Quadrat der Zahl **4** in Zeile **I** als

$$(2 \cdot \mathbf{2})^2$$

erscheint. So einfach war das „verborgene Muster“ versteckt.

I. $5^2 \; (= \; 25) = (\mathbf{1} \cdot 3)^2 + (2 \cdot \mathbf{2})^2$

II. $13^2 \; (= \; 169) = (\mathbf{1} \cdot 5)^2 + (3 \cdot \mathbf{4})^2$
$17^2 \; (= \; 289) = (\mathbf{3} \cdot 5)^2 + (4 \cdot \mathbf{2})^2$

III. $25^2 \; (= \; 625) = (\mathbf{1} \cdot 7)^2 + (4 \cdot \mathbf{6})^2$
$29^2 \; (= \; 841) = (\mathbf{3} \cdot 7)^2 + (5 \cdot \mathbf{4})^2$
$37^2 \; (= 1369) = (\mathbf{5} \cdot 7)^2 + (6 \cdot \mathbf{2})^2$

Teilaspekt Tabelle 9 (Bd. III, Kap. 6)

Ich zerlege nunmehr in der Zeile **II** die Zahlen 13^2 und 17^2 in die Summe von

$$13^2 = 5^2 \text{ und } 12^2.$$
$$17^2 = 15^2 \text{ und } 8^2.$$

In den beiden Zeilen von **II** muss jetzt die Summe der Potenzausdrücke 5^2 und 12^2 als $(1 \cdot 5)^2$ und $(3 \cdot 4)^2$ behandelt werden. Die Folgezeile von **II** ist 15^2 zerlegt in $(3 \cdot 5)^2$ und die 8^2 in $(4 \cdot 2)^2$.

In **III** wird dann ersichtlich, dass der Satz des Pythagoras letztlich auf den ungeraden Zahlen 1, 3 und 5 und den geraden Zahlen 2, 4 und 6 aufbaut.

Die siebte Reihe lautet:

$$41^2 (= 1681) = (1 \cdot \mathbf{9})^2 + (5 \cdot \mathbf{8})^2$$

Folglich müssen jetzt in den folgenden zwei Reihen die Zahlen 3 und 5 jeweils mit neun multipliziert werden, und bei der Quadratur auf der rechten Seite wird mit den zwei geraden Zahlen 6 und 8 multipliziert.

$$41^2 (= 1681) = (\mathbf{1} \cdot 9)^2 + (5 \cdot \mathbf{8})^2$$
$$45^2 (= 2025) = (\mathbf{3} \cdot 9)^2 + (6 \cdot \mathbf{6})^2$$
$$53^2 (= 2809) = (\mathbf{5} \cdot 9)^2 + (7 \cdot \mathbf{4})^2$$

Da das Produkt aus $5 \cdot 8$ durch 4 teilbar ist und ebenso die Produkte aus $6 \cdot 6$ und $7 \cdot 4$ durch 4 teilbar sein müssen, lässt sich sofort beweisen, dass immer einer der drei Pythagoreischen Tripel durch vier teilbar sein muss.

Die Gründe für dieses Faktum, das bisher zwar bekannt war, aber als nicht erklärbar galt, liegen im Aufbau der Quadrate der geraden Zahlen in den Zahlen 2, 4 und 6, die in dem nächsten Tripel um 2 vergrößert werden – zu den Zahlen 4, 6 und 8 bzw. 6, 8, 10.

Ich beginne damit, die nächsten sechs Zeilen durchzurechnen und gelange bis 97^2.

Mit den Quadraten der Zahlen von der Form $4n + 1$ für die beiden Primzahlen 101 und 109 versagt die Codierung.

$$61^2 (= 3721) = (\mathbf{1} \cdot 11)^2 + (6 \cdot \mathbf{10})^2$$
$$65^2 (= 4225) = (\mathbf{3} \cdot 11)^2 + (7 \cdot \mathbf{8})^2$$
$$73^2 (= 5329) = (\mathbf{5} \cdot 11)^2 + (8 \cdot \mathbf{6})^2$$

$$85^2 (= 7225) = (\mathbf{1} \cdot 13)^2 + (7 \cdot \mathbf{12})^2$$
$$89^2 (= 7921) = (\mathbf{3} \cdot 13)^2 + (8 \cdot \mathbf{10})^2$$
$$97^2 (= 9409) = (\mathbf{5} \cdot 13)^2 + (9 \cdot \mathbf{8})^2$$

Erst mit den Quadraten 113^2 und 121^2 und 125^2 wiederholen sich die ungeraden Zahlen 1, 3, 5 sowie die geraden Zahlen 14, 12 und 10. Das werden sie auch weiter tun – nur mit immer längeren Unterbrechungen. Übrig bleibt die Auffälligkeit, dass der Code die Basiszahl 100 nicht übersteigt. Wir kommen in Kapitel 14 dieses Buches darauf zurück.

*

Von Pythagoras stammt der Satz: „Alles ist Zahl."
Plato hat Pythagoras verehrt und noch heute werden Personen, die in der Zahlentheorie ein verborgenes Wissen vermuten, als Platoniker oder Pythagoreer bezeichnet. Dies hat mit Achtung nichts zu tun, sondern meint eigentlich Spinner.

Ich vermute seit meiner Entdeckung des Sechsertaktes in den fortlaufenden Zahlen, dass Pythagoras dieser natürliche Code in den Zahlen bekannt war. Es ist folglich davon auszugehen, dass man den $6n \pm 1$ und den $4n + 1$ Takt schon vor Tausenden von Jahren kannte. Wenn Pythagoras diesen Zusammenhang erfasst hatte, wird er seine Gründe gehabt haben, dieses Wissen geheim zu halten, denn aus seiner Erkenntnis lässt sich sofort beweisen, dass die Primzahlen im 6er Takt ewig und unendlich angelegt sind.

Aus dieser Überlegung heraus wird die Behauptung, dass die Zahlen menschliche Erfindungen seien, in das Gegenteil umgewandelt, nämlich in Schwachsinn.

Pythagoras hat 600 Jahre vor Christi Geburt schon gewusst, dass die Mathematiker in Hunderten oder Tausenden von Jahren später alle Geheimnisse in den Zahlen abstreiten werden. Er hat gesehen, dass man in späteren Zeiten die Zahlen 1, 2 und 3 überhaupt nicht als Anfangszahlen eigener Zahlenreihen erfassen wird. Und das genau ist eingetreten. Alles hat damit begonnen, dass man die Zahl Eins nicht als einen Zahlenzwilling aus –1 und +1 erkannt hat, oder was noch schlimmer war: Die Zahl Eins wurde dogmatisch als nicht prim eingestuft.

*

Und nun zurück zu Barbara. Sie kam strahlend nach Hause und fand mich tief verstrickt in Tabellen. Ich versuchte ihr meine neueste Idee zu erklären. Sie begriff nicht. Meine Freude gälte der Zahlentheorie und den Rätseln dieser Welt und nicht ihr. Ich musste meine Sachen packen und ausziehen. Sie hat die Härte sowohl von ihrem Vater geerbt, dem ersten und letzten Panzergeneral der Wehrmacht, aber auch selbst entwickelt durch ihr eigenes Leid.

Helgas Vater, der Chemiker ist erstickt. Ich sah vor langer Zeit, dass auch Helga ersticken würde. Ich sah es, so wie ich auch den Pythagoreischen Trippelcode bis zur Zahl 100 gesehen habe.

Kapitel 4

Alles ist Zahl

Im Rahmen meiner Untersuchungen zur Isotopenauffächerung unterteilte ich in den Jahren 1982/1983 erstmals die Protonenanzahlen der 81 stabilen Elemente in gerade und ungerade Ordnungszahlen. Um bei den 81 Ordnungszahlen auf eine teilbare Menge von 80 zu gelangen, stellte ich das Element $_{19}$Kalium in seiner einzigartigen Kombination von ungerader Ordnungszahl und drei Isotopen $_{19}$K18, $_{19}$K19, $_{19}$K20 als Ausnahme über die vier Kolonnen. Durch diese Separierung hatte sich eine Differenzierung von 4 · (1 + 19) Kolonnen ergeben.

Ordnungszahlen mit Isotopenhäufigkeit
(als Ziffern) (in Klammern)

	19 (3 Isotope)			
	Rein- und Doppelisotope		**Mehrfachisotope**	
	Ausnahme **4** (Reinisotop)	Ausnahme **2** (Doppelisotop)	Ausnahme **6** (2 Isotope)	Ausnahme **3** (2 Isotope)
	Ordnungszahlen ungerade	Ordnungszahlen ungerade	Ordnungszahlen durch 4 teilbar	Ordnungszahlen durch 2 teilbar
19	**9** (eins)	**1** (zwei)	**8** (3)	**10** (3)
	11 "	**5** "	**12** (3)	**14** (3)
	13 "	**7** "	**16** (4)	**18** (3)
	15 "	**17** "	**20** (6)	**22** (5)
	21 "	**23** "	**24** (4)	**26** (5)
	25 "	**29** "	**28** (5)	**30** (5)
	27 "	**31** "	**32** (5)	**34** (6)
	33 "	**35** "	**36** (6)	**38** (4)
	39 "	**37** "	**40** (5)	**42** (7)
	41 "	**47** "	**44** (7)	**46** (6)
	45 "	**49** "	**48** (8)	**50**(10)
	53 "	**51** "	**52** (8)	**54** (9)
	55 "	**57** "	**56** (7)	**58** (4)
	59 "	**63** "	**60** (7)	**62** (7)
	65 "	**71** "	**64** (7)	**66** (7)
	67 "	**73** "	**68** (6)	**70** (7)
	69 "	**75** "	**72** (6)	**74** (5)
	79 "	**77** "	**76** (7)	**78** (6)
	83 "	**81** "	**80** (7)	**82** (4)

Tabelle 10

Zu diesem Zeitpunkt war bekannt, dass es nur exakt 20 Reinisotope gibt. Beryllium mit der geraden Ordnungszahl 4 führt weitere 19 ungerade Ordnungszahlen an. Daher lag es für mich auf der Hand, die übrig gebliebenen Elemente mit ungeraden Ordnungszahlen zu zählen. Meine Ahnung wurde zur Gewissheit. Das Abzählergebnis lieferte auch in diesem Fall 19 Elemente. Sie besaßen ohne Ausnahme alle zwei Isotope, so dass ich den Begriff Doppelisotope bildete.

Nun galt es nur noch das zwanzigste Element mit einer geraden Ordnungszahl und mit nur zwei Isotopen zu finden, um wiederum zu einer 1 + 19 Kolonne zu gelangen. Hierzu kam nur das Helium mit der Ordnungszahl 2 oder der Kohlenstoff mit der Ordnungszahl 6. Beide Elemente besitzen trotz gerader Ordnungszahlen nur zwei Isotope. Ich wählte das Helium. (Dieses Erfassen von nicht nur 1 + 19 Reinisotopen, sondern auch von 1 + 19 Doppelisotopen stellt aus heutiger Sicht eine der wichtigsten Entdeckungen in der Geschichte der Kernchemie dar.) Die übriggebliebenen 38 Elemente mit geraden Ordnungszahlen, die ich Mehrfachisotope nannte, verfügen über 3, 4, 5, 6, 7, 8, 9 und 10 Isotope.

*

Als beispielhafte Erklärung, was Isotope sind, soll in Tabelle 10 in der dritten Spalte, 2. Zeile, die Zahl 12 behandelt werden. Neben der 12 steht in Klammern die Ziffer 3. Dies bedeutet, dass das Element $_{12}$Magnesium in drei verschiedenen Formen – Isotopen – eines silbrig glänzenden Metalls auftritt, ohne dass dies äußerlich erkennbar ist.

Aus einem unbekannten Grund hat die Natur festgelegt, dass dem Magnesiumatom mit seinen 12 Protonen vorgeschrieben ist, nicht nur mit 12 Neutronen einen Atomkern zu bilden (Atomgewicht oder Massenzahl 24), sondern auch mit 13 oder 14 Neutronen entsprechend den Massenzahlen 25 bzw. 26. Warum es also in jeder noch so kleinen Menge eines Magnesium-Metalls oder seinen chemischen Verbindungen immer ein Stoffgemisch von drei Magnesiumisotopen $_{12}$Mg24, $_{12}$Mg25, $_{12}$Mg26 gibt, ist unbekannt. Man kann es nur vermessen und dabei vergessen, dass Messergebnisse keine Erklärungen darstellen.

Natürlich besitzen die drei verschiedenen Sorten des Magnesiums auch ein prozentuales Verhältnis untereinander, so dass sich in jedem Chemie- und Physikbuch das Massengewicht von insgesamt 24,3 nachlesen lässt. Im 19. Jahrhundert haben solche Dezimalbrüche bei den Atomgewichten zu enormen Streitigkeiten geführt, weil man sich Atome – gemeint sind ihre Ordnungszahlen und ihre Massezahlen – eben nur ganzzahlig vorstellen konnte.

Tabelle 10 zeigt, dass die Elemente mit ungeraden Ordnungszahlen entweder nur ein Isotop besitzen oder in Form von zwei Isotopen vorkommen. Umgekehrt haben alle Elemente mit geraden Ordnungszahlen Isotopenanzahlen zwischen 3 und 10. Die Frage, warum die Isotopenhäufigkeit im Verhältnis 2 zu 8 auftritt, ist unbekannt!

*

Nunmehr nahm ich mir Tabelle 3 aus Band I vor und betrachtete die Ordnungszahlen unter dem Aspekt der Teilbarkeit durch drei. Auf diese Weise zeigt sich, dass 19 Zahlen prim sind von der Form 6n ± 1. Sie werden angeführt von der einzigen ungeraden Primzahl 3. Diese ist nicht von der Form 6n ± 1. Übrig bleiben drei weitere 19er Kolonnen mit teilbaren Zahlen.

Ordnungszahlen und Teilbarkeiten von 4 · (1 + 19) Elementen

	19			
	4	**2**	**6**	**3**
	8 = 4 · 2	**10** = 2 · 5	**9**	**1**
	12 = 4 · 3	**14** = 2 · 7	**15**	**5**
	16 = 4 · 4	**18** = 2 · 9	**21**	**7**
	20 = 4 · 5	**22** = 2 · 11	**25** = 5 · 5	**11**
	24 = 4 · 6	**26** = 2 · 13	**27**	**13**
	28 = 4 · 7	**30** = 2 · 15	**33**	**17**
	32 = 4 · 8	**34** = 2 · 17	**35** = 5 · 7	**23**
	36 = 4 · 9	**38** = 2 · 19	**39**	**29**
	40 = 4 · 10	**42** = 2 · 21	**45**	**31**
19	**44** = 4 · 11	**46** = 2 · 23	**49** = 7 · 7	**37**
	48 = 4 · 12	**50** = 2 · 25	**51**	**41**
	52 = 4 · 13	**54** = 2 · 27	**55** = 5 · 11	**47**
	56 = 4 · 14	**58** = 2 · 29	**57**	**53**
	60 = 4 · 15	**62** = 2 · 31	**63**	**59**
	64 = 4 · 16	**66** = 2 · 33	**65** = 5 · 13	**67**
	68 = 4 · 17	**70** = 2 · 35	**69**	**71**
	72 = 4 · 18	**74** = 2 · 37	**75**	**73**
	76 = 4 · 19	**78** = 2 · 39	**77** = 7 · 11	**79**
	80 = 4 · 20	**82** = 2 · 41	**81**	**83**

Tabelle 3 (Bd. I, Kap. 32)

Diese werden angeführt von den geraden Zahlen 2, 4 und 6. Die Graumarkierung zeigt die Ordnungszahlen, die durch 3 teilbar sind.

Aus der Graumarkierung wird nun ersichtlich, dass die 19 durch vier teilbaren Zahlen sechs gerade Zahlen enthalten, die durch 3 teilbar sind: 12, 24, 36, 48, 60 und 72. Auch von den 19 durch 2 teilbaren Zahlen sind 6 Zahlen durch 3 teilbar: 18, 30, 42, 54, 66 und 78.

Übrig bleiben 19 ungerade Zahlen, die von der zwanzigsten Zahl 6 angeführt werden. Aus der Graufärbung lässt sich erkennen, dass hierbei 13 Zahlen durch 3 teilbar sind, während 6 Zahlen (25, 35, 49, 55, 65 und 77) Produkte von Primzahlen der Form $6n \pm 1$ sind.

Auf diese Weise hatte sich ein Vertauschungsgesetz gebildet. In den drei Kolonnen mit teilbaren Ordnungszahlen sind 6 + 6 + 13 durch drei teilbar oder umgekehrt, 13 + 13 + 6 Ordnungszahlen nicht. In mir keimte der Verdacht, dass in der Primzahl 19 ein „Geheimnis“ verborgen sein könnte. (Der wahre Wissenschaftler verlässt sich auf sein Gefühl und nicht darauf, was andere darüber denken.)

*

Erst in den frühen Jahren des 20. Jahrhunderts wurde entdeckt, dass die Atome der chemischen Elemente immer aus einem Atomkern und einer Elektronenhülle bestehen. Die Gründe hierfür sind nie gesucht worden. Man hat sich damit begnügt, die Atomkerne und die Hüllen durch Vermessen zu verstehen. Herausgekommen sind bei diesen Untersuchungen seltsame Ergebnisse.

Der Atomkern eines jeden chemischen Elementes besteht immer aus einer bestimmten Anzahl von positiv geladenen Protonen. Zusätzlich enthalten die Atomkerne auch Neutronen, so dass die Messergebnisse zu der fatalen Idee verführten, dass Protonen und Neutronen zusammen geklebt sind. Diesem Unsinn konnte ich ein Ende machen durch die Einführung der komplexen Ladung auf der Kugel. Ungeklärt blieb für mich aber die Frage, warum die Atomkerne – wie Tabelle 3 zeigt – in $4 \cdot (1 + 19)$ Kolonnen aufgeteilt sind.

19			
4	**2**	**6**	**3**

Um es zu wiederholen: Die geraden Ordnungszahlen 2, 4 und 6 müssten eigentlich mindestens jeweils 3 Isotope besitzen und stellen deswegen die jeweils zwanzigste Zahl einer 19er Kolonne dar. Die ungerade Primzahl 3 steht als Ausnahme über den 19 Primzahlen von der Form $6n \pm 1$. Über den $4 \cdot 20 = 80$ Ordnungszahlen steht als Element einundachtzig das Kalium mit der ungeraden Primzahl 19 und seinen drei Isotopen. Da das Verhältnis von 81 zu 19 = 4,263 ... beträgt, soll nun der Versuch unternommen werden, das Geheimnis der Isotopie in der Primzahl 19 zu suchen.

Alles Materielle, das sich um die Sonne dreht – Planeten, Monde, Kometen und Meteoriten – besteht ausschließlich aus den chemischen Elementen, die wir hier auf der Erde gefunden haben. Diese sind bei der Explosion einer Supernova entstanden. Da solche Nova-Ereignisse nur äußerst selten auftreten, ist die Wahrscheinlichkeit, eine Sonne mit astronomischen Hilfsmitteln zu entdecken, die so wie unsere Sonne über einen Planetengürtel verfügt, äußerst unwahrscheinlich. Astronomen haben längst berechnet, dass der Planet Nummer drei, die Erde, mit seiner Atmosphäre der Sonne nicht um ein Prozent näher oder entfernter sein dürfte. Wenn das doch der Fall wäre, gäbe es wegen der Temperaturdifferenzen kein Leben auf der Erde.

Da wir zur Zeit mit Meldungen über die Entdeckung von Planeten bei weiter entfernten Sonnen überschüttet werden, soll hier ganz klar ausgesprochen werden, dass der Planetengürtel unserer Sonne einzigartig ist. Viel wichtiger wäre es der Frage nachzugehen, ob bei einem Supernova-Ereignis irgendwo anders auch 10 Sorten von Isotopenhäufigkeiten auftreten müssen.

Tabelle 3 mit ihren 4 · (1 + 19) Kolonnen verfügt so lange über kein Beweiskriterium, wie sie als ein Abzählergebnis angesehen wird. Da uns Material aus anderen Supernova-Ereignissen nicht zur Verfügung steht, bleibt hier nur die Möglichkeit, die Gründe für das Vertauschungsgesetz von 6 zu 13 bzw. 13 zu 6 in der Primzahl 19 selbst zu suchen.

*

Hinter dem Vertauschungsgesetz der Teilbarkeit durch drei (6 und 6 und 13) oder seiner Nichtteilbarkeit (13 und 13 und 6) könnte ein Geheimnis verborgen sein, das in der Primzahl 19 und dem neutralen Kernbaustein, dem Neutron, tief verborgen seine Ursache hat.

Ich möchte das näher erläutern: Seit der Entdeckung des Neutrons haben die Wissenschaftler dem Neutron die Ladung Null zugeteilt. Dies geschah beflügelt von dem dringenden Wunsch, neben dem positiv geladenen Proton + 1 und dem negativ geladenen Elektron – 1, dem Neutron, als drittem Bestandteil eines Atoms, auch eine Ladung und zwar die Ladung Null zuzuordnen. Eine Ladung Null gibt es aber nicht, es gibt nur eine Potentialdifferenz Null.

Für einen Buchhalter entspricht die Summe aus +1 und –1 natürlich immer Null. In der komplexen Zahlentheorie gilt aber diese Regel nicht. Sowohl die kreuzförmige Anordnung des Primzahlzwillinge im Primzahlkreuz, als auch die Gabelung der vierpoligen Ladungsgeometrie auf der Kugel benötigen für ihre Existenz die Zahlen + 1 und – 1 und + i und – i. Diese dürfen nicht als Differenzen ausgerechnet, sondern müssen als Potentialdifferenzen betrachtet werden.

Ein verborgenes Geheimnis in der Primzahl 19 sehe ich darin, dass die seltsame 6 zu 13 Aufsplittung der Ordnungszahlen innerhalb der 81 stabilen Elemente ein Kennzeichen dafür ist, dass der Primzahl 19 – und nur der 19 – die Eigenschaft zukommt, sich in Zahlenverhältnisse aufzuschlüsseln. Die Zahl 19 ist als Primzahl unteilbar, gleichwohl aber proportional aufteilbar. In dieser Beobachtung schien mir die Erklärung für das Wesen eines neutralen Elementes zu liegen. Begonnen haben diese Überlegungen schon 1983, weil ich in den 4 · (1 + 19) Kolonnen die Aufteilung des 8 zu 11 bzw. 11 zu 8 Verhältnisses entdeckt hatte.

Vier Mal neunzehn

Rein-isotope	Doppel-isotope	Mehrfach-isotope Ordnungszahlen durch 4 teilbar	Mehrfach-isotope Ordnungszahlen durch 2 teilbar	
9	**1**	8 (3)	10(3)	
15	**5**	12 (3)	14(3)	
21	**7**	28 (5)	18(3)	
25	**17**	32 (5)	22(5)	
27	**23**	40 (5)	30(5)	
33	**29**	44 (7)	74(5)	**11**
39	**31**	56 (7)	42(7)	
45	**37**	60 (7)	62(7)	
55	**47**	64 (7)	66(7)	
65	**71**	76 (7)	70(7)	
69	**73**	80 (7)	54(9)	
11	35	16 (4)	26(4)	
13	49	24 (4)	38(4)	
41	51	20 (6)	58(4)	
53	57	36 (6)	82(4)	
59	63	68 (6)	34(6)	**8**
67	75	72 (6)	46(6)	
79	77	48 (8)	78(6)	
83	81	52 (8)	50(10)	

19 (Klammer über alle Zeilen)

Tabelle 4 (Bd.I, Kap.32)

Hierzu konnte ich fünfzehn Jahre später in Band III, 5. Buch, 10. Kapitel eine mathematisch einwandfreie Erklärung liefern. Meine damalige Vorgehensweise soll nun mit erweiterten Mitteln erneut diskutiert werden:

I. Aus Tabelle 4 lässt sich entnehmen, dass die Kolonne mit 19 Reinisotopen aus 11 ungeraden teilbaren und aus 8 primzahligen Ordnungszahlen besteht.

II. Bei den 19 Doppelisotopen ergibt sich das umgekehrte Verhältnis von 11 Primzahlen und 8 teilbaren ungeraden Ordnungszahlen.

III. Unter den 19 Mehrfachisotopen mit ihren durch 4 teilbaren Ordnungszahlen besitzen 11 Elemente ungerade und 8 Elemente gerade Isotopenzahlen. (Isotopenanzahl in Klammern stehend).

IV. Das gleiche Verhältnis der Isotopenzahlen ist in der Kolonne der 19 durch 2 teilbaren Ordnungszahlen zu erkennen. Auch hier sind 11 Isotopenzahlen ungerade und 8 gerade.

Wieder vermutete ich, dass die Verhältnisse 8 zu 11 – und umgekehrt – 11 zu 8 in den Ordnungs- und Isotopenzahlen der 81 stabilen Elemente sich in der Natur der Primzahl 19 begründen.

*

Die Geometrie der fortlaufenden Anzahlen 0, 1, 2, 3 ... usw. ist im Primzahlkreuz verankert. Hierbei verläuft die Vergrößerung der sich ausdehnenden Kreise nach Quadratzahlen. Diese Geometrie blieb bis heute unverstanden oder wird von Fachleuten geleugnet.

Durch Umkehrung von Basis und Exponent entstehen aus den fortlaufenden Quadratzahlen Potenzen zur Basis 2. Gleichwohl dreht sich die Geometrie ebenfalls gewissermaßen um. Durch Schwarzfärbung der ungeraden Zahlen entsteht eine Sierpinsky-Geometrie, die so wie das Primzahlkreuz auf Primzahlen aufbaut.

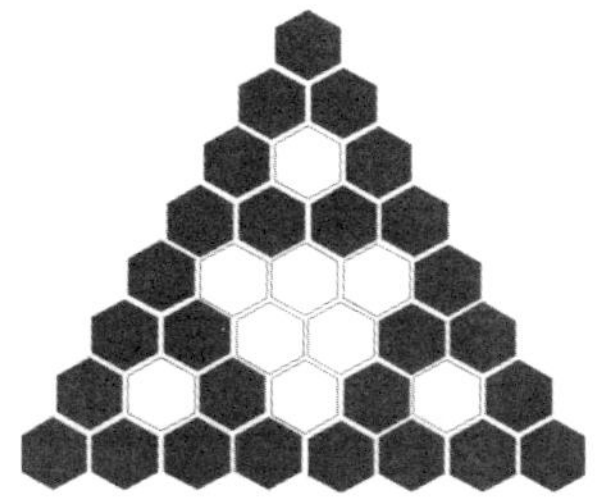

Abbildung 38 (Bd. III)

1	$= 2^0 =$	1
1 1	$= 2^1 =$	2
1 2 1	$= 2^2 =$	4
1 3 3 1	$= 2^3 =$	8
1 4 6 4 1	$= 2^4 =$	16
1 5 10 10 5 1	$= 2^5 =$	32
1 6 15 20 15 6 1	$= 2^6 =$	64
1 7 21 35 35 21 7 1	$= 2^7 =$	128

Abbildung 84

Diesen elementaren Zusammenhang hat die abendländische Mathematik nicht finden können.

Schon in Band II, Kap. 10 waren die Werte für die fortlaufenden Exponenten der Basiszahl zwei: 2, 4, 8, 16, 32 ... durch Umkehrung in Dezimalbrüche umgewandelt und aufaddiert worden. (Hierbei fehlt der Exponent null, da der Kehrwert von 1 nicht existiert.)

$$0{,}5 + 0{,}25 + 0{,}125 + 0{,}0625 + 0{,}03125 \ldots$$

Mit einer dezimalen Verschiebung entstehen die Werte:

$$0{,}05 + 0{,}0025 + 0{,}000125 + 0{,}00000625 + 0{,}0000003125 \ldots$$

Werden diese Dezimalbrüche aufaddiert, ergibt sich ein periodischer Dezimalbruch.

$$\begin{array}{l} 0{,}05 \\ 0{,}0025 \\ 0{,}000125 \\ 0{,}00000625 \\ 0{,}0000003125 \\ 0{,}000000015625 \\ \qquad\qquad\quad \ldots. \\ \hline 0{,}052631578125 \ldots. \end{array}$$

Dieser wiederholt sich nach 18 Stellen. Es handelt sich um den Kehrwert von 19. Hier taucht die Frage auf, warum?

$$0{,}052631578947368421\ldots = \frac{\mathbf{1}}{\mathbf{19}}$$

*

Erklärung: Im Primzahlkreuz leiten sich von den Primzahlen 1, 2, 3 drei Sorten Zahlen ab. Seine Geometrie ist das Produkt von Fläche mal Fläche gleich Quadratfläche. Der vierdimensionale Raum basiert auf der Primzahl **3**, die mit dem Exponenten **4** zu potenzieren ist. Da dieser Potenzwert $\mathbf{3^4 = 81}$ den vierdimensionalen Raum um einen Punkt darstellt, deckt sich die Anzahl der stabilen chemischen Elemente mit dieser Berechnung. Das lässt sich wie folgt zeigen: Auf dem Primzahlkreuz mit den fortlaufenden Zahlen 0, 1, 2, 3, 4, 5, ... kommt der Zahl 81 selbst keine Bedeutung zu. Diese verbirgt sich auf dem Strahl oberhalb von 1^2. Dieses Geheimnis wurde schon in Band I und Band II mit Hilfe der Abbildung 9a untersucht und soll jetzt auch erneut diskutiert werden.

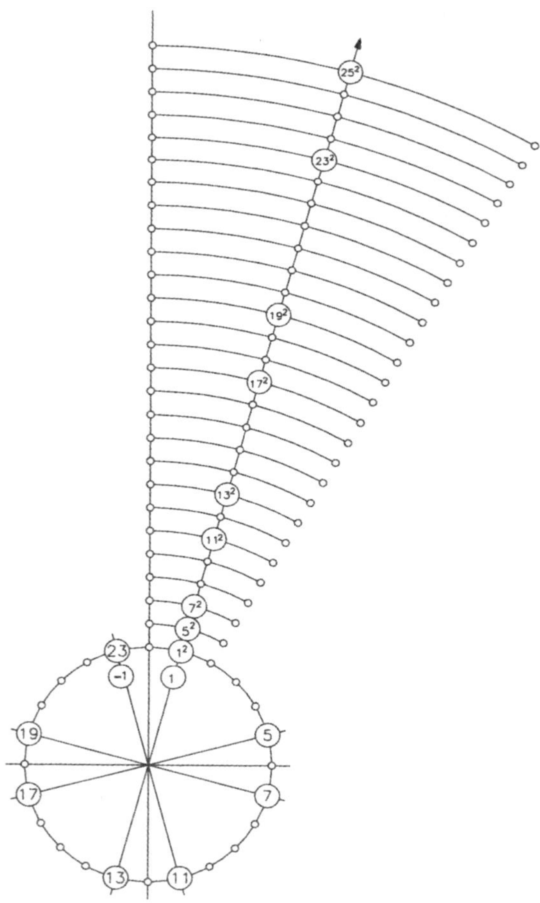

Abbildung 9a

Oberhalb der Zahl 1^2 liegt das Quadrat der nächsten Primzahl von der Form 6n ± 1 – 5^2. Sein Zwilling ist 7^2. Die nächsten Zwillingsquadrate lauten 11^2 und 13^2, sodann 17^2 und 19^2 und 23^2 und 25^2.

Da sich unterhalb der Zahl 1^2 auch ein Zwillingspartner befindet, nämlich die –1 und die 1, lässt sich zeigen, dass die Eins selbst eine Quadratzahl ist: $-1 \cdot -1 = 1$.

Der Abstand zwischen den Quadraten 1 und 1^2 beträgt null. Der Abstand zwischen 5^2 und 7^2 lautet wiederum null. Anschließend folgt mit dem Zwilling 11^2 und 13^2 die Lücke 1. Nun vergrößert sich mit dem Zwilling 17^2 und 19^2 die Lücke auf 2 und weiter mit dem Zwilling 23^2 und 25^2 auf drei. Es entsteht die Folge

$$0, 0, 1, 2, 3, 4, 5, 6, 7, 8, 9, (10), (11), (12), ...$$

Die fortlaufenden Zahlen müssen nun dezimal verschoben werden, weil sich die Schalen des Primzahlkreuzes im dezimal angelegten vierdimensionalen Raum quadratisch vergrößern. Wir erhalten den Kehrwert von 81.[1]

$$0{,}0123456789(10)(11)(12) \ldots$$

Der Restwert von 81 lautet 19. Dieser lässt sich in eine Potenzreihe verwandeln. Hierbei definieren wir 19^{00} als Null Komma: 0, .

$$19^{00} = 0, \quad 19^{0} : 100^{1} = 0{,}01, \quad 19^{1} : 100^{2} = 0{,}0019, \quad 19^{2} : 100^{3} \text{ usw.}$$

$$\frac{\mathbf{19^{00}}}{\mathbf{100^{0}}} + \frac{\mathbf{19^{0}}}{\mathbf{100^{1}}} + \frac{\mathbf{19^{1}}}{\mathbf{100^{2}}} + \frac{\mathbf{19^{2}}}{\mathbf{100^{3}}} + \frac{\mathbf{19^{3}}}{\mathbf{100^{4}}} + \ldots = \mathbf{0}{,}0123456789(10) \ldots = \frac{\mathbf{1}}{\mathbf{81}}$$

Bei der Umkehrung (Potenzinvertierung) der Primzahlkreuz-Geometrie in die Geometrie des Pascalschen Dreiecks (s. S. 72) ist die Zahl 19 als Restwert von 81 nur dann sichtbar, wenn die Dezimalbrüche der fortlaufenden 2er Potenzen bei ihrer Aufsummierung dezimal verschoben werden. Die Summe liefert den Kehrwert von 19. Q.e.d.

---

[1] Die Ziffer 8 fehlt. Es handelt sich um einen dezimalen Überschlag. Die Ziffer 10 in bekannter dezimaler Schreibweise vergrößert die vorstehende 9 zu einer 10, dadurch wird die davorstehende 8 um 1 auf 9 vergrößert. Da es im Dezimalsystem keine Ziffern gibt, die größer als 9 sind, wurden die Zahlen 10, 11, 12, ... usw. in Klammern gesetzt. Der Beweis für diese Darstellung von 1 : 81 ist einfach, wenn man bedenkt, daß $\frac{1}{81} = \frac{1}{9} \cdot \frac{1}{9} = 0{,}111\ldots \cdot 0{,}111\ldots = 0{,}0\,(1) \cdot (1 + 1) \cdot (1 + 1 + 1) \cdot (1 + 1 + 1 + 1)\ldots$ ist (Cauchy-Produkt). (Bd. I Kap. 31)

*

Im Pascalschen Dreieck lässt sich jede Zeile von links nach rechts lesen und als Potenz der Zahl 11 interpretieren. Die Differenz von 100 – 11 ergibt die Primzahl 89. Die Zahl 89 ist wiederum die 11. Fibonacci-Zahl. (Ist eine Fibonacci-Zahl prim, muss ihr Ordinal ebenfalls prim sein und umgekehrt.) Der Kehrwert von 89 liefert einen periodischen Dezimalbruch, der 88-stellig ist:

$$\frac{1}{89} = 0{,}011235955...$$

Werden die Fibonacci-Zahlen dezimal hintereinander geschrieben und in einen Dezimalbruch verwandelt, entsteht wiederum der Kehrwert von der Primzahl 89.

$$0112358(13)(21)(34)(55)(89)\ ...$$

$$0{,}0112358(13)(21)(34)(55)(89)\ ... = 0{,}011235955\ ... = \frac{1}{89}$$

Umgekehrt lässt sich der Restwert von 89, die Primzahl 11, in eine Potenzreihe verwandeln, deren Nenner fortlaufende Potenzen der Zahl 100 sind. Diese Potenzreihe aufaddiert und dezimal verschoben bildet den Kehrwert der Primzahl 89, der sich wiederum in die Folge der Fibonacci-Zahlen zerlegen lässt.

$$\frac{11^{00}}{100^0} + \frac{11^0}{100^1} + \frac{11^1}{100^2} + \frac{11^2}{100^3} + \frac{11^3}{100^4} + \ldots = 0{,}01123595505\ ... = \frac{1}{89}$$

Das Pascalsche Dreieck ist 8-zeilig und liest sich pro Zeile sowohl als Potenz der Zahl 11, als auch der Potenz der Zahl 2. Jetzt fehlt nur noch die Verknüpfung zu der Primzahl 19.

Unter Vorgabe dieser Beweiskette für die dezimale Struktur des Pascalschen Dreiecks lässt sich zeigen, dass im Pascalschen Dreieck noch eine dritte diagonale Lesart existieren muss. Es handelt sich um die Diagonale, die sich von der Eins links unten nach rechts oben ergibt oder umgekehrt, von der Eins rechts unten nach links oben.

In Abbildung 56 auf der nächsten Seite liefert die Diagonale die Werte 1, 6, 10 und 4. Ihre Summe ergibt die Fibonacci-Zahl 21. Einundzwanzig ist die 8. Fibonacci-Zahl. Ihre Summanden haben die

Anfangszahl 1, die gleichzeitig in der 8. Reihe des Pascalschen Dreiecks liegt.

Damit ist die Achtzeiligkeit nicht nur durch das Muster der Sierpinsky-Geometrie festgelegt, sondern auch durch die beiden äußeren

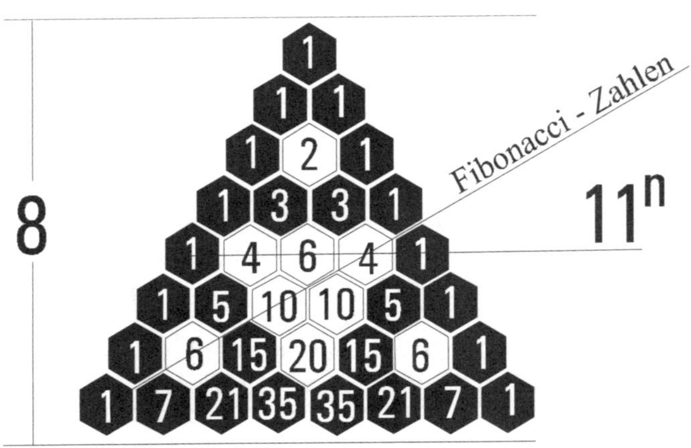

Abbildung 56 (Bd. III, Kap. 10)

Einsen in der 8. Zeile. Von diesen Einsen aus läuft jeweils eine Diagonale nach rechts oder nach links durch die Zahlen 1, 6, 10 und 4 und liefert aufaddiert, zu beiden Seiten die Summe 21, also die 8. Fibonacci-Zahl.

*

Da im 8-zeiligen Pascalschen Dreieck die Zahl 19 reziprok verborgen ist, soll nun auch die Rolle der Zahl 8 aus einem anderen Gesichtspunkt erneut untersucht werden. Der Kehrwert von 8 lautet 0,125. Dieser Dezimalbruch lässt sich auch auf andere Weise als Verdopplungen der Zahl 1 darstellen.

$$0{,}1248(16)(32)(64)(128)\ \ldots\ = \frac{1}{8}$$

Überschlagen ergibt sich der Wert 0,1249999 ..., der im Unendlichen den uns vertrauten Bruch 0,125 liefert.

Das Pascalsche Dreieck in nachstehender Abbildung 85 unterscheidet sich von dem in Abbildung 84 auf Seite 71 durch den zugefügten Ausdruck $2^{00} = 0$, (Komma) oberhalb der Zahl 1.

0	$= 2^{00} =$	0
1	$= 2^{0} =$	1
1 1	$= 2^{1} =$	2
1 2 1	$= 2^{2} =$	4
1 3 3 1	$= 2^{3} =$	8
1 4 6 4 1	$= 2^{4} =$	16
1 5 10 10 5 1	$= 2^{5} =$	32
1 6 15 20 15 6 1	$= 2^{6} =$	64
1 7 21 35 35 21 7 1	$= 2^{7} =$	128
usw.		

Abbildung 85

Im Pascalschen Dreieck verbergen sich die statistischen Links- und Rechtsentscheidungen des Galtonbrettes. In dieser Nagelbrettordnung soll eine Kugel auf die 1 fallen, um sich für links oder rechts zu entscheiden. Hierzu braucht sie oberhalb der 1 einen Aufenthaltsort, der sich durch die Ziffer 0 nur andeuten lässt. Nunmehr ergeben sich die in Abbildung 85 fortlaufenden 2er Potenzen: 2^{00}, 2^{0}, 2^{1}, 2^{2}, 2^{3}, ..., die ausgerechnet die Werte 0, 1, 2, 4, 8, 16, 32 ... usw. liefern. Diese lassen sich dezimal verschoben aufaddieren:

$$0{,}1248(16)(32)(64)(128) = 0{,}124899999\ ... = \frac{1}{8}$$

Die Rechnung ergibt wiederum den Kehrwert von 8. Damit zeigt sich, dass die Geometrie des Pascalsche Dreiecks nicht nur achtzeilig ist, sondern auch den Kehrwert der Zahl 8 verbirgt.

Der Restwert von 81 lautet 19. Addiert man zu 81 die Zahl 8 ergibt sich der Wert 89. Der Restwert von 89 beträgt 11. Somit ist bewiesen, dass die Primzahl 19 über die Fähigkeit verfügt, als Proportionen von 8 und 11 in der Isotopie in Erscheinung zu treten. Q.e.d.

*

Nach diesen langen Betrachtungen zum Wesen der Geometrie

des unendlichen und des endlichen Raumes, das sich für die Wissenschaftler der letzten 500 Jahre verborgen hielt, wollen wir weiter die Rolle der Primzahl 19 untersuchen. Hierzu gehen wir der Frage nach, warum das Element Kalium mit der Ordnungszahl 19 ausnahmsweise über drei Isotope verfügt.

Das Element Kalium hat die ungerade Ordnungszahl 19 und dürfte daher maximal 2 Isotope haben. Sein drittes Isotop, $_{19}K40$ besitzt die merkwürdige und einzigartige Eigenschaft, auf zweierlei Weise radioaktiv zu zerfallen, indem es entweder negativ geladene Elektronen oder positiv geladene Positronen aus dem Atomkern schießt. Diese Art von doppeltem- und gleichzeitigem Zerfall wird sonst nur bei künstlich hergestellten Isotopen beobachtet, die in der Natur nicht vorkommen. Mir erschien die Eigenschaft eines Kaliumisotopes, gleichzeitig Teilchen mit den elektrischen Ladungen e^- und e^+ auszusenden, diesem dritten Ausnahme-Isotop mit der Ordnungszahl 19 eine Form der Neutralität zu verleihen.

Schießt das Kalium 40 aus seinem Kern ein Elektron heraus, bedeutet dies den Zerfall eines seiner Neutronen in ein Proton. Dadurch findet eine Kernumwandlung statt, so dass das Element mit der Ordnungszahl 20 entsteht, das Calcium 40.

Merkwürdigerweise kann der Atomkern des Kaliums 40 auch ein Elektron auf seiner nullten Schale gewissermaßen dazu zwingen, seine Bahn zu verlassen, um in seinen Atomkern zu sausen. Da die nullte Schale jetzt nur noch über ein Elektron verfügt, holt sie sich einfach ein Elektron aus einer der darüber liegenden Schalen.

Das in den Kern gefallene Elektron trifft nun auf ein Proton und verwandelt das Proton unter Ausstoß eines Positrons e^+ in ein Neutron. Somit sinkt die Ordnungszahl von 19 auf 18, so dass auf die Weise ein Isotop des Elementes Argon mit der Ordnungszahl 18 und der Massenzahl 40 entsteht. (Daher besitzen die Elemente Argon, Kalium und Calcium jeweils ein Isotop mit der Massenzahl 40.)

Das Kalium 40 kann also seine Ordnungszahl um + 1 vergrößern oder um – 1 verkleinern. Warum weiß man natürlich nicht, man kann diese Art des radioaktiven Zerfalls nur durch messen begründen.

*

Sehr oft habe ich bei ungelösten Fragen ein Lehrbuch in die Hand genommen und wie aus einer Fügung entweder irgendwo aufgeschlagen oder mich vom Inhaltsverzeichnis ahnungsvoll führen lassen. Auch diesmal ging ich so vor. Ich besaß ein Lehrbuch der Anorganischen Chemie/ Kernchemie. Es handelt sich um die 101. Auflage aus dem Jahr 1995 von Holleman-Wiberg. Der Nachfolger Nils Wiberg hat es fertig gebracht, den Umfang dieses Buches auf biegen und brechen mit völlig überflüssigen Einzelheiten auf zweitausenddreiunddreißig Seiten zu erweitern. Es wiegt soviel, dass ich bisher kaum Lust hatte, es anzufassen. Jetzt aber doch!

Ich lese im Wiberg auf Seite 1.759 über das Kalium 40 nach. Der Autor geht auf den einzigartigen Doppelzerfall von Kalium 40 überhaupt nicht ein. Er erwähnt nur mit einem einzigen Satz das prozentuale Verhältnis von abgegebenen Positronen und Elektronen. Und genau das wollte ich wissen. Wiberg schreibt:

„So geht z.B. das radioaktive Kaliumisotop $_{19}$K40 zu 11% [66)] durch K-Einfang in das natürliche, beständige Argonisotop $_{18}$Ar40 über." Die Fußnote 66 lautet: „89% gehen unter $ß^-$ Strahlung in $_{20}$Ca40 über." (Da Wiberg den Ausdruck „zum Beispiel" benutzt, lässt sich vermuten, dass er die Einzigartigkeit des Zerfalls von Kalium 40 nicht erfasst hat.) Für mich jedoch sind die angegebenen Prozentzahlen 11 zu 89 ein Geschenk des Himmels.

*

Beim Betazerfall des Kaliums 40 besteht 11% der abgegebenen Strahlung aus Positronen. Die Freisetzung von Positronen aus anderen langlebigen, radioaktiven Isotopen innerhalb der Elemente von 1 bis 83, aber auch in den vier radioaktiven Zerfallsreihen von $_{93}$Neptunium 237, $_{92}$Uran 238, Uran 235 und $_{90}$Thorium 232 ist unbekannt.

So gesehen ist das Verhältnis von 11% Positronen zu 89% Elektronen ein Hinweis darauf, dass das Element $_{19}$Kalium über eine Ordnungszahl verfügt, die als Metazahl einzuordnen ist. Damit ist gemeint, dass dieses Element über die Fähigkeit verfügt, sowohl Elektronen mit der Ladung −1 als auch Positronen mit der Ladung +1 auszustoßen. Damit besitzt die Primzahl 19 das Merkmal der Neutralität.

Hier schließt sich der Kreis. Das Neutron besitzt die komplexe, nicht euklidische Oberflächenladung +1,−1, +i, −i. Es zerfällt durch Betazerfall in Protonen p^+ und Elektronen e^-. Es kann keine Positronen e^+ abgeben.

Das Element Kalium besteht trotz seiner ungeraden Ordnungszahl aus drei Isotopen. Somit wäre es eine Ausnahme, so wie die Elemente mit den Ordnungszahlen 4, 2, 6, 3. Da das Kalium aber zusätzlich das Merkmal der Neutralität besitzt, habe ich die Primzahl 19 ganz oben über die Tabelle 3 auf Seite 67 gestellt. Daraus ergibt sich, dass in der Primzahl 19 ein Geheimnis verborgen sein muss, denn die einzigartige Aussendung von Positronen ist nur eine Beobachtung.

Der Versuch eine Erklärung zu finden, hat nie stattgefunden.

*

19			
4	**2**	**6**	**3**

Oberhalb der 4 · 19 Elemente hatte ich die Zahlen 4, 2, 6 und 3 angeordnet. Die Gründe dafür lagen in der Teilbarkeit der Ordnungszahlen der vier 19er Reihen. Ich hatte abgezählt, wie viele Ordnungszahlen durch vier teilbar sind und fand es auffällig, dass es genau 19 waren. Deswegen hatte ich die Zahl 4 über diese Sorte von Ordnungszahlen gesetzt. Dies hatte zur Folge, dass die restlichen 19 geraden Zahlen sich alle durch zwei teilen ließen. Übrig geblieben waren außer den 19 Primzahlen von der Form $6n \pm 1$ weitere 19 ungerade, teilbare Zahlen. Diesen hatte ich die gerade Ausnahmezahl 6 zugeteilt.

So war nach weiteren Überlegungen eine Zahlenreihe entstanden mit der Folge

4, 2, 6, 3

Da 19 der Restwert der Zahl 81 ist, kam mir beim Betrachten der Anordnung der Zahlen 4, 2, 6 und 3 der Gedanke, einmal das Verhältnis der 81 stabilen Elemente zu ihrem Restwert, der Zahl 19 zu untersuchen. Der Dezimalbruch lautet:

$$\mathbf{\frac{81}{19} = 4{,}263...}$$

Diese Übereinstimmung der Ziffernfolge 4, 2, 6, 3 und des Dezimalbruchs 4,263 ist keine Zauberei, sondern einfach erklärbar. Es ist: 100 : 19 = 5 Rest 5. Folglich ist 81 : 19 = 4 Rest 5 und 5 : 19 =

0,26315789 ... .

Als ich im 6. Buch gedanklich zum Quadratischen Reziprozitätsgesetz vordrang, war ich zum Verständnis der Sache gezwungen, die Theorie der primitiven Wurzeln zu untersuchen.

Die Indices der primitiven Wurzeln zur Basis 2 modulo 19

$$
\begin{array}{lcrl}
2^{\boxed{1}} & \equiv & \boxed{2} & \text{mod } 19 \\
2^{2} & \equiv & 4 & \text{mod } 19 \\
2^{3} & \equiv & 8 & \text{mod } 19 \\
2^{4} & \equiv & 16 & \text{mod } 19 \\
2^{\boxed{5}} & \equiv & \boxed{13} & \text{mod } 19 \\
2^{6} & \equiv & 7 & \text{mod } 19 \\
2^{\boxed{7}} & \equiv & \boxed{14} & \text{mod } 19 \\
2^{8} & \equiv & 9 & \text{mod } 19 \\
2^{9} & \equiv & 18 & \text{mod } 19 \\
2^{10} & \equiv & 17 & \text{mod } 19 \\
2^{\boxed{11}} & \equiv & \boxed{15} & \text{mod } 19 \\
2^{12} & \equiv & 11 & \text{mod } 19 \\
2^{\boxed{13}} & \equiv & \boxed{3} & \text{mod } 19 \\
2^{14} & \equiv & 6 & \text{mod } 19 \\
2^{15} & \equiv & 12 & \text{mod } 19 \\
2^{16} & \equiv & 5 & \text{mod } 19 \\
2^{\boxed{17}} & \equiv & \boxed{10} & \text{mod } 19 \\
2^{18} & \equiv & 1 & \text{mod } 19
\end{array}
$$

Abbildung 86

Hierzu wählte ich das Beispiel, das Gauß in den Disquisitiones verwendet hat: Die primitive Wurzel 2 als Basis für den Modul 19. Wie auf Seite 261 Band III 6. Buch nachgelesen werden kann, hat Gauß die fortlaufenden Zahlen wie folgt in der ersten Reihe von 1 bis 18 abgebildet. In dieser Folge hat er die darin enthaltenen primitiven Wurzeln aber nicht deutlich markiert, so dass die meisten Leser dem Gedanken kaum folgen können.

I.	1	2	3	4	5	6	7	8	9	10	11	12	13	14	15	16	17	18
II.	0	1	13	2	16	14	6	3	8	17	12	15	5	7	11	4	10	9

In der **II.** Reihe stehen die Indices: 1, 5, 7, 11, 13 und 17 den primitiven Wurzeln in der **I.** Reihe 2, 13, 14, 15, 3 und 10, wiederum ohne Markierung gegenüber. Wie jetzt die Modulbetrachtung erkennbar sein soll, dass $2^0 = 1$ ist und $2^1 = 2$, und $2^2 = 4$ und $2^3 = 8$ und $2^4 = 16$ ist, aber 2^5 = nicht 32, sondern als Restwert von 19 die Differenz 13, hat Gauß offen gelassen.

Daher haben wir auf vorheriger Seite die Zusammenhänge zwischen den primitiven Wurzeln und ihrer Indices erkennbar gemacht. Die primitiven Wurzeln sind als Reste mit quadratischen Kästchen ummantelt, und auf der linken Seite sind die gegenüber liegenden fortlaufenden Exponenten zur Basis 2 als ihre Indices mit schmalen Rechtecken umrandet. Dabei trat für mich eine sehr heftige Auffälligkeit hervor. Die Voraussetzung dafür war, dass ich viele Jahre zuvor die Primzahlen 2 und 3 aus der Folge der Primzahlen von der Form 6n ± 1 entfernt hatte. Umgekehrt war es nun notwendig gewesen, die Zahl 1 endlich als die erste Primzahl zu erklären.

In Bd. III 6.Buch hatte ich ausführlich beschrieben, dass alle 6 Indices der 6 primitiven Wurzeln zur Basis 2 der Primzahl 19 fortlaufend prim sind. Sie besitzen die Reihenfolge:

1, 5, 7, 11, 13, 17

Werden die übrigen primitiven Wurzeln 3, 10, 13, 14, 15 zur Basis genommen, sind ihre Indices zum Modul 19 ebenfalls prim, nur in anderer Reihenfolge.

Falls der Leser auch die nächstfolgende Basis, also die primitive Wurzel 3 einer fortlaufenden Potenzierung zum Modul 19 unterziehen möchte, soll das hier kurz durchgerechnet werden:

$3^1 = 3$. (Die 3 ist primitive Wurzel.) $3^2 = 9$ und $3^3 = 27$. Da der Modul 19 lautet, ergibt sich die Differenz $27 - 19 = 8$. Für 3^4 errechnet sich $81 - 76$ $(4 \cdot 19)$ = Rest 5. Mit 3^5 erhalten wir 243. $243 - 228$ $(12 \cdot 19)$ = Rest 15. Hier taucht also für den Index 5 die primitive Wurzel 15 auf usw. Merke: Ist der Index eine Primzahl, muss folglich der Restwert zum Modul 19 eine primitive Wurzel liefern.

*

Mir waren die Zusammenhänge, dass die Indices der sechs primitiven Wurzeln zur Basis 2 modulo 19 die fortlaufenden Primzahlen Zahlen von der Form 6n ± 1 liefern, schon 2003 aufgefallen. Da in der Folge der K_1 Zahlen (1, 5, 7, 11, 13, 17) die beiden Primzahlen 2 und 3 nicht vorkommen, bin ich heute davon überzeugt, dass Gauß schon damals als Jugendlicher etwas Triumphales erfasst haben muss. Die herkömmliche Auffassung, dass Primzahlen ohne die Zahl 1 mit 2, 3, 5, 7, 11 ... beginnen, muss er als falsche Grundlage der Mathematik erkannt haben.

Er hatte früh beabsichtigt, ohne überhaupt Mathematik in Göttingen studiert zu haben, im Alter von 19 Jahren seine Doktorarbeit einzureichen und sich gleichzeitig einer mündlichen Prüfung zu unterziehen. Dies hat er auch geschafft, so wie vor ihm Leibnitz. Gleichzeitig sollten die Disquisitiones abgeschlossen und gedruckt werden. Hätte er in diesen waghalsigen Zeiten Euklids Formulierung der Primzahlen angegriffen, wäre er wahrscheinlich von den üblichen akademischen Besserwissern in ganz Europa ausgelacht worden. Genau das hätte aber seinem Mäzen, dem Herzog von Braunschweig mit Sicherheit nicht gefallen.

Wenn Gauß also bewusst geschwiegen haben sollte, hat er die Tragödie, die sich anbahnte, nicht aufhalten können, denn der Druck des Buches verschob sich von Jahr zu Jahr. Nach dessen Erscheinen hat praktisch niemand in Deutschland das Buch gekauft. Es erschien in Lateinischer Sprache und sein Inhalt blieb den zeitgenössischen Mathematikern verschlossen. Später hat Gauß häufig davon gesprochen einen zweiten Band folgen zu lassen. Die Themen dieser Fortsetzung sind unbekannt. Aus heutiger Sicht glaube ich, dass ihm bewusst gewesen sein muss, wie sehr die Codierung der Primzahlen durch die Abstände 2, 4, 6 einen Schock auslösen werden.

Übrig bleibt seine Auswahl der Primzahl 19 in der Modulbetrachtung. Gauß muss die 19 bewusst ausgewählt haben, denn nur in dieser einen Primzahl ist der Sechsertakt der ersten drei Primzahlzwillinge in den Indices der primitiven Wurzeln lückenlos gespeichert. Ich habe diese Absicht beim Schreiben des sechsten Buches nicht bemerkt und bin deshalb nicht auf die Idee gekommen, dass Gauß lange vor mir den 6er Takt der Primzahlen und die damit verbundene Geometrie entdeckt haben muss. Gauß wird natürlich seine Überlegungen bis zur Primzahl 37 ausgedehnt haben. Dabei wird er bemerkt haben, dass sich oberhalb der Primzahl 23 der 6er Takt der Primzahlen fortsetzt, indem Produkte vorausgegangener Primzahlen auftauchen. Gemeint sind die Zahlen 25 und 35 usw.

Es könnte sein, dass er vor mir auch die Geometrie des Primzahlkreuzes entdeckt hat. Da im Primzahlkreuz der Eulersche Einheitskreis notwendigerweise auftritt, wird er durchaus weiter gedacht und die komplexen Zahlen auf der Kugelgeometrie mit seiner komplex fraktalen Oberflächenstruktur gleich mit entdeckt haben.

Den Vortrag seines Schülers Bernd Riemann über eine mögliche nichteuklidische Geometrie hat Gauß nie kommentiert. Hätte er damals seine mögliche Kenntnis von der komplexen Oberflächenstruktur auf der Kugel verraten, wäre Bernd Riemanns berühmter Habilitationsvortrag zum Desaster geworden.

*

Ich möchte aus diesen Überlegungen die Folgerung ziehen, dass Gauß nach solchen Berechnungen von den primzahligen Exponenten zu den ganzen Zahlen gewechselt sein muss. Hierbei wird er gemerkt haben, welche Bedeutung den Primzahlen 2 und 3 als Anfangszahlen eigener Reihen zukommt. Aber nicht nur das!

Jetzt war es ein Leichtes, die fortlaufenden Potenzen der Zahl 2

$$2^1, 2^2, 2^3, 2^4, 2^5, \ldots$$

zu invertieren und sie in die Folge von Quadratzahlen zu verwandeln.

$$1^2, 2^2, 3^2, 4^2, 5^2, \ldots$$

Wenn ihm klargeworden war, welche Rolle den Indices der Primzahl 19 zukommt, muss seine mathematische Brillanz ihn schlagartig zu einer Idee geführt haben: Welche Restwerte liefern die fortlaufenden Quadratzahlen modulo 19. Ich gehe davon aus, dass er diesen Gedanken durchgerechnet hat und dabei wieder auf Primzahlen gestoßen ist. Zur Entwicklung dieser Überlegung habe ich leider 12 Jahre gebraucht bin aber auf die Weise wieder zu dem „Theorema Fundamentale“ der Kernchemie gestoßen. Dabei geht es um mein ungelöstes Problem:

6 zu 13 oder 13 zu 6.

Rückblickend muss ich sagen, dass es nötig war, eine Frau kennenzulernen, die mir beharrlich dazu verhelfen konnte, an dem 6 zu 6 zu 13 Problem dranzubleiben und letztlich den Schlüssel für den universellen Bauplan darin zu erkennen.

Kapitel 5

Yvonne und die drei Viertausender

I. Teil

Ich lebe seit fünf Jahren in der Schweiz. Heute ist der 20. Oktober 2016. Morgen, an meinem Geburtstag werde ich 77 Jahre alt. Es wird also Zeit, dass ich mein wissenschaftliches Lebenswerk „Das Primzahlkreuz“ vollende. Hier mag ein Vergleich mit Goethe erlaubt sein, der seinen „Faust II“ erst im hohen Alter mit Entschlossenheit fertiggestellt hat.

In diesem Sommer habe ich mit Band IV begonnen. Zehn Jahre hatte ich vergeblich damit verbracht, die noch ungeklärten mathematischen Probleme der Kernchemie und der Physik aufzulösen. Endlich im Juni dieses Jahres war ein genialer Funke wie ein Blitz in die Welt meiner ungeweckten Ideen eingeschlagen. Einige Wochen später war der Gedanke geboren, das Problem der Isotopenzahlen unter neuen Gesichtspunkten in Angriff zu nehmen. Die Einfachheit der Lösung war bestechend.

*

Das Primzahlkreuz Band III 6. Buch war 2004 abgeschlossen und gedruckt. Erst 2009 erschienen das 5. und das 6. Buch mit einer Erweiterung um einen ziemlich überflüssigen Epilog als gemeinsamer Band III.

Ich lebte zu diesem Zeitpunkt wieder in meiner alten Wohnung in Düsseldorf krank und völlig vereinsamt, denn ich war im Sommer 2004 von heute auf morgen aus der gemeinsamen Wohnung mit Erika in München-Bogenhausen ausgezogen. Danach hatte ich versucht, mit einer Freundin aus der Zeit nach meiner ersten Ehe erneut zusammenzuleben. Madelaine besaß ein Zweifamilienhaus und wohnte dort mit ihrer Mutter und den beiden erwachsenen Kindern. Diese waren gegen den Eindringling Peter Plichta wie Teufel mit glühenden Spießgabeln vorgegangen.

Wieder einmal stand ich bis zum Hals in Problemen und war abhängig von Schlaftabletten und dem Schmerzmittel Tramadol. (Bd. III S. 417). Dieses Medikament macht lange Zeit so euphorisch, dass man die Schmerzen weniger spürt. Später schlägt dann die Wirkung um in Hilflosigkeit und Depression. In solch schwankendem Zustand passierte etwas Sonderbares.

Im September 2009 sah ich im Schaufenster eines Reisebüros ein großes farbiges Poster aus dem Kanton Bern, Schweiz. Gezeigt wurde die alpine Kette der drei Viertausender, Eiger, Mönch und Jungfrau. Schneebedeckte Berge unter blauem Himmel, wer schaut da noch hin? Ich – aber nicht wegen der reizvollen Landschaft, sondern aus einer plötzlich aufkommenden Fragestellung. Aus welchen Gründen mögen vor vielen Millionen Jahren die damals noch gewaltigen Gletscher das Gebirge so geschliffen haben, dass drei fast gleich hohe Giganten von ungefähr viertausend Metern entstanden sind. Als wenn die Natur mit den beiden Zahlen drei und vier gespielt hätte.

Sofort erfüllte mich der Gedanke meinen Rucksack zu packen. Kurze Zeit später saß ich in meinem neuen Lotus und stellte das Navigationsgerät ein auf ein Städtchen im Berner Oberland – Grindelwald.

Es war Ende September und der Touristenverkehr war weitgehend abgeebbt, so dass ich den auffälligen Wagen in einer abgelegenen Garage unterbringen konnte. Kurze Zeit später erreichte ich mit der Bergbahn die „Kleine Scheiddegg“ auf 2.100 Meter Höhe. Alle Hotels waren geschlossen, außer das „Berghaus Grindelwaldblick“. Dort gibt es nur Massenlager, die aber zu dieser Jahreszeit nur wenige Gäste haben. Die Chefin des Hauses führte mich in einen der Schlafsäle und musste wohl meine Enttäuschung bemerkt haben.

„Herr Plichta, wir haben keine Einzelzimmer.“

„Ich brauche nur eins!“

Sie sah mich werkwürdig an.

„Ich habe ein Zimmer frei, weil eine Angestellte eine Woche Urlaub hat. Aber es kostet 35 Franken pro Tag.“

Ich musste lachen. In der Schweiz ist alles so teuer, dass 35 Franken wie geschenkt klingen.

*

Dieser einwöchige Urlaub allein im Herbst unterhalb der drei Viertausender war weiter nicht aufregend. Oben auf der Jungfrau-Station in dreieinhalbtausend Metern ließ ich mich in dunkelblauem, schottischen Rollkragenpullover und Schirmmütze fotografieren.

Wieder in Düsseldorf kaufte ich einen Rahmen für das Foto. Nun stand das Bild in meiner Wohnung und wartete darauf, jemandem geschenkt zu werden. Aber wer zeigt schon Interesse an den verborgenen Fragen nach der Drei- und Vierfachheit in der Natur.

Derartige Fragen stoßen in der Regel auf Ratlosigkeit, und sie lassen sich nur vermitteln, wenn man geläufige Beispiele nennt. So stehen am Rande von Kairo im Wüstensand drei Pyramiden einzigartig auf einer Linie hintereinander. Die Form der Seitenwände ist dreieckig. Da ihre Böden aber viereckig sind, besitzen sie auch vier Seitenwände. Diese Geometrie nennt man pyramidal. Althistoriker haben für geometrische Zahlen kein Empfinden. Für sie existieren in Gizeh nur gigantische Gräber von größenwahnsinnigen Pharaonen gebaut.

Es ist davon auszugehen, dass die damaligen Baumeister und Statiker die geometrische Form der Pyramide bewusst gewählt haben. Es ist sogar zu vermuten, dass sie auf diese Weise die Zahlen Drei und Vier in Millionen von Sandsteinquadern und schwarzem Granit gigantisch verankert haben. Denn die Pyramiden von Gizeh sind wegen ihren gewaltigen Ausmaßen das einzige Weltwunder der Antike, das erhalten ist. Leider ist mit der Ausbreitung des Islams ihre komplette Außenverkleidung aus poliertem Kalkstein oder Granit-Rosé in die Moscheen von Kairo verbaut worden.

Julius Caesar war der erste Römer, der nicht nur vor diesem, damals noch verkleideten, Bauwunder stand, sondern später auch vor dem fast gleichaltrigen Steinkreis in Stonehenge. Sein Genie wird gemerkt haben, dass die kreuzförmigen Zugangswege aus Granitplatten zum kreisförmigen mittleren Bauwerk – wie im Keltenkreuz – ein Rätsel enthalten. Jeder, der fortlaufende Zahlen auf einem Kreis anordnet, kann die Geometrie der ersten drei Primzahlzwillinge 5-7, 11-13, 17-19 entdecken. Vielleicht hatten die Kelten die Idee des Primzahlkreuzes schon vor 5000 Jahren erfasst.

*

Während ich zuhause zusammen mit meinem Bild auf eine Nachricht wartete, beschloss ich, noch einmal das Anorganisch Chemische Institut in Köln aufzusuchen. Ich hatte es 1971 hoffnungsvoll verlassen, da ich als Experimentalchemiker meine Aufgabe dort beendet sah. Diese Entscheidung war richtig gewesen, denn so war der erste Schritt getan, später einmal theoretischer Chemiker und Mathematiker zu werden.

In meiner Kölner Zeit am Institut habe ich häufig Kontakt zu dem Chemiker Dr. Klaus Glinka gehabt. Er war für die Massenspektrographie zuständig. In der Hoffnung, dass er noch nicht im Ruhestand war, rief ich in der Universität Köln an. Dort wurde ich mit Herrn Dr. Glinka verbunden. Er erzählte mir eine verblüffende Geschichte.

Einige Jahre nach meinem Weggang war das alte Chemische Institut an der Zülpicher Straße abgerissen worden. Die Professoren für Anorganische- und Organische Chemie sind in das neue Gebäude an der Greinstraße umgezogen. Dort war Dr. Glinka im Laufe der Jahre zum akademischen Direktor befördert worden. Drei Jahre vor meinem Anruf war er schon pensioniert und lebte jetzt irgendwo am Rande der Eifel.

Da auch das neue Gebäude bald vierzig Jahre alt sein würde, war eine komplette Renovierung nötig. Chemische Institute verrotten wegen der ätzenden Luft und den säurehaltigen Abwässern schneller. Nun waren die alten Baupläne im „Kölschen Klüngel" verloren gegangen und man hatte Dr. Glinka mit seinen persönlichen Unterlagen wieder ans Institut berufen und ihm die Bauleitung zur Überwachung des Umbaus übertragen. So war er zu diesem Zeitpunkt manchmal in seinem ehemaligen Büro unter der alten Telefonnummer zu erreichen.

Er erschrak, als er meine Stimme und meinen Namen am Telefon hörte. Ich erfuhr dass nach Professor Franz Fehérs Tod im Jahre 1986 das Erscheinen meiner Autobiographie im Jahr 1991 bei seiner Nachfolgerin, Frau Professor Marianne Baudler, wie eine Bombe eingeschlagen war. Wir vereinbarten, uns im Institut zu treffen.

Dort erzählt mir Dr. Glinka, dass die Professorin Baudler – nach Erscheinen meines Buches „Benzin aus Sand" im Jahre 2001 – ein öffentliches „Hearing" im Hörsaal des Instituts abgehalten hatte.

„Sie hat das Verbrennen von Silanen zur Energiegewinnung als kompletten Unsinn bezeichnet und die Stickstoffverbrennung als Höhepunkt der Verrücktheit von Herrn Plichta gewertet."

Ich unterbreche ihn:

„Klaus, Du selbst warst doch bei der Vermessung der Höheren Silane dabei! Daraufhin hatte mich Professor Fehér eingeladen, seinem befreundeten Professor Hieber von der Universität München während seines Besuches in Köln die einzelnen Isomere der Höheren Silane vorzuführen. Hieber war somit der erste Professor für Anorganische Chemie, der miterlebt hat, dass Heptasilan nicht mehr selbstentzündlich ist. Dafür hat er mich damals vor Freude umarmt. Denn damit stand fest, dass diese Öle handhabbar sind und als Treibstoffe eingesetzt werden können."

„Peter, wie konnte es geschehen, dass Du nach Deiner Entdeckung solche Schwierigkeiten am Institut bekommen hast, dass es zu einem Gerichtsprozess kam?"

„Von meiner sensationellen Entdeckung hat dann auch der angeheiratete Onkel meines Zwillingsbruders Paul erfahren. Schon damals hatte Dr. Konrad Henkel mich fanatisch gehasst. Er war es, der den ganzen Zauber eines Prozessbetruges am Oberverwaltungsgericht in Köln inszeniert und bezahlt hat. Auch der Rektor der Universität Köln musste mitmachen. Dieser wurde zu dieser Zeit von der italienischen Justiz verdächtigt, ursächlich am Tod seiner Ehefrau und seiner Kinder durch Ertrinken beteiligt gewesen zu sein. Klaus, ich habe alles in meiner Autobiographie niedergelegt, weil mir keiner diese willkürlichen Eingriffe in meine Lebenslaufbahn abnehmen würde."

Jetzt werde ich deutlich:

„Du kannst Dir wahrscheinlich nicht einmal vorstellen, dass einer der mächtigsten Industriemogule Europas aus irrationalem Menschenhass und blindem Neid meinen Untergang beschlossen hatte. Diesen Treibstoffgedanken hat Frau Professor Baudler nie verstanden. Wie sollte sie dann begreifen, dass dieser neue Treibstoff so eingesetzt werden kann, dass nicht nur der Luftsauerstoff, sondern auch der Luftstickstoff mit verbrannt wird."

Dr. Glinka fasst sich und versucht die Situation zu klären:

„Ja, ich habe davon gehört. Aber wir haben alle der „Baudler" geglaubt."

*

Ich hatte die drei Bände „Das Primzahlkreuz" mitgebracht und wollte sie dem Nachfolger des Lehrstuhls für Anorganische Chemie zur Verfügung stellen. Wir erfahren, dass der neue Institutschef erst in etwa zwei Stunden in seinem Büro zu erreichen ist. Auf diese Weise hat Dr. Glinka genügend Zeit, mir das monumentale Institut für Chemie der Universität Köln zu zeigen.

In was für einem verwinkeltem, heruntergekommenen, uralten ehemaligen Krankenhaus hatte ich studiert. Dort war ich Anfang 1970 zum Beamten der Universität Köln aufgestiegen. Und wie sehr habe ich dieses hässliche chemische Institut geliebt!

Der neue Direktor des Institutes, Prof. Dr. Sunjay Mathur empfängt uns. Er verfügt über genau die Ausstrahlung und das Auftreten, das seine Vorgänger vermissen ließen. Ich überreiche ihm meine drei Bände mit dem Hinweis, dass ich früher einmal über ein Jahr lang in der Silanchemie an meiner Habilitation gearbeitet habe. Anschließend beschreibe ich die Ideen zu einer zukünftigen Raumfahrt, die mir damals gekommen sind. Er hört mir aufgeschlossen zu.

Die Kernidee bestand in meiner Vermutung, dass angeätztes Silizium als Blech oder Granulat, elektrisch gezündet, sehr heftig mit kaltem Stickstoff brennt. Silizium ist auf seiner Oberfläche immer mit einer kaum wahrnehmbaren Oxidschicht bedeckt, die sich aber leicht wegätzen lässt. Deswegen müssten die atomaren Siliziumatome, die beim Zerfall der Siliziumwasserstoffkette entstehen, mit dem Stickstoff der Luft heftiger brenne als Schießpulver.

Dieser Gedanke war die Grundlage für die Entwicklung einer Raumfahrt, bei der die Rakete keinen flüssigen Oxidator mehr mitführen muss. Stattdessen soll atmosphärische Luft eingespeist werden, die mit Silanen so verbrennt, dass der Wasserstoff der Silankette mit dem Luftsauerstoff zu H_2O (MG = 18) und die Siliziumatome mit dem Luftstickstoff zu Si_3N_4 reagieren.

Ich schildere, dass der hohe Anteil von Luftstickstoff dadurch kompensiert werden soll, dass Silane im Überschuss eingesetzt werden. Auf diese Weise wird eine Verbrennung gelingen, bei der über 60 Prozent der heißen atomaren Wasserstoffatome (Protonen, MG = 1) die Düse unverbrannt verlassen und damit den Schub entscheidend beeinflussen. Somit wird auch erreicht, dass das hohe Molekulargewicht von Siliziumnitrid (MG = 140) und das günstige Molekulargewicht von H_2O = 18 durch den Überschuss von unverbrannten H_1 Atomen auf ein mittleres MG von 23 gesenkt wird.

Jetzt unterbricht mich der Institutsdirektor:

„Das ist ein Nobelpreis!“

Dann spreche ich noch kurz meine Vermutung zur Struktur des Verbrennungsproduktes Si_3N_4. Alle vier Stickstoffatome dieses Moleküls besitzen ein freies s-Elektronenpaar. Da diese 8 Elektronen an keiner chemischen Reaktion teilnehmen, stehen insgesamt 4 Elektronenpaare nach außen in tetraedrischer Anordnung. Somit müsste es sich bei dem Stoff Si_3N_4, der Temperaturen bis 1900 Grad aushält, um ein bisher unbekanntes, festes Edelgas handeln. Ein solcher Stoff wäre dann toxikologisch unbedenklich und würde auf die Erde fallen, so wie etwa Saharastaub häufig auf Europa weht, ohne dass Umweltschützer beunruhigt wären.

„Das ist noch ein Nobelpreis!“ ruft Professor Mathur. Als wenn er nicht genau wüsste, dass neue Ideen grundsätzlich auf Unverständnis und Wut stoßen. Traurigkeit steigt in mir auf.

Ich hätte mir gewünscht, einen weiteren Termin zu erhalten oder zu einem Vortrag über die Fortschritte in der Silanchemie eingeladen zu werden. Ich verabschiede mich.

II. Teil

Diesen Besuch hätte ich mir sparen können. Hätte das Schicksal es gewollt, wäre ich damals am Institut in Köln geblieben, um später in irgend einer Universitätsstadt auf einem Lehrstuhl zu landen. Dann aber wäre ich mir wie ein Verlierer vorgekommen, denn ich wollte doch die Zustände in der Chemie und der Physik revolutionieren. Die Waffe der Revolutionäre ist das Buch! Ich bin zuversichtlich. Irgendwie wird es weitergehen. So wie immer Hilfe kam, wenn in meinem Leben die Aussicht am dunkelsten war.

Am 19.11. 2009 erhalte ich eine Email. Eine Frau namens Yvonne Burk schreibt mir. Wir Menschen auf dieser Erde seien als Teilnehmer eines Universums aufgerufen in dem Konflikt zwischen ständigem Wirtschaftswachstum und endlichen Ressourcen schnellstens umzudenken. Daher sei sie begeistert von meiner Entdeckung eines anorganischen Energiekreislaufes und dem Treibstoff. Ich müsse mit meinen Ideen als Wissenschaftler und Erfinder jetzt Einfluss auf unsere Zukunft nehmen. Gern würde sie Verbindungen zu den führenden Konzernen der chemischen Industrie herstellen. Ich antworte ihr:

„Rufen Sie mich an, gnädige Frau!"

Am nächsten Tag telefonieren wir. Das Gespräch nimmt für beide Seiten einen unerwarteten Verlauf. Während sie versucht herauszufinden, wie sie am geschicktesten vorgeht, den Kontakt zur Industrie herzustellen, wird mir klar, dass ich mit einer wesentlich jüngeren Frau einen Neustart wünsche. Gerade noch demoralisiert, fantasiert der Privatgelehrte schon wieder mit Blumen umkränzten Worten von einer Wunschgefährtin. Schon scheint das Gespräch zu kippen, weil ich sie auch noch um ein Foto bitte.

„Herr Dr. Plichta, bitte nehmen Sie es mir nicht übel, aber es geht mir um meinen Beitrag auf dieser Welt und nicht darum, mir einen Mann zu angeln. Ich möchte mithelfen, dass Ihre Entdeckung eines CO_2 freien Treibstoffes, der die Ölreserven schont, sich durchsetzt.

Ich schwenke das Ruder sofort um und erzähle davon, dass ich vor kurzem – nach vielen Jahrzehnten – noch einmal die chemischen Institute in Köln aufgesucht habe, und ich mich nach diesem Besuch so demoralisiert wie ein angeschossener Bär fühle. Irgendwie scheint sie meine Verwundung zu spüren, und wir verabreden uns für den nächsten Abend Punkt 19.00 Uhr im Foyer des Domhotels in Köln.

Jetzt bin ich wirklich gespannt. So kurz hintereinander ein zweites Mal nach Köln zu fahren, damit hatte ich nicht gerechnet. Was ich noch nicht weiß: Diese Reise wird mich wieder an den Ort zurückführen, wo früher mein altes Chemisches Institut – und schräg gegenüber dem Bahnhof Köln-Süd – das benachbarte Kernchemische Institut, gestanden hat.

*

Am nächsten Tag sieht man den angeschossenen Bären – über Nacht gesundet – in dunkelblauem, dreiteiligem Anzug aus Schurwolle, gestärktem weißen Hemd, farbig abgestimmter Seidenkrawatte, goldener Schweizer Uhr, goldbetresster amerikanischer Schirmmütze und einem Strauß bunter Rosen in Richtung Düsseldorf Hauptbahnhof sausen, um den Zug nach Köln noch zu erreichen. Dann geht's weiter im Sauseschritt auf die Domplatte in der Hoffnung einmal nicht zu spät zu kommen.

Vor mir hatte es eine jüngere Frau in fast bodenlangem Mantel genau so eilig wie ich. Im Hoteleingang hole ich sie ein. Sie dreht sich um und schaut mir gerade in die Augen. Ich erstarre, so angenehm strahlt sie mir entgegen. Plötzlich taucht das viele Leid der letzten Jahre vor mir auf wie aus einer Kulisse. Ich überreiche ihr das Rosenbündel und entschuldige mich um die Ecke in Richtung Toiletten. Ich lehne mich erschöpft an die Wand. Sie wartet bis ich mich wieder gefangen habe, und dann gehen wir beide auf die Suche nach einem Restaurant, denn der Weihnachtsmarkt hat viele Besucher angelockt.

Im „Alten Wartesaal" soll bald ein Tisch frei werden. Wir werden gebeten, die kurze Zeit an der Bar zu überbrücken. Ich bitte den Barkeeper um eine große Vase. Nun ziehe ich ein größeres Klappmesser aus meinem Ledergürteletui und beginne – von neuer Seelenruhe erfüllt – vierzig Rosen anzuschneiden. Lächelnd schaut meine Partnerin mir zu. Dann werden wir beide mit dem Sektkübel voll bunter Rosen an einen viel zu kleinen Tisch gebeten,

„Herr Dr. Plichta, Sie haben einen neuen Treibstoff entdeckt. Wie kommt es, dass Sie nicht von einer Talkshow zur anderen gereicht werden?" beginnt sie das Gespräch.

Ich erzähle davon, dass ich als 13-Jähriger durch ein Chemiebuch zu Weihnachten von der Existenz der Siliziumwasserstoffe erfahren habe, die in ihren Ketten keine Kohlenstoffatome, sondern Siliziumatome besitzen. Jetzt muss ich darauf eingehen, dass 99 % aller Deutschen nicht wissen, was ein Kohlenstoffatom ist. Sie tanken zwar Benzin und Diesel, wissen aber nicht wirklich, was diese Stoffe sind.

„Diejenigen, die unsere CO_2 Emission herunterfahren wollen, um damit die Erderwärmung aufzuhalten, sind dieselben, die mit Solarplatten und Windmühlen weltweit unvorstellbar viel Geld verdient haben. Diese gewaltige Industrieproduktion hat mehr Kohlendioxid freigesetzt als später eingespart werden wird. Solar- und Windstrom kann nur tagsüber gewonnen werden. Nur können Kohle- und Gaselektrizitätswerke tagsüber nicht einfach abgestellt und abends wieder angefahren werden. Es gibt solche Probleme in der Energiepolitik, dass ein Erfinder eines neuen Treibstoffes hier nur stören würde. Und von der gigantischen Erdölmaffia würde er am meisten gehasst"

*

Meine Gesprächspartnerin greift den Faden auf.

„Herr Dr. Plichta, ich komme aus einer Unternehmerfamilie. Als mein Vater als junger Ingenieur Ende der fünfziger Jahre erkannte, dass Kunststoffe die Zukunft sind, hat er darauf gesetzt und mit einer Spritzgussmaschine in der Garage seines Elternhauses sein erstes Verpackungsteil für ein pharmazeutisches Unternehmen produziert. Dabei hat er sich mit patentreifen Ideen in der Branche einen Namen gemacht und konnte mit Aufträgen aus der Chemischen Industrie sein Unternehmen aufbauen.

Hätten Sie nicht die deutsche Autoindustrie oder die amerikanische Raumfahrt von Ihrem Treibstoff und dem Diskus überzeugen können? Ist dieses luftatmende Fluggerät nicht eine Sensation wonach diese Haie schnappen?“

Ich erwidere: „Nein!

Revolutionäre Ideen stoßen grundsätzlich auf heftigsten Widerstand. Die Geschichte der Technik zeigt, dass man neue Ideen immer erst einmal ignoriert oder den Erfinder gleich zum Verrückten erklärt.

Diejenigen, die das Sagen in Unternehmen, Banken und in der Politik haben, lieben Gewinn maximierende Verbesserungen an bereits bestehenden Erfindungen. Um eine mehr oder weniger geniale Idee zu verstehen, muss man selber über einen Funken Genialität verfügen. Und genau daran mangelt es allen, die von Ehrgeiz getrieben „nach oben“ kommen wollen.

Den Treibstoff ‚Höhere Silane‘ habe ich an der Universität Köln entdeckt. Er hat mir viel Ärger und Leid eingebracht. Daher habe ich schon als junger Mann beschlossen, aus der Laborforschung auszusteigen und meiner mathematischen Neigung zu folgen.“

„Und was wurde aus dem neuen Treibstoff?“

„Ich habe mit dieser Idee die Weltraumfahrt revolutioniert.“

„Also doch!“

„Ja, die heutigen Stufenraketen, fallen nach Verbrauch ihres Treibstoffes und Oxidators zur Erde zurück und verglühen. Meine Erfindung ist ein wiederverwendbares Fluggerät in Form eines Diskus. Für den Gedanken eines Stickstoff verbrennenden Flugkörpers, der von der Lufthülle getragen wird, habe ich eine Reihe von Patenten erteilt bekommen.“

„Ich bin durch meinen Vater mit der Luftfahrt verbunden gewesen und habe selbst einmotorige Flugzeuge geflogen. Daher weiß ich, dass die äußere Luft auch aerodynamisch eine Rolle spielt. Wie funktioniert die Veratmung der Luft mit ihrem Treibstoff?“

„Um auf das Mitführen von flüssigem Oxidator in der Raumfahrt zu umgehen, war es notwendig, einen Treibstoff zu erfinden, der nicht nur die 21% Luftsauerstoff verbrennt, sondern auch die 78% Luftstickstoff. Genau dazu ist der Treibstoff in der Lage. Außerdem stellt die Diskusform mit außen zwei gegenläufig drehenden Schaufelkränzen eine ganz andersartige Aerodynamik dar.“

„Also war die Erfindung des Diskus die Grundlage für die Treibstoffidee?“

„Ja, den zündenden Gedanke für den Diskus habe ich als Vierzehnjähriger gehabt, als ich eine Zeichnung von Leonardo da Vinci sah.“

„Und wie fliegt ein luftatmender Diskus im Orbit, wo es so gut wie keine Luft gibt?“

„Indem der Diskus horizontal beschleunigt und ohne zusätzlichen Oxidator bis in große Höhen auf der dünnen Luftschicht gleitet, ist es möglich, auf Geschwindigkeiten von über 20.000 Stundenkilometer zu kommen. Erst beim Verlassen der Lufthülle in etwa 50 Kilometer Höhe wird eine geringe Menge Oxidator zum Einsatz kommen, um die notwendige Geschwindigkeit von 28.000 Stundenkilometer zu erreichen. Wenn er dort oben nachgetankt wird, kann er Weltraumfahrt betreiben. Um zur Erde zurückzukommen, muss er mit der unteren Seite des Diskus bremsen.“

„Wenn herkömmliche Raketen bei der Rückkehr zur Erde verglühen, wie schafft Ihr Diskus es, diese Temperaturen auszuhalten?“

„Der untere Teil des Diskus soll mit einer Keramik aus Siliziumnitrid gepanzert sein. Dieses Material kann weder mit dem Luftsauerstoff noch mit dem Stickstoff brennen. Es ist von weißer Farbe und besitzt die Diamanthärte 9. Diese Keramik soll bewusst rot aufglühen, um die Reibungswärme in Form von Infrarotstrahlung abzugeben.“

Meine Gesprächspartnerin schaut mich entgeistert an:

„Ja – wenn das funktioniert, dann würde die Raumfahrt eine ganz andere Entwicklung nehmen. Ihre Gedanken stellen die herkömmliche Raumfahrttechnik auf den Kopf. Welche Einwände konnten denn Ihre Gegner vorbringen?“

„Der Luftstickstoff wird bei dieser Art der Verbrennung im Staustrahltriebwerk nur mit dem Silizium der Siliziumwasserstoffkette zu Siliziumnitrid verbrennen. Dieses hat das viel zu hohe Molekulargewicht von 140. Dagegen besitzt der Wasserdampf einer herkömmlichen Rakete mit kryogenen Treibstoffen nur ein Molekulargewicht von 18.“

„Konnten Sie das Problem lösen?"

„Ich habe zugegeben, dass diese Maulaffen Recht haben und angefangen nachzudenken. Dabei habe ich die wirklich geniale Idee entwickelt, dass bei der Verbrennung der Silane mit Luft der größte Teil des Wasserstoffs der Silankette unverbrannt – als atomarer Wasserstoff H_1 – die Düse verlässt. Diese unverbrannten Protonen haben das

Molekulargewicht von 1."
„Konnten Sie das wissenschaftlich beweisen?"
„Eine stöchiometrische Berechnung zusammen mit dem ehemaligen Direktor der Deutschen Luft- und Raumfahrt, der Chemiker Professor Lo, ergab, dass somit das mittlere Molekulargewicht nicht bei 140, sondern bei etwa 23 liegt. Diese schlagende Beweisführung für die Richtigkeit der neuen Antriebstechnik wurde dann in Europa in einen Mantel des Stillschweigens gehüllt. Auch die NASA war geschockt, denn das Projekt Mars läuft auf Hochtouren. Es geht stur weiter voran."
„Kann es sein, dass Sie ganz schön gefährlich leben?"

*

Ich wechsele nun das Thema und erzähle ihr von meinem Lehrer in Kernchemie, Professor Wilfried Herr, der nach seinem Studium Assistent bei dem Nobelpreisträger Otto Hahn war.
„Otto Hahn war es, der in Deutschland die Kernchemie entwickelt hat. Er hat mich dazu gebracht, Zweifel an unserem Wissen über den Bau der Atomkerne aufkommen zu lassen."
Sie hebt ihr Glas Chardonnay einladend bereit für eine neue Geschichte.
„Dieser Zweifel hatte dazu geführte, dass ich einmal auf der kleinen griechischen Insel Poros, von der tief über dem Meer stehenden Sonne geblendet, wie in Trance zu meiner Frau Helga sagte: ‚Mein ganzes Leben war nur ein Warten auf die Kernchemie!'
Von dieser Klarheit erleuchtet erhielt ich später von Professor Herr in der Doktorprüfung in Kernchemie die Note ‚Summa cum laude'.
Jahre später entstand ein Foto von Professor Herr und mir in seinem Arbeitszimmer des Institutes. Es zeigt die Bronzebüste des Nobelpreisträgers Otto Hahn auf einer Steinsäule. Links der Büste steht Professor Herr und rechts stehe ich. Dieses Foto habe es gehütet wie einen Schatz.
2003 habe ich nachweisen können, dass hinter dem radioaktiven Zerfall ein Gesetz der Höheren Mathematik steht, das den Namen trägt: „Quadratisches Reziprozitätsgesetz". Dieses Gesetz ist Kernchemikern unbekannt, während die Mathematiker es für eine Erfindung des menschlichen Geistes halten."
Sie wirkt nachdenklich.
„Herr Dr. Plichta, wenn Ihnen die Götter damals auf der griechischen Insel Ihre wissenschaftliche Zukunft in der Kernchemie verkün-

det haben, stellt sich die Frage, ob Otto Hahn in ihrem Leben eine Rolle spielt. War er nicht der Mann, der die Kernspaltung entdeckt hat und damit den Bau der Atombombe erst ermöglichte?“

„Ja - bis zur Entdeckung der Spaltung des Isotops Uran 235 war die Kernchemie noch eine unschuldige Wissenschaft. Professor Otto Hahn hatte aus einer tiefen Ahnung heraus das chemische Element Uran erstmalig mit gebremsten Neutronen beschossen. Er wusste natürlich, dass das chemische Element Uran zu 99,3% aus Uran 238 und nur zu 0,7% aus Uran 235 besteht.

Die gebremsten Neutronen hatten aber nicht mit den Atomen des Urans 238 reagiert, sondern nur mit den wenigen des Urans 235. Hahn war zu diesem Zeitpunkt sehr wohl bekannt, dass die Atome der Uran 235–Zerfallsreihe alle von der Form 4n + 3 sind. (232 ist durch 4 teilbar, folglich ist die Zahl 235 die Summe aus 232 + 3.) Wenn nun ein Atom mit der Masse 235 über die Fähigkeit verfügt, ein gebremstes Neutron in seinem Kern aufzunehmen, tritt eine nicht erlaubte Situation ein. Die Masse des Kerns verwandelt sich von 235 in 236. (236 ist wiederum durch 4 teilbar, also von der Form 4n + 0.) Damit hat das Uranatom aber die Zerfallsreihe 4n + 3 verlassen und ist in eine Zerfallsreihe von der Form 4n + 0 hinübergewechselt. Dieses wiederum erlauben die Gesetze der radioaktiven Zerfallsreihen nicht. Folglich wird dieser verbotene Atomkern in zwei Atomkerne mit unterschiedlichen Ordnungszahlen und niedrigeren Massezahlen zerfallen.“

„Wie konnte Otto Hahn dieses Ereignis als Radioaktivität erkennen?“

„Ohne diesen Zusammenhang zu ahnen, führte der exzellente Chemiker Hahn mit dem bestrahlten Material eine Trennungsanalyse durch. Dabei waren Spuren eines radioaktiven Bariumisotops festgestellt worden.

Durch einen Zufall, bei dem die Götter mitspielen, hatte Otto Hahn – Jahre vorher – von dem Element Barium ein bis dahin unbekanntes radioaktives Isotop gewonnen und dies auch publiziert. Er verfügte über die fast musikalische Fähigkeit, die prasselnden Geräusche eines radioaktiven Zerfalles durch den Geigerzähler so abzuhören, dass er sie in seinem Gedächtnis speichern konnte.

Auf diese Weise war durch eine Verkettung von Zufällen die Möglichkeit entstanden, dass er die radioaktiven Zerfälle des Bariumisotops in seinem Kopfhörer wiedererkannte. Seine ehemalige Kollegin Lise Meitner war es, die das Kind beim Namen nannte. Das Isotop des Urans von der Masse 235 lässt sich durch energiearme Neutronen spalten.

Zwei Atombomben haben sechs Jahre später zwei Japanische

Städte in eine Gluthölle verwandelt. Damit begann ein neues Zeitalter, allerdings ohne einen Funken von Einsicht, dass die Gesetze der Atomkerne in der Zahlentheorie verborgen sind, und nicht in den Auswertungen der Messergebnisse. Die Krönung der Forschung mit Nobelpreisen hat sie in die Sackgasse geführt."

In mir kommt auf einmal ein Verlangen hoch. Ahnungsvoll formuliere ich:

„Am liebsten würde ich Ihnen das Kernchemische Institut hier in Köln, wo ich einmal gearbeitet habe, zeigen."

Sie fragt: „Wo genau liegt das Institut?"

„An der Zülpicher Straße."

„Dann lassen Sie uns doch dort hinfahren!"

Im Dom-Parkhaus stiegen wir in Ihren Wagen und ein nächtliches Abenteuer begann.

*

Seit meinem Ausscheiden aus den Chemischen Instituten 1971 sind 38 Jahre vergangen. Ich hatte erwartet, dass nicht nur die Institutsgebäude abgerissen worden waren, sondern dass auch das Gelände an der Zülpicher Straße neu bebaut ist. Stattdessen war die gesamte Hässlichkeit des Geländes erhalten geblieben. Nur im Hintergrund, in Richtung Südbahnhof, waren große Baustellen. Durch Zäune war das ganze Baugelände so gesichert, dass ein Weiterkommen zum Kernchemischen Institut verhindert war. Zwar gab es auch einen separaten Eingang Richtung Südbahnhof, doch war dieser nachts geschlossen.

Nun ziehe ich mein Multifunktionswerkzeug aus dem Gürteletui und verwandle es in eine Kombizange.

Meine Partnerin sieht erstaunt zu.

Zusammen mit einer LED-Stablampe, ebenfalls aus meiner Gürtelsammlung, beginne ich das Rohrgestänge des Drahtzaunes so zu lösen, dass ein Schlupfloch entsteht. Nun stehen wir mitten im Bauschutt eines kaum beleuchteten Geländes. Sie mit hochhackigen Stiefelletten und ich mit dünn besohltem, italienischem Schuhwerk. Schon bauen sich weitere Hindernisse auf. Ein Irrgarten von Stacheldraht, wackeligen Bodenbrettern und allerlei Bauprovisorien. Ich taste mich mit Stablampe in Richtung Kernchemie vor und halte meine Begleiterin so fest an der Hand, dass wir uns gegenseitig ausbalancieren.

Irgendwann wird es heller. Eine Bogenlaterne strahlt am Institut für Kernchemie. Ein weiteres Mal gelingt es mir, den Bauzaun zu knacken. Jetzt lässt sich erkennen, dass es auch eine freie Zufahrt zu dem Institut gibt, so dass uns ein ungefährlicher Rückzug gesichert ist.

Endlich stehen wir vor der großen Glastür des Kernchemischen

Instituts und schauen in die Dunkelheit der Eingangshalle. Auch hier herrscht Renovierungschaos. Schon sieht es so aus, als ob sich unser nächtlicher Besuch in eine gewaltige Pleite verwandelt hat. Aber dann trifft der Lichtstrahl meiner Stablampe auf eine große staubbedeckte Büste.

„Die Büste von Otto Hahn!"

Sie musste vom ersten Stock aus dem ehemals herrschaftlichen Arbeitszimmer von Professor Herr ins Erdgeschoss befördert worden sein. Nun stand sie verloren auf einem provisorischen Sockel inmitten von Zementsäcken, Schutt und Gerüstmaterial.

Beide sind wir betroffen. Als wenn uns die mir so vertraute Büste grüßen wollte, nachdem ich an diesem Abend von dem Foto der drei Chemiker Herr, Hahn und Plichta erzählt hatte.

*

Meine Komplizin dieser mitternächtlichen Expedition musste etwas gemerkt haben. Auf dem Rückweg zum Wagen sagte sie entschlossen:

„Um diese Uhrzeit werden Sie wohl keinen Zug mehr bekommen. Ich fahre Sie nach Hause."

„Vielen Dank! Ihr Angebot nehme ich gerne an. In Düsseldorf warten der erste Band meiner Autobiographie und ein gerahmtes Foto auf Sie. Das Foto wurde vor ein paar Wochen in der Schweiz aufgenommen. Ich habe das Gefühl, dass wir beide etwas mit der Schweiz zu tun bekommen."

„Die Schweiz! Es könnte schlimmer kommen! Mögen Sie die Schweiz?"

„Kaum."

„Ich habe einmal meinem Zwillingsbruder Paul eine Stelle bei einem kanadischen Edelstahlkonzern am Genfer See beschafft. Seine Freundin studierte Medizin, und sie war damals eine der reichsten Erbinnen auf dieser Welt. Ohne diese Anstellung in Lausanne wäre eine Hochzeit ausgeschlossen gewesen. Er besaß kein Abitur und verdiente 360 DM im Monat als Kaufmannsgehilfe. Seitdem scheint mir die Schweiz aus irgendeinem Grund wichtig. Als ob dort etwas auf mich wartet."

In Düsseldorf angekommen überrede ich meine Fahrerin kurz auf das versprochene Geschenk zu warten. Ich führe sie in mein vom Wohnbereich separiertes, elegantes Wohnzimmer und serviere ein Glas Sekt. Dann verschwinde ich mit der Entschuldigung, das Bild und meine Bücher zu holen.

In meiner Wohnung ändere ich mein Vorhaben und befreie mich erst einmal von der viel zu eleganten Kleidung. Dann packe ich eine Reisetasche für ein oder zwei Tage. Computer, die dreibändige Autobiographie und das gerahmte Bild wanderten mit hinein.

Nun stehe ich verwandelt im Türrahmen – fertig zur Abreise.

„Oh, müssen Sie heute noch einmal verreisen?"

„Ja – zu Dir!"

„ Herr Dr. Plichta, das ehrt mich sehr – doch Sie sind nicht eingeladen!"

Jetzt rede ich Sie zum ersten Mal mit ihrem Vornamen an:

„Yvonne, in diesem Haus ist zu viel passiert. Ich bleibe hier nicht mehr allein. Gegenüber liegt die Uniklinik. Dort ist mein Vater und meine Frau umgebracht worden – und vor meinem Haus wurde von der evangelischen Kirche, ohne die Anwohner zu fragen, ein Altersheim errichtet, wo ununterbrochen, deutlich hörbar gestorben wird."

„Herr Dr. Plichta, Sie können nicht bei mir übernachten!"

„Dann nehme ich mir eben ein Hotelzimmer!"

Wieder hat sie verstanden. Ohne Worte steht sie auf und winkt mir zu folgen. Wir steigen beide in den Wagen. Sie fährt in Richtung Köln. Von dort geht es auf die A4 Richtung Olpe nach Overath.

Sie parkt vor einem alleinstehenden Haus aus den dreißiger Jahren auf einem Hügel, umringt von altem Baumbestand. Gepflegtes Ambiente besticht die Dunkelheit. Eine Terrassenlaterne erleuchtet die Hausnummer. Es ist die Nummer 19.

III. Teil

Am 7. Juni 2005 hatte ich im großen Hörsaal der Physik an der Technischen Universität Ilmenau in den Nachmittagsstunden einen Vortrag gehalten. Vorausgegangen war eine Einladung des Rektors Prof. Dr. habil. Peter Scharff, der so wie ich Anorganischer Chemiker ist. Von mir wusste er bereits, dass mein Vater in den zwanziger Jahren des vergangen Jahrhunderts, in Ilmenau Ingenieurwesen im Fachbereich Eisen und Stahl studiert hatte. Aus dieser damaligen Ingenieursschule war nach der Wende eine technische Universität des Bundeslandes Thüringen entstanden.

Prof. Scharff machte mir das Angebot, in Ilmenau zum ersten Mal von meinen kernchemischen- und physikalischen Entdeckungen zu berichten, obwohl ich in unserem Gespräch auf die revolutionäre Bedeutung für unser zahlentheoretisches und mathematisches Bewusstsein eingegangen war. Auch die sicherlich damit verbundene Schockwirkung hatte ich angedeutet. Da Professor Scharff meine

Leistungen auf dem Gebiet der Silanchemie begutachtet hatte, schien er mehr neugierig als besorgt.

Da dieser Vortrag gefilmt worden war, besaß ich die Möglichkeit, noch in der Nacht unseres Kennenlernens in Overath, Yvonne zu zeigen, wie neue Ideen in der akademischen Welt eingeführt werden.

Meine Rede begann mit der Erinnerung an den Vortrag von Max Planck am 14. Dezember 1900. Kennzeichen seines Vortrages damals war der Beweis dafür, dass auch die Energie der elektromagnetischen Strahlung gequantelt ist. Dies bedeutet, dass nicht nur die Bausteine der Atome den Gesetzen der ganzen Zahlen gehorchen, sondern auch die Energie, die Elektronen freisetzen, wenn sie auf ihre ursprünglichen Bahnen zurückfallen.

Man sollte meinen, die Brisanz von Max Plancks Vortrag hätte Beifall unter den Kollegen ausgelöst. Aber wer den Geist an deutschen Universitäten kennt, ahnt wie vernichtend die Ablehnung ausgefallen war.

Um mir am Ende des Vortrages eisiges Schweigen oder wütende Reaktionen zu ersparen, habe ich zu Beginn an meine Zuhörer leidenschaftlich appelliert: „Öffnen Sie Ihre Herzen, und seinen Sie noch einmal so neugierig wie die Kinder".

Ich hatte meine Redezeit weit überschritten. Die 83 Bilder, die ich zusammen mit meinem damaligen Assistenten Stefan Queckbörner angefertigt hatte, warf er jeweils im richtigen Moment zum Inhalt passend auf die Leinwand. Wäre nur einmal ein Bild im falschen Moment erschienen, hätte möglicherweise der ganze Vortrag scheitern können, einfach weil die Stofffülle und der Schwierigkeitsgrad zu gewaltig waren. Der Saal war gut gefüllt, und es schien, als wäre es gelungen, die Zuschauer zu fesseln. Gleichwohl mit Sicherheit niemand die Vierdimensionalität des euklidischen, unendlichen Raumes um einen Punkt verstanden hatte und erst recht nicht die nichteuklidische, zweidimensionale komplexe Geometrie auf der Oberfläche des Atomkerns.

Nicht nur die Zuhörer hatten durchgehalten, sondern auch der Vortragende. Während der Präsentation sah ich ab und zu in die ratlosen Gesichter meines Auditoriums und hätte am liebsten abgebrochen.

Wichtig für mich war, dass Yvonne sich anhand des Filmes ein Urteil bilden konnte, dass der Vortragende die Inhalte deutlich, überzeugend und sogar mit einer Spur rhetorischer Eleganz dargelegt hatte. Dass die Zuhörer von Umfang und Komplexität deutlich überfordert waren, konnte mir nicht angelastet werden.

Yvonne gibt zu, nach diesem Vortrag mindestens so erschlagen zu sein wie die Zuhörer in Ilmenau damals. Richtig wäre es gewesen, die Inhalte in Abschnitte zu verteilen, am besten mit eingeblendeten Pausen für Zwischenfragen. Sei's drum! Der Vortrag hatte stattgefunden und wurde mit dem üblichen erleichterten Applaus beendet. Wie schwer es doch fällt, eine neue Idee zu verstehen!

Yvonne kommentiert: „Entscheidend ist doch, dass die brisante Thematik an einer deutschen Universität vorgetragen worden ist – und nicht, ob sie verstanden wurde."

„ Ja, Du hast Recht. Ich stand da, so wie einst Martin Luther, der gesagt haben soll: ‚Hier stehe ich, ich kann nicht anders'."

*

Vor ihr liegen drei Bände. Ich rede mit Yvonne darüber, dass die Bücher eine Autobiographie darstellen. Sie mussten notwendigerweise in der Ichform geschrieben werden. So etwas ist üblich bei in die Jahre gekommenen Schauspielern, Quizmastern, Politikern und anderen Aufschneidern. Wenn sich aber der Autor selbst als Genie bezeichnet und eine luftatmende Untertasse erfunden hat, die von einem neuartigen Siliziumbenzin angetrieben wird, und wenn er darüber hinaus davon besessen ist, die Welträtsel zu entschlüsseln, werden die wenigen, die überhaupt noch Bücher lesen, eine Menge göttliche Neugierde und Ausdauer aufbringen müssen.

Es ging mir darum, mein Leben von der Kindheit an bis heute darzulegen, wie es eben eventuell spätere Biographen gar nicht vermögen, weil ihnen das Material dazu fehlen würde. In späteren Zeiten, in denen möglicherweise das Bewusstsein erwacht ist dafür, dass unbemerkt eine Revolution stattgefunden hat, wird es keine Personen mehr geben, die über den Peter Plichta berichten könnten. Aus diesen Gründen müssen notwendigerweise die Namen aller Personen benannt werden, die in der Autobiographie eine Rolle gespielt haben. Es geht ja nicht nur um neue mathematische, naturwissenschaftliche, philosophische und theologische Überlegungen. Es sollen vielmehr im historischen Sinne die Gründe dafür untersucht werden, warum sich überhaupt in meiner Person ein Revolutionär entwickeln konnte. Die Wissenschaftsgeschichte der Neuzeit kennt eine Reihe Revolutionäre, wie Kopernikus, Bruno, Kepler, Galilei, Newton, Lavoisier, Darwin, M. Curie u.a., die eben nicht nur als glänzende Wissenschaftler und Erfinder hervorgetreten sind, sondern als Helden.

In meinem Leben hat es immer wieder Menschen gegeben, die mir im richtigen Moment mit Rat und Tat geholfen haben. Aber es gab eben auch Personen, die als Kriminelle bezeichnet werden müssen. Ich fühlte mich verpflichtet, detailliert die Handlungen, den Ort und den Zeitpunkt zu benennen.

Ich habe Professoren, Politiker, Industrielle und Verwandte der schlimmsten Straf- und Schandtaten beschuldigt und war daher verpflichtet, sie mit vollem Namen zu nennen. Ich musste folglich damit rechnen, von ihren Anwälten mit Klagen überzogen zu werden oder sogar mein Leben aufs Spiel zu setzen.

Deswegen haben alle Menschen Angst, den Mund aufzumachen, da sie befürchten oder befürchten müssen, dafür zur Verantwortung gezogen und vor Gericht gezerrt zu werden. Es herrscht in der Bevölkerung eine geradezu panische Angst davor, die Wahrheit auszusprechen. Wenn wirklich einmal jemand „auspackt", verliert er zumindest sein Ansehen in der Gesellschaft, weil „feine Leute" so etwas ja nicht tun.

Nachdem ich somit meinen Schreibstil in der Ichform begründet hatte, wechsle ich zu der noch schwierigeren Erklärung für die innere „Führung", die mich seit meiner frühen Jugend begleitet. Ich sehe in dieser spirituellen Führung eine Notwendigkeit, ohne die große Taten überhaupt nicht geleistet werden können. Wer die Odyssee sorgfältig gelesen hat, weiß, dass die Lenkung „von oben" erfolgt und die Handlung „unten" stattfindet.

*

An dieser Stelle hakt Yvonne ein.

„Hast Du denn auch eine Idee, wie es jetzt weitergehen soll?"

„Für die vielen Patente, die ich geschrieben habe, ist einfach die Zeit noch nicht reif. Außerdem fehlt das nötige Kapital. Irgendwie sind die Zeiten vorbei, als man noch Mäzene kannte, die aus einer moralischen Verpflichtung heraus, Malern, Musikern, Dichtern und auch Erfindern dadurch halfen, dass man sie anhörte. Wir leben in Zeiten, in denen das Neue einer Erfindung überhaupt nicht mehr im Vordergrund steht. Merkmal einer neuen Idee ist der Businessplan geworden, dessen Kriterien hauptsächlich Kapitaleinsatz und Wertschöpfung sind.

Aber was mich sehr bedrückt ist das sichere Wissen davon, dass mit meinen drei Bänden „Das Primzahlkreuz" noch nicht abgeschlossen ist.

Ich versuche jetzt schon seit fünf Jahren das zentrale, ungelöste Problem der Kernchemie zu packen: Warum ist die Isotopie der chemischen Elemente so offensichtlich mit der Primzahl 19 verknüpft? Und warum verbirgt ausgerechnet diese Primzahl völlig geheimnisvoll das Wesen der Neutralität? Ich hatte gedacht, dass meine Reise zu den drei Viertausendern mir vielleicht den Geistesblitz liefert, um weiterzumachen. Das klingt ein wenig abergläubisch, aber ich bin überzeugt, dass mein ganzes Leben nach einem Regieplan mit Drehbuch abläuft, und dabei habe ich gelernt, zu warten.“

Notwendig ist jetzt erst einmal ein Entzug von dem Schmerzmittel Tramadol. Das braucht auch seine Zeit. Möglicherweise ein ganzes Jahr.

„Welche Klinik hast Du im Sinn?“

„Wenn Du meine Bücher gelesen hast, wirst Du verstehen, dass ich in einer Klinik verloren wäre. Schon vor fünf Jahren, als ich noch zusammen mit einer Ärztin in München lebte, hatte ich bereits vor, mir eine Klinik – schön weit weg von jedem Trubel – für den Entzug auszusuchen. Dieser Plan ist aber an meine größte Feindin, meine Schwägerin, verraten worden. Mein Zwillingsbruder und sie sind beide Ärzte und verwalten ein Vermögen von vielen Milliarden. Der einzige Mensch, der ihnen gefährlich werden könnte, bin ich. Du wirst beim Lesen diese Zusammenhänge erfahren.

Mir bleibt nur die Möglichkeit, jegliche Klinik oder Sanatorium zu meiden und den Entzug privat vorzunehmen. Bei mir zu Hause wäre ich völlig alleine. Ich kann diese harte Zeit nur durchstehen, wenn mir dabei jemand hilft.“

*

Der Entzug war hart und brauchte eine Zeit von mehr als zwei Jahren. Ohne die Hilfe von Yvonne hätte ich es nicht geschafft. Sie hatte ihre Vorstellungen, mir zu wichtigen Kontakten in der Chemischen Industrie zu verhelfen, erst einmal zurückstellen müssen und kümmerte sich um mich.

Seit dem Sommer 2011 kontaktierte mich ein Telefonanrufer, der eine Menge von den Inhalten meiner Bücher verstanden hatte. Trotzdem lehnte ich den persönlichen Kontakt ab, da ich weiterhin Ruhe brauchte. Jetzt übernahm Yvonne die Korrespondenz zu dem studierten Philosophen Norbert Knobloch und lud ihn nach Overath ein. Wie sich herausstellte, verfügte er nicht einmal über die Mittel aus der Eifel anzureisen. Ohne mein Wissen schickte Yvonne ihm das Reisegelt, so dass er irgendwann bei uns in der Wohnküche saß und Kuchen aß.

Er versuchte mich wortgewaltig davon zu überzeugen, dass ich unbedingt in einem freien Schweizer Internetsender „Alpenparlament“ auftreten müsste, um dort über die Fortschritte in der Mathematik und in den Naturwissenschaften zu berichten. Auch meine Ideen zur Raumfahrt ließen sich von dort aus verbreiten.

Yvonne wendet ein: „Dieses Alpenparlament ist für Herrn Plichta keine Plattform. Der Internetfernsehsender ist von esoterischem und verschwörungstheoretischem Niveau.

Am Ende dieser Diskussion, bei der ich immer wieder meine Ablehnung darlegte, kam es in diesem Wortgefecht dazu, dass ich definitiv das „Nein!“ aussprach. Erschöpft sprach die Gegenseite das „Dann eben nicht!“ aus, konnte sich aber nicht enthalten, ein merkwürdiges Argument als Abschied auszusprechen:

„Wie schade – da unten ist es schön. Der Gebäudekomplex des Alpenparlaments liegt mit der Vorderseite nach Osten auf 650 m Höhe. Wenn man von dort aus dem Fenster schaut, blickt man direkt auf die Drei Viertausender: Eiger, Mönch und Jungfrau.“

Was für eine Fügung!

Ende April reisten Yvonne und ich mit dem Lotus in die Schweiz und bogen von der Autobahn nach Grindelwald bei Thun ab in Richtung eines winzigen Dörfchens mit dem Namen Forst.

Bei 20 Grad und strahlend blauem Himmel kamen wir nachmittags zu einem Zeitpunkt an, als die Zuschauer der Filmaufnahmen auf einer Hochterrasse gerade Kaffeepause hatten und unsere Ankunft im offenen Sportwagen beobachteten.

Für mich stand fest, Yvonne und ich würden Deutschland verlassen und dem Ruf der drei Viertausender in die Schweiz folgen.

Kapitel 6

Solaris: Die Vermessung des Unbegreiflichen

Zwischen Juni 1959 und Juni 1960 hat der polnische Autor Stanislaw Lem den berühmtesten und besten seiner Romane in dem Wintersportstädtchen Zakopane niedergeschrieben. Ich hatte im gleichen Jahr die beiden ersten Semester meines Chemiestudiums in Köln wie unter Hochspannung beglückt erlebt. Zur Jahreswende 59/60 traf ich im Skiparadies Davos eine Entscheidung. Ich würde Helga, die ich im Sommer verlassen hatte, im neuen Jahr wieder zu mir zurückholen.

Auch in Lem's Roman Solaris hatte ein junger Wissenschaftler eine derartige Entscheidung getroffen. Er kam zu spät. Seine Freundin war durch Gift gestorben.

Beim Lesen dieses Buches traf mich ein Schock. Ich erinnerte mich an die geisterhafte Erscheinung in einer Nacht im Jahre 1969. Es war Mitternacht. Helga schlief neben mir, und ich war vertieft in ein Lehrbuch der Experimental- und Atomphysik. Plötzlich hörte ich eine Stimme laut und deutlich sagen:

„Das ist der Mann, der das alles herausgekriegt hat."

Ich schrie auf:

„Alles, das geht doch nicht."

Unbeirrt redete die Stimme weiter:

„Und in Umkehrung dafür, dass er das alles rausgekriegt hat, ist seine Frau früh gestorben."

Dieses Erlebnis zur „Geisterstunde" habe ich später in Band I „Das Primzahlkreuz" verarbeitet.

*

Solaris ist erst 1972 in Deutschland erschienen, und ich kaufte es 1974 mit Ingrid Weber in Marburg als gebundene Ausgabe. Diese einzigartige Sciencefiction schildert die Grenzen, auf die der Mensch trifft, falls er vorhat, den Weltraum zu erobern. Man kann Solaris nicht nacherzählen, es lässt sich auch nicht verfilmen. Man muss Solaris lesen.

Das Buch spielt in einem Zeitalter, in dem Reisen innerhalb unseres Spiralnebels technisch möglich geworden sind. Längst sind eine Fülle von Planeten entdeckt worden, die ähnlich wie auf der Erde, Lebensformen entwickelt haben. Aber dann wurde ein Sonnensystem gefunden, bei dem sich zwei Sonnen in gegenseitiger Umkreisung befinden, die ihrerseits von einem einzigen Planeten umrundet werden. Da dies nach den Gesetzen der Astrophysik nicht sein darf, eilen ganze Heerscharen der üblichen hochqualifizierten Forscher zu diesem Planeten, der den Namen Solaris erhält. Der Planet ist wie die Erde weitgehend von einem Ozean bedeckt. Dieser besteht aber nicht aus Meerwasser, sondern aus einer organischen, zähflüssigen Substanz. Sie lebt und stellt die einzige Lebensform auf Solaris dar. Jahrzehntelang landen immer wieder neue Teams, um das Unbegreifliche zu vermessen und zu analysieren. Auf der Erde werden die Beobachtungen dann in eine solche Fülle von Publikationen oder gar in Bücher umgewandelt, dass die Sache nach einhundert Jahren kulminiert und in Desinteresse umschlägt. Übrig bleibt eine Raumstation mit vier Besatzungsmitgliedern. Sie schwebt vierhundert Meter über dem Planeten. (Natürlich ist auch das Geheimnis der Gravitation gelöst.) Die einzelnen Forscher werden alle vier Jahre ausgetauscht.

Der Roman beginnt mit der Landung des oben erwähnten jungen Wissenschaftlers. Er heißt Kelvin und ist promovierter Psychologe. Er beschließt einige Jahre nach dem Tod seiner Freundin, für den er sich verantwortlich fühlt, vier Jahre auf Solaris zu verbringen. Mit seiner Ankunft beginnt der Roman.

*

Sciencefiction-Literatur galt damals in Deutschland, ähnlich wie Kriminalromane, als Trivialliteratur. Ich kannte den Autor Stanislaw Lem von seinem Werk „Der Unbesiegbare“, das lange vorher als Taschenbuch in Deutschland erschienen war.

Auch dieses Buch beginnt wie häufig mit der Landung eines Raumschiffes auf einem Planeten. Es trägt den Namen „Der Unbesiegbare“. Da aber immer die Möglichkeit besteht, dass ein noch so technisch ausgereiftes und mit Verteidigungswaffen geschütztes Schiff irgendwie doch in Not geraten kann, war ein zweiter „Unbesiegbarer“ – ein Zwilling– gebaut worden.

Nun war aus völlig unerklärlichen Gründen der Funkverkehr des „Unbesiegbaren I“ zur Erde abgebrochen, sodass „Der Unbesiegbare II“ zu Hilfe eilt. Man findet das Schwesterschiff völlig in Takt, aber die gesamte Besatzung ist tot. Die Mitglieder müssen kollektiv und schlagartig den Verstand verloren haben und dadurch verhungert sein.

Auf dem Planeten gibt es weder pflanzliches noch tierisches Leben. Aber es existiert eine seltsame künstliche Lebensform, die irgendwann erschaffen worden sein musste. Es handelt sich um Insekten von der Spezies Fliegen. Sie bestehen aus Silizium, leben von Sonnenlicht und bedecken ganze Berglandschaften des Planeten mit ihren schwarzmetallisch schillernden Siliziumkörpern. Sie wirken unscheinbar und sinnlos. Eine Sezierung ergibt keine Rückschlüsse. Sie kommen für den Tod der Besatzung nicht in Frage. Ganz langsam dämmert es der Besatzung des „Unbesiegbaren II", dass die Siliziumlebewesen in ihrer unzählbaren Fülle dann eine Gefahr werden, wenn man versucht, sie mit Licht zu vernichten. Gemeint sind Wasserstoffbomben.

Unter dieser Energiequelle beginnen sie sich zu vermehren und wachsen in ihrer Vielfalt zu schwarzen Wolken, die mit unvorstellbarer Wucht das Raumschiff angreifen. Jetzt verwandelt sich der Begriff „unbesiegbar" in sein Gegenteil. Es bleibt nur die Flucht.

*

Da ich schon als 10jähriger mit einem Siliziumkristall eine Art Radio gebaut und mit dreizehn über Silane gelesen hatte, war ich von der Verwendung des chemischen Elementes Silizium als Baustein einer künstlichen Lebensform fasziniert.

Viele Jahre später, während meines Chemiestudiums, wusste wohl jeder Student, dass es am Chemischen Institut in Köln eine Silanabteilung gab, wo versucht wurde, die Arbeiten von Alfred Stock weiterzuentwickeln. Ich war der Einzige, der davon nichts wusste, so sehr war ich von der Analytik der Anorganischen Chemie in den Jahren 59/60 gefesselt, aber auch geschützt.

Als ich viele Jahre später den Roman Solaris in einer Marburger Buchhandlung aufschlug, lag die Zeit des Siliziums in Köln schon lange hinter mir. Ich war längst von etwas anderem angetan, von der Idee, dass die Materie nicht nur nach Zahlen aufgebaut ist, sondern dass sich die Zahlen in der Existenz der Stofflichkeit selbst verwirklichen, wie ein geistvoll strukturelles Gerüst.

Schon damals herrschte in der Physik die Hypothese, dass sich die Protonen und die Elektronen im Urknall aus Energie gebildet haben sollen. Ich bezeichnete Ingrid gegenüber eine solche Theorie als dumm. Sie lässt sich an Naivität nur noch mit Geschichten aus dem alten und neuen Testament vergleichen. Die Menschen neigen nun einmal dazu, alles zu glauben, und gegen Dummheit ist eben kein Kraut gewachsen.

Mich fesselte die Frage nach der Herkunft der Neutronen, die außerhalb der Atomkerne nur über eine kurze Lebensdauer verfügen und daher irgendwie immer wieder neu entstehen müssen. Ahnungsweise verfolgte ich die Idee, dass der Weltraum und die Zeit unendlich sind und somit keinen Anfang gehabt haben können. Der unendliche Raum müsste zusammen mit der unendlichen Zeit über die Fähigkeit verfügen, aus sich heraus Neutronen zu schöpfen, die sich dann nach ihrem Entstehen in Protonen verwandeln. Auf diese Weise wäre sichergestellt, dass ein Raumzeitkontinuum nicht leer sein kann. Ansonsten wäre es ein Nichts, und ein Nichts kann es nicht geben. Ich kam mit diesen Überlegungen nicht weiter, sah aber in ihnen einen großen Vorteil. Wenn nämlich ein Raumzeitkontinuum aus sich heraus Neutronen erzeugen könnte, wäre es mit „räumlichen Körpern" gefüllt. Damit ließe sich das Sein von Raum, Zeit und abzählbarer stofflicher Substanz aus einer ewig innewohnenden Dreifachheit begründen.

*

Zu diesem Zeitpunkt begann in mir die Idee zu reifen, nach Marburg ein privates Studium der Mathematik einzuleiten. Darunter verstand ich vor allem das Wissen um die Geschichte der Mathematik. Ich vermutete, dass es den Begründern der höheren Mathematik einfach nur darum ging, Probleme zu entwickeln, um sie dann durch Beweise zu verifizieren. Der Versuch einer Erklärung, warum diese Probleme existieren, hat nie stattgefunden.

Dieser Gedanke soll anhand eines Beispiels näher erläutert werden. Im 5. Buch Kapitel 4 wurde schon einmal auf den Großen Fermatschen Satz eingegangen. Dieser behauptet, dass es zwar für quadratische Gleichungen

$$a^2 + b^2 = c^2$$

unendlich viele Lösungen gibt, jedoch keine für Gleichungen mit höheren Exponenten als zwei. Meiner Vermutung nach lassen sich die Lösungen nur für quadratische Gleichungen daraus erklären, dass der Raum selbst quadratischer Natur ist, und aus diesem Grund das Gesetz des reziproken Quadrates existiert. Daraus ließe sich dann ableiten, dass es für höhere Exponenten keine Lösung geben kann.

Stattdessen ist dieses Problem im 20. Jahrhundert in eine Fülle von Vermutungen zerlegt worden, die in einem Zeitraum von über sechzig Jahren alle nacheinander erst einmal bewiesen werden mussten. Dabei haben eine Reihe mathematischer „Genies" wie bei einem Staffellauf mitgewirkt. Der Läufer, der zum Schluss mit dem Stab das Ziel erreichte, war ein Brite. Er wurde von der Queen in den Adelsstand erhoben. Dazu kam noch eine mathematische Auszeichnung – der Abelpreis. Jeder Gedanke, warum wohl der Chemiker Alfred Nobel bewusst für das Fach Mathematik keinen Nobelpreis gestiftet hat, ist in Vergessenheit geraten.

So ist es nicht verwunderlich, dass niemand weiß, warum der Große Fermatsche Satz überhaupt existiert. Man kann nur sagen, dass das Problem bewiesen ist.

Zum damaligen Zeitpunkt kannte ich das quadratische Reziprozitätsgesetz noch nicht, so dass ich nicht zu einem Umkehrgedanken zwischen dem quadratisch unendlichen und dem logarithmisch endlichen Raum zur Basis 2 hatte vorstoßen können.

*

Schon in Marburg hätte ich die oben genannten „räumlichen Körper“ als Menge erfassen müssen. Sie sind abzählbar und gehorchen den fortlaufenden Zahlen 0, 1, 2, 3, 4, 5, 6, 7, ...

Erst mit vierzig Jahren – bis zum Hals in Problemen steckend – schrieb ich aus einer Ahnung heraus die Zahlen von 0 bis 12 auf ein Blatt Papier. Dabei fiel mir der erste Primzahlzwilling 5 und 7 auf. Es ist wichtig zu verstehen, dass vor mir alle Mathematiker fälschlicherweise die Primzahlen 3 und 5 als den ersten Primzahlzwilling definiert haben, obwohl sie nichts miteinander verbindet. Die beiden Primzahlen 2 und 3 sind jedoch Anfangszahlen eigener Zahlenreihen und haben nichts mit den Primzahlen zu tun, die sich von der Zahl 1 ableiten.

Der erste Primzahlzwilling 5 und 7 ist nun dadurch definiert, dass zwischen 5 und 7 die Zahl 6 liegt. Folglich muss um die Zahl 12 wieder ein Primzahlzwilling liegen, nämlich 11 und 13. Jetzt verlängerte ich die Zahlenreihe weiter bis auf 20, sodass der Primzahlzwilling 17 und 19 sichtbar wurde, der natürlich wieder um eine Sechserzahl, die 18 liegt. Da eine der beiden Zahlen 23 und 25, die um die 24 liegen, das Quadrat der voraus gegangenen Primzahl 5 ist, waren nur drei echte hintereinander liegende Primzahlzwillinge gewonnen.

Jetzt wandte ich mich dem Anfang meiner Zahlenreihe, der 0 und der 1 zu und führte die –1 als Spiegelbild der +1 ein. Diese –1 erfasste ich sofort als eben nicht negative Zahl, sondern als eine umgedrehte, gespiegelte +1. Das Wissen darüber hatte mich der Raumspiegel in meiner Apotheke gelehrt. Jetzt hatte ich einen Zwilling aus zwei seitenverkehrten Einsen und drei echte Primzahlzwillinge gefunden. Die Tür zur Zyklisierung der fortlaufenden Zahlen war offen.

*

Da in dem Fach Zahlentheorie nicht bekannt ist, dass die Primzahlen 2 und 3 im $6n \pm 1$ Primzahlentakt fehlen müssen, wurde ein elementarer Zusammenhang übersehen, der in den Quadraten der

Primzahlen von der Form 6n ± 1 verborgen ist. Wenn die fortlaufenden Quadrate 5^2, 7^2, 11^2, 13^2, 17^2, 19^2, 23^2 ... usw. um die Zahl 1 subtrahiert werden, zeigt sich etwas Verblüffendes.

$$
\begin{aligned}
5^2 &= 25 - 1 = \mathbf{1} \cdot 24 \\
7^2 &= 49 - 1 = \mathbf{2} \cdot 24 \\
11^2 &= 121 - 1 = \mathbf{5} \cdot 24 \\
13^2 &= 169 - 1 = \mathbf{7} \cdot 24 \\
17^2 &= 289 - 1 = \mathbf{12} \cdot 24
\end{aligned}
$$

usw.

Abbildung 87

Aus Abbildung 87 ist zu erkennen, dass sich mit der Quadratur der Primzahlen von der Form 6n ± 1 das Produkt

$$4 \cdot 6 = 24 = 1 \cdot 2 \cdot 3 \cdot 4 = 4!$$

auf ewig wiederholt. Dies lässt sich einfach erklären: Das Primzahlkreuz baut auf den ersten 4 Primzahlzwillingen (–1/1, 5/7, 11/13, 17/19) auf. Diese erlauben bei ihrer Zyklisierung die Zahl –1 auf die Unterschale zu verlegen, so dass auch die Primzahl 23 zum Einsatz kommt. Jetzt ist es erlaubt – wie mit einem Zirkelschluss – die Zahl 23 mit der Zahl 1^2 zu verknüpfen.

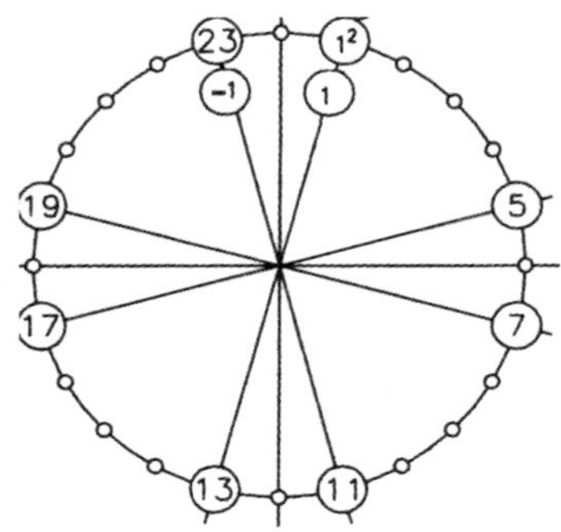

Abbildung 88

Da der zweite 24er Kreis, der auch mit der Zahl 24 beginnt und mit der Zahl 48 endet, insgesamt 25 Zahlen umfasst, müssen auf den weiteren Kreisen sämtliche Quadratzahlen von der Form 6n ± 1 auf dem Strahl oberhalb der von 5^2 liegen. Aus dieser Tatsache heraus ließ sich das Rätsel um den Satz von Wilson lösen, der bisher nur bewiesen werden konnte. (5. Buch, Kap. 5)

*

Der 6n ± 1 Takt der Primzahlen und die zyklische Behandlung der fortlaufenden ganzen Zahlen entdeckte ich erst 1981. Lange Zeit vorher hatte Leonard Euler die Primzahlen von der Form 4n + 1 und 4n + 3 eingeführt. (Die Nichtprimzahlen sind durchgestrichen.)

4n + 1	**4n + 3**
4 + 1 = 5	4 + 3 = 7
~~8 + 1 = 9~~	8 + 3 = 11
12 + 1 = 13	~~12 + 3 = 15~~
16 + 1 = 17	16 + 3 = 19
~~20 + 1 = 21~~	20 + 3 = 23
~~24 + 1 = 25~~	~~24 + 3 = 27~~
28 + 1 = 29	28 + 3 = 31
usw.	usw.

Die Primzahlen von der Form 4n + 1 lauten: 5, 13, 17, 29, 37, ...
Die Primzahlen von der Form 4n + 3 lauten: 7, 11, 19, 23, 31, ...

Gauß hatte zwar als Erster das quadratische Reziprozitätsgesetz bewiesen, aber dabei auch die Legendre Symbole verwendet. Um zu bestimmen, ob p ein quadratischer Restwert von q – und damit q auch quadratischer Rest von p ist oder nicht, verwandte er folgende Gleichung:

$$\left(\frac{p}{q}\right)\left(\frac{q}{p}\right) = (-1)^{\frac{p-1}{2}\frac{q-1}{2}}$$

Seine Behandlung der Exponenten p und q zur Basis –1 ist logarithmisch. Die Gegner von Gauß haben diesen Gedanken nicht verstanden, da die Formulierung von Legendre auf der linken Seite der Gleichung zur gleichen Lösung kommt, ohne mit Exponenten zu arbeiten. (Band III, 6. Buch, S. 238.)

Euler hatte vorgeschwebt, nicht nur eine Primzahl, sondern eine beliebige Zahl darauf hin zu untersuchen, ob sie quadratischer Rest einer bestimmten Primzahl ist oder nicht.

Eine beliebige Zahl kann negativ sein oder positiv. Statt –5 lässt sich auch schreiben –1 · 5. Er fand das Kriterium, die Zahl –1 darauf hin zu untersuchen, ob sie zu einer Primzahl p quadratischer Rest ist oder nicht. Seine Lösung wird als I. Ergänzungssatz bezeichnet.

$$\left(\frac{-1}{p}\right)=(-1)^{\frac{p-1}{2}}$$

Übrig geblieben war die Frage, wie eine gerade Zahl behandelt werden soll. Indem sich die gerade Zahl 10 auch als 2 · 5 ausdrücken lässt, untersuchte er den Faktor 2 grundsätzlich darauf hin, ob er quadratischer Rest von p sein kann.

Euler war 1741 von Friedrich II nach Berlin berufen worden. Da er durch seine bürgerliche Schweizer Herkunft wenig in die schwüle Atmosphäre am Preußischen Hof passte, wo er von den geschminkten und parfümierten Offizieren verspottet wurde, kam es nach 25 Jahren zum Bruch mit dem Preußischen König. Ausgerechnet sein Nachfolger Lagrange löste dann das Problem mit der Primzahl 2. Seine Lösung wird als II. Ergänzungssatz bezeichnet.

$$\left(\frac{2}{p}\right)=(-1)^{\frac{p2-1}{8}}$$

In den Ergänzungssätzen befindet sich die Primzahl p oder p^2 in den Exponenten als Differenzen p – 1 bzw. $p^2 - 1$. Da aber in dem Ausdruck $p^2 - 1$ immer die Zahl 24 oder ihr Vielfaches auftritt, lassen sich die Zahlen 24, 48, 120, 168, 288, ... durch 8 teilen. Die Ergebnisse lauten 3, 6, 15, 21, 36 ... . Sie sind entweder gerade oder ungerade. Als Exponenten zur Basis –1 liefern die geraden Exponenten die Zahl +1 und die ungeraden Exponenten die Zahl –1.

Fest steht, dass Lagrange die Zahl 24 in ihrer Bedeutung nicht erkannt hatte, so dass ihm der Bezug zur Eulerschen Zetafunktion verborgen geblieben ist.

In Band III 5. Buch S. 172 konnte nämlich gezeigt werden, dass sich der Ausdruck π/3 zum Quadrat als Vielfaches der Zahl 24 darstellen lässt. Es handelt sich nur um Quadrate aller Zahlen von der Form 6n ± 1.

$$\left(\frac{\pi}{3}\right)^2=\frac{5^2}{24}\cdot\frac{7^2}{48}\cdot\frac{11^2}{120}\cdot\frac{13^2}{168}\cdot\frac{17^2}{288}\cdot\frac{19^2}{360}\cdot\frac{23^2}{528}\cdot\frac{25^2}{624}\cdots$$

$$=\left(1+\frac{1}{1\cdot 24}\right)\cdot\left(1+\frac{1}{2\cdot 24}\right)\cdot\left(1+\frac{1}{5\cdot 24}\right)\cdot\left(1+\frac{1}{7\cdot 24}\right)\cdot\left(1+\frac{1}{12\cdot 24}\right)\cdots$$

Hierbei tauchen die Zahlen 1, 2, 5, 7, 12 ... wie in Abbildung 87 auf.

*

Indem Gauß in den Disquisitiones den nötigen Beweis für das quadratische Reziprozitätsgesetz lieferte, ergab sich der wahre Sinn der beiden Ergänzungssätze. Den Primzahlen –1 und +2 kam eine neue Bedeutung zu. Sie stellen bei der Berechnung von quadratischen Resten keine Anzahlen dar, sondern Faktoren. Deswegen werden sie bei ihrer Anwendung im Exponenten von –1 zu Logarithmen. Dieser Gedanke ist sehr tiefsinnig und wurde beim Ausbau der Kernchemie-/Physik nicht berücksichtigt. Dies soll nunmehr erläutert werden.

Zu Gauß' Lebzeiten hatte sich der Begriff Atom und die Idee des Periodensystems der chemischen Elemente durchgesetzt. Die Vorstellung, dass Atome über eine Feinstruktur verfügen, war noch nicht geboren. Erst im 20. Jahrhundert setzte sich der Gedanke durch, dass Atomkerne anscheinend aus einer Mischung von positiv geladenen Protonen und ungeladenen Neutronen bestehen. Die Elektronen dagegen sollen den Kern nach den sog. Quantengesetzen umkreisen.

Da negativ geladene Elektronen aber für die Bindung von Atomen verantwortlich sind, verlangt die Logik, dass die Elektronenpaarbindung feststehen muss und nicht kreisen kann. Um die Logik zu umgehen, wurde eine sogenannte Orbitaltheorie entwickelt, bei der Elektronen wolkenähnliche Aufenthaltswahrscheinlichkeiten einnehmen. Dieser „tout dernier cri" ist entweder unentschieden genial oder komplett falsch.

Bei der Zusammenarbeit mit Michael Felten (jetzt Professor für angewandte Mathematik an der TH Aachen) hatte ich den Gedanken entwickelt, dass die Anzahlen von Protonen und Neutronen möglicherweise Logarithmen sind und deswegen wie Exponenten behandelt werden müssen. Die Elektronen hingegen sind eindeutig Anzahlen.

Aus diesen Gründen hatte ich Michael vorgeschlagen, für den Umgang mit Exponenten Zahlen von der Form 4n ± 1 einzuführen. Sie beginnen wie die Primzahlen von der Form 6n ± 1 mit –1 und liefern für n = 0 die Werte: –1, 0, 1 und 2. Für n = 1 ergibt sich: 3, 4, 5, 6, und für n= 2: 7, 8, 9, 10.

[Erklärung: 0 – 1 = –1, 0 + 0 = 0, 0 + 1 = 1, 0 + 2 = 2]
[Erklärung: 4 – 1 = 3, 4 + 0 = 4, 4 + 1 = 5, 4 + 2 = 6]

Diesen Zahlen hatte ich ursprünglich eine kreuzförmige Geometrie gegeben. Sie beginnen mit der Zahl – 1 und werden dann im Uhrzeigersinn weitergelesen: 0, 1, 2, 3, 4, 5, 6, 7, 8, 9, ... Michaels Postkarte aus 1994 (Bd. III, 5. Buch, S. 247) zeigt, dass dieser Gedanke noch nicht klar erkennbar war.

Ich habe diesen Fehler über einen langen Zeitraum nicht bemerkt und mit der Kreuzgeometrie den falschen Weg eingeschlagen.

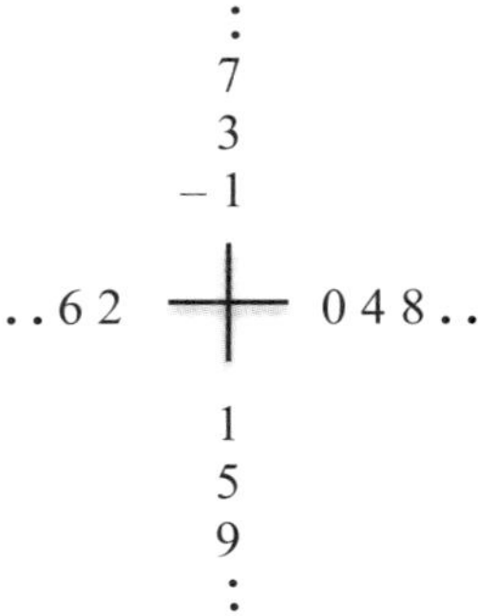

Erst später wurde mir klar, dass es notwendig ist, mit einer dreidimensionalen, tetraedrischen Struktur zu arbeiten. Hierbei soll von –1 nach 0 über die 1 zur 2 gelesen werden.

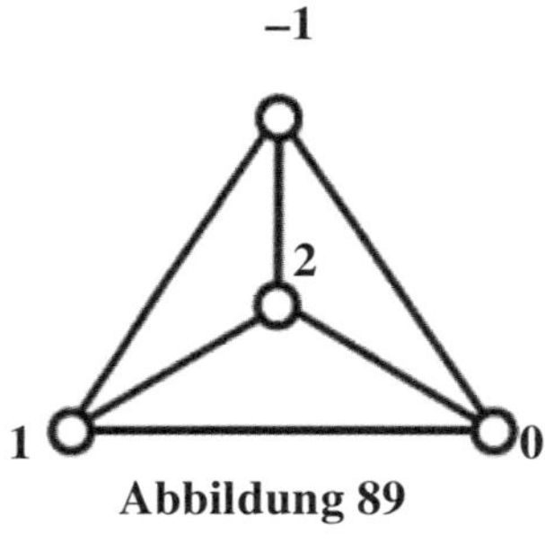

Abbildung 89

*

Im Jahr 2004 verhalf mir dieser Gedanke zu einer möglicherweise wirklich genialen Idee. Ich führte für die vier radioaktiven Zerfallsreihen den logarithmischen Gedanken 4n ± 1 ein.

I	$_{92}$U 235	4n – 1	= 236 – 1
II	$_{90}$Th 232	4n + 0	= 232 + 0
III	$_{93}$Np 237	4n + 1	= 236 + 1
IV	$_{92}$U 238	4n + 2	= 236 + 2

Tabelle 5

Die Gründe hierfür lagen in der Beobachtung, dass die Massenzahlen aller natürlichen radioaktiven Isotope nur abnehmen können, wenn ein Alphateilchen mit der Masse 4 den Kern verlässt. Dabei sinkt die Ordnungszahl des Kerns um – **2**, weil das Alphateilchen eben die Ordnungszahl 2 besitzt. Da dem Alphateilchen die Elektronen auf der Schale fehlen, besitzt es die Ladung + 2. Verlässt umgekehrt ein Elektron mit der Ladung –1 den Kern, steigt die Ordnungszahl um +**1**.

Bisher lehrte die Theorie, dass ein Elektron den Atomkern des schweren Isotopes durch die freigesetzte Zerfallsenergie verlassen kann. Dabei soll seine Winzigkeit diesen Vorgang unterstützen. (Die Masse des Elektrons wird gleich null gesetzt.)

Im Vergleich zum Elektron stellt das Alphateilchen als ionisiertes Heliumatom mit der Masse 4 ein geradezu riesiges und schweres Objekt dar. Bei seiner Freisetzung wird eben so viel Energie frei, weil es sich bei seiner Bildung um eine Kernfusion handelt. Deswegen reden die üblichen renommierten Wissenschaftler vom Kanonenkugeleffekt, der in der Lage ist, die schwere Kernkraft zu überwinden.

Indem ich zu dem Gedanken vorgestoßen war, dass Atomkerne mathematisch logarithmisch untersucht werden müssen, war mir aufgefallen, dass ein Elektron die Ladung – 1 besitzt, während das Alphateilchen von der Ladung + 2 ist. Der I. Ergänzungssatz eliminiert die Zahl – **1** durch den Exponenten (p – 1) / 2. Da nun der II. Ergänzungssatz die Zahl + **2** durch den Exponenten $(p^2 – 1) / 8$ erledigt, war plötzlich die Idee geboren, dass radioaktive Atomkerne genauso vorgehen.

Sie führen eben keine Berechnungen durch, sondern lassen die vier Ausgangsisotope $_{92}$U 235, $_{90}$Th 232, $_{93}$Np 237, $_{92}$U 238 über vier radioaktive Leitern solange durch Verändern der Ordnungszahlen hinauf und heruntersteigen, bis die stabilen Endprodukte $_{82}$Pb 207, $_{82}$Pb $_{82}$208, $_{83}$Bi 209, Pb 206 erreicht sind. Dies erfolgt nach den beiden Ergänzungssätzen durch Abgabe eines Elektrons mit der Ladung – 1 oder durch den Auswurf eines Alphateilchens mit der Ladung + 2.

Ich habe dieses Vorgehen in Band III, 6. Buch, S. 387 auf etwa einer halben Seite vorgetragen und als logarithmisches Kürzen bezeichnet. Meine knappe Vorgehensweise hatte drei Gründe.

1. Da der allergrößte Teil der Bevölkerung in Europa, Amerika, Russland, China, Japan und Indien ungebildet ist, kommt er für das Verständnis einer Revolution in der Kernchemie, der theoretischen Physik und der Mathematik wegen kollektiver Gleichgültigkeit und mangels wissenschaftlicher Neugierde nicht in Frage.

2. Naturwissenschaftler und Mathematiker stehen grundsätzlich allem Neuen feindlich gegenüber und haben vor Revolutionen geradezu panische Angst. Anstatt Freude kann nur heftige Wut aufkommen. Da schafft auch eine vereinfachte Erklärung nicht mehr Verständnis.

3. Die Geschichte lehrt eine Vorgehensweise gegenüber revolutionären Gedanken, die dadurch gekennzeichnet ist, dass sich das Neue auf jeden Fall durchsetzt. Wie, wird erst verständlich, wenn es sich durchgesetzt hat. Wir Menschen werden nicht gefragt. Wenn wir mitreden dürften, gäbe es uns nicht.

*

2004 habe ich die nichteuklidische, komplexe Ladungsgeometrie des Neutrons eingeführt und gezeigt, warum das Neutron ein Elektron mit der Ladung –1 abgeben kann. Diesen Gedanken haben wir im zweiten Kapitel dieses Buches zusammenhängend erklärt. Das entstandene Proton ist stabil und unterscheidet sich vom ursprünglichen Neutron dadurch, dass auf seiner nichteuklidischen, komplexen, zweidimensionalen Kugeloberfläche die –1 durch eine 0 ersetzt ist.

Eine Sonne liefert durch Verschmelzung ihrer Wasserstoffatome zu Helium permanent in ihrem Inneren eine Hitze von etwa 15 Millionen Grad. Durch diese Hitze erhalten Protonen enorme kinetische Energie, so dass sich beim Zusammenstoß diese Energie nach der Einsteingleichung in Elektronen und Positronen, also in Ladung umwandelt.

Die Forscher versuchen diesen hoch energiespendenden Vorgang verzweifelt, aber erfolglos hier auf der Erde nachzubauen.

Als wir 2016 im zweiten Kapitel diese kernchemischen Vorgänge noch einmal aufrollten, bin ich beim Betrachten des sich bei obigem Fusionsvorgang gebildeten Deuteriumatoms auf einen faszinierenden Gedanken gestoßen.

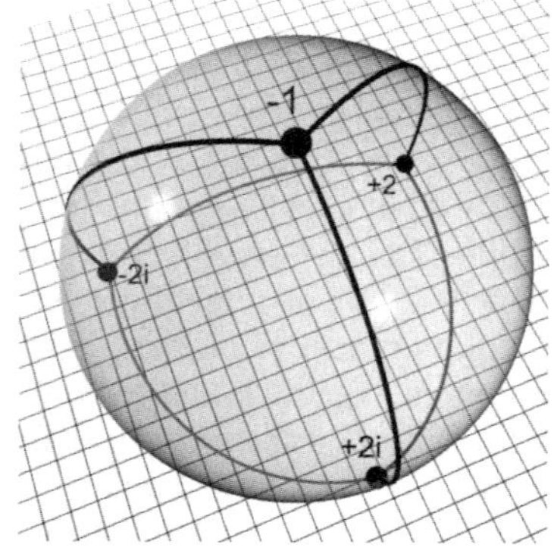

Abbildung 72 (Band III)

Die Kugeloberfläche des Deuteriums besitzt mit der Ladung –1 und +2 eine Potentialdifferenz von +1. (Die komplexen Zahlen +2i und –2i sollen hier nicht behandelt werden.) Mit dem Deuteriumkern steht nun für die weitere Vorgehensweise in der Sonne ein Mittel zur Verfügung um Helium zu produzieren.

1. Zwei Deuteriumatome können miteinander zu einem Alphateilchen verschmelzen.

2. Das Deuterium kann sich aber auch durch Stoß mit einem weiteren Proton in Tritium umwandeln. Tritium verfügt über eine Potentialdifferenz von + 3 und – 2. Durch radioaktiven Zerfall verwandelt es sich in Helium 3 mit der Potentialdifferenz von + 3 und –1 um.

3. Helium 3 kann allerdings auch durch Aufnahme eines Protons leicht in Helium 4 übergehen.

Diese Vorgänge auf der Sonne wurden schon vor dem II. Weltkrieg von den Physikern Bethe und Weizäcker aufgedeckt. Sie waren noch weit davon entfernt, die Gründe zu erfassen, dass die Fusionsvorgänge über zahlentheoretische Gesetze gesteuert werden. Jetzt endlich ist die Zeit reif, die „Warumfrage“ zu beantworten.

Die Ladungen +2 und –1 sorgen bei den vier radioaktiven Zerfallsreihen dafür, dass Heliumatome (ohne Hüllenelektronen) mit der Ordnungs- und Ladungszahl +2 oder Elektronen mit der Ladung –1 den Kern des radioaktiven Elementes verlassen können. Es handelt sich dabei um eine logarithmische Kürzungsweise, die über die beiden Ergänzungssätze –1 nach p und +2 nach p zahlentheoretische gesteuert wird.

Die Massezahlen in einer radioaktiven Zerfallsreihe können nur um die **Massezahl 4** des Alphateilchens abnehmen. Da durch Verlust von Protonen der Auswurf von Alphateilchen sehr schnell abbräche, werden immer wieder Neutronen unter Auswurf von Elektronen in Protonen verwandelt.

Umgekehrt und bisher unbekannt erfüllt das Deuteriumatom mit seiner Potentialdifferenz von + 2 und – 1 ebenfalls das Kriterium der beiden Ergänzungssätze. Deswegen sind die Bedingungen erfüllt, dass sich Helium mit der **Massezahl 4** bilden kann. Die eigentliche Erklärung für die Wirkungsweise der Sonne liegt in der Fusion von 2 Protonen zu Deuterium mit den Potentialdifferenzen +2 und –1. Ohne die Ladungswerte +2 und –1, die identisch sind mit den Kriterien der beiden Ergänzungssätze, wäre die Gewinnung von Helium ausgeschlossen.

Diese neue Sichtweise soll folgenden Namen erhalten:

I. Umkehrsatz der Kernchemie -physik

Entdeckt wurden die quadratischen Reste von Fermat. Euler hat 100 Jahre später die Theorie der primitiven Wurzeln entwickelt. Er hat auch die Gedanken zum quadratischen Reziprozitätsgesetz dargelegt, aber erst Legendre formulierte eine Lösung, die er allerdings nicht beweisen konnte. Er behauptete, dass zwei Primzahlen zueinander dann quadratische Reste sind, wenn eine der beiden Primzahlen von der Form 4n + 1 ist, und umgekehrt quadratische Nichtreste, wenn beide von der Form 4n + 3 sind. Die Eleganz des Ausdrucks 4n – 1 anstatt 4n + 3 hat er vollkommen übersehen.

Lagrange entdeckte den II. Ergänzungssatz. Noch immer fehlte ein Beweis für das quadratische Reziprozitätsgesetz. 1794 begann der 17- jährige Gauß zusammen mit seinen heldenhaften Freunden mit der Niederschrift der Disquisitiones Arithmeticae. Nach ihrem Erscheinen war Legendre tödlich beleidigt, weil er sich als Entdecker des Gesetzes sah. Seine französischen Kollegen halfen kräftig mit, die Disquisitiones des größten mathematischen Genies der Geschichte totzuschweigen. So verläuft Wissenschaftsgeschichte.

*

Zurück zu den Primzahlen der Form 6n ± 1. Wir wollen nun fortlaufende Quadratzahlen in Potenzreihen zur Basis 2 invertieren.

$$1^2,\ 2^2,\ 3^2,\ 4^2,\ 5^2,\ 6^2 \ldots$$
$$2^1,\ 2^2,\ 2^3,\ 2^4,\ 2^5,\ 2^6 \ldots$$

1^1	$\mathbf{2^1}$	3^1	4^1	5^1	6^1	…	m^1
$\mathbf{1^2}$	$\mathbf{2^2}$	$\mathbf{3^2}$	$\mathbf{4^2}$	$\mathbf{5^2}$	$\mathbf{6^2}$	**…**	$\mathbf{m^2}$
1^3	$\mathbf{2^3}$	3^3	4^3	5^3	6^3	…	m^3
1^4	$\mathbf{2^4}$	3^4	4^4	5^4	6^4	…	m^4
1^5	$\mathbf{2^5}$	3^5	4^5	5^5	6^5	…	m^5
1^6	$\mathbf{2^6}$	3^6	4^6	5^6	6^6	…	m^6
⋮	⋮	⋮	⋮	⋮	⋮		
1^n	2^n	3^n	4^n	5^n	6^n	…	m^n

Abbildung 90

Bei der abgebildeten Matrize führen wir zwischen den Potenzen 1^6 und 6^1 die quer verlaufende Diagonale ein.

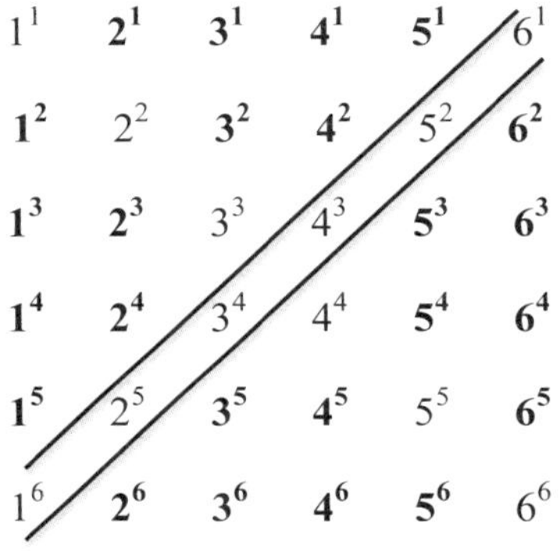

Abbildung 91

Diese liefert von links nach rechts gelesen, die folgenden 6 Potenzen:

$$\mathbf{1^6,\ 2^5,\ 3^4,\ 4^3,\ 5^2,\ 6^1}$$

Diese Diagonale beinhaltet in der Mitte die Potenzen 3^4 und 4^3. Bei diesen beiden Potenzen sind Basis und Exponent wechselseitig vertauscht. Die Gründe liegen ganz offensichtlich in der sechszeiligen Spiegelsymmetrie der Matrize.

*

Mit den Potenzinvertierungen

$$\mathbf{3^4 = 81 \quad und \quad 4^3 = 64}$$

habe ich mich schon in Band I ausführlich beschäftigt. Ich hatte die Anzahl 81 der stabilen chemischen Elemente darauf zurückgeführt, dass es auf dem Primzahlkreuz nur Zahlen gibt, die sich von den **drei** Anfangszahlen 1, 2, und 3 ableiten. Der Exponenten **vier** leitet sich von dem Gedanken ab, dass der Raum um den Atomkern von der Geometrie zweier sich kreuzender Flächen ist und damit vierdimensional.

In Umkehrung dazu steht der Gedanke, dass die von der Natur ausgesuchten 20 Aminosäuren durch **vier** verschiedene Basen determiniert sind. Hierbei bilden jeweils **drei** Basen ein Codewort für eine bestimmte Aminosäure. Hieraus lässt sich ableiten, dass die Basiszahl

4 und der Exponent **3** ihre Notwendigkeit aus der Geometrie des dreidimensionalen Raumes beziehen.

Um diesen Gedanken schärfer zu fassen, soll an eine Auffälligkeit bei der Peptidsynthese erinnert werden. Bd. I, S. 339 – 343. Lediglich das Methionin und das Tryptophan benötigen für ihre Verwendung bei der Peptidsynthese nur **1** Codon. Im Gegensatz dazu werden neun Aminosäuren durch **2** verschiedene Tripletts codiert. Nur eine Aminosäure benötigt **3** Tripletts. Fünf weiteren Aminosäuren sind **4** Tripletts zugordnet. Drei Aminosäuren lassen sich sogar mit **6** verschiedenen Codons in der Peptidsynthese steuern.

Die Anzahlen der Codons sollen nun in einer Reihe angeordnet werden.

1 2 3 4 6

Es handelt sich um fünf fortlaufende Zahlen, bei denen die Ziffer 5 fehlt. Über diese Auffälligkeit kann man in keinem Lehrbuch der Biochemie etwas nachlesen. Das liegt einfach daran, dass für das Aufstellen der Tabelle der Codons der Messenger-Ribonucleinsäure eine enorme Fleißarbeit notwendig war. Anschließend wurde dafür ein Nobelpreis verliehen. Damit war das Thema erledigt.

*

Indem ich nun diese Zahlen in einer anderen Reihenfolge aufschrieb, erhielten sie plötzlich eine neue Bedeutung:

4 2 6 3 1

Diese Ziffernkombinatorik war mir bekannt als das Verhältnis 81 zu 19. Als Division ergibt sich für die ersten 5 Ziffern der Wert:

4,2631 (die 5 fehlt)

Um diese Auffälligkeit richtig einzuschätzen, sei daran erinnert, dass wir unsere Scheckkarten mit einer vierstelligen Geheimzahl sichern. Diese vier Ziffern reichen aus nach den Gesetzen der Wahrscheinlichkeitsrechnung. Es wäre also falsch, diese Übereinstimmung als Zufall einzustufen.

Wir hatten uns im 4. Kapitel mit der Frage beschäftigt, warum im Pascalschen Dreieck die 2er Potenzen – reziprok und dezimal verschoben aufaddiert – den Kehrwert von 19 liefern. Bei diesen Überlegungen war nachgewiesen worden, dass die vierdimensionale Struktur des Primzahlraumes auf der Basiszahl 3 basiert. Umgekehrt ergibt sich für das Pascalsche Dreieck und seiner fraktalen Geometrie die Basiszahl 4. Nunmehr lassen sich diese Überlegungen abschließen.

Die Diagonale in Abbildung 91 zeigt in der Mitte die beiden Potenzen 3^4 und 4^3. Ihre Potenzinvertierung lässt sich darauf zurückführen, dass wir eine Matrize gewählt haben, bei der sich von links nach rechts nur die Ziffern vergrößern, aber nicht die Potenzwerte. Umgekehrt liefert die Leseart von oben nach unten nur eine Vergrößerung der Potenzen. Indem wir nun eine Matrize ausgewählt haben, die nur auf den Basiszahlen von 1 bis 6 beruht und gleichwohl auf den Potenzen von 1 bis 6, ergibt sich bei der Potenzinvertierung der Ausdrücke 3^4 und 4^3 eine einzigartige Begründung. Sie liegt in der Besonderheit der Zahl 6.

*

Da der Sechsertakt in den Zahlen den Flusskulturen des Orients vor 5000 Jahren bekannt war, hat sich wahrscheinlich in diesen Zeiten der Begriff von einer Woche und den 6 Arbeitstagen ausgebildet. Durch Hinzufügen eines arbeitsfreien „heiligen" Sonntags entstand somit der Zyklus von 7 Tagen. Da die Zahlen von 1 bis 7 mit den Zahlen 1, 3, 5 und 7 vier Primzahlen enthalten und mit den Zahlen 2, 4 und 6 drei gerade Zahlen, haben sich diese 7 Zahlen

3 und 4

über die prophetischen Religionen vor langer Zeit unauffällig im Leben der Menschen verankert.

In Kenntnis des 6er-Taktes der Zahlen ist mit Sicherheit auch die 24-Stunden Uhr entwickelt worden. Nach dem Primzahlzwilling 17 und 19 folgt die Primzahl 23. Die Priester waren so klug, eine weitere Stunde hinzuzuzählen, sodass mit der Zahl 24 die Teilbarkeit durch 6 gewährleistet war. Diese Zusammenhänge müssen Pythagoras und später Plato bekannt gewesen sein.

Ich habe schon als Jugendlicher aus solchen Überlegungen eine merkwürdige Vermutung entwickelt. Die Zahl 2 wird als einzige gerade Primzahl angesehen. Der Widerspruch dazu, dass in dieser Welt alles dreifach ist, wird gar nicht bemerkt.

Später stieß ich vor zu der Überlegung, dass die Differenzen 2, 4 und 6, die den 6er- Takt der fortlaufenden Zahlen garantieren, einen Tripel von 3 geraden Primzahlen darstellen müssen.

Dieser Gedanke soll nun weiter erhärtet werden. In der Matrize existiert nämlich neben den Potenzausdrücken 3^4 und 4^3 noch eine weitere Potenzinvertierung:

5^2 und 2^5

Diese enthält völlig verborgen – sei an dieser Stelle schon verraten – die Lösung für das universelle Gesetz, dass die Ordnungszahlen des Periodensystems in vier 19er Kolonnen angelegt sein müssen. Diese Kolonnen werden jeweils von einer 20. Zahl angeführt. Es handelt sich um die Zahlen

4 2 6 3

Hierbei kommt der Primzahl 3 eine seltsame Eigenschaft zu. Sie ist die einzige ungerade Primzahl, die nicht von der Form 6n ± 1 ist. Da die Zahl 3 als Anzahl und auch als Ordnungszahl per ispe die Dreifachheit verkörpert, ist dies kein Widerspruch.

*

Die drei ersten geraden Zahlen sollen als Anzahlen wie bisher betrachtet werden: Die 2 ist eine gerade Primzahl, die 4 ist durch 2 teilbar und die 6 lässt sich durch 3 teilen.

Den Ordnungszahlen der chemischen Elemente Helium, Beryllium und Kohlenstoff

2, 4, 6

kommt allerdings eine Bedeutung aus kernchemisch-physikalischer Sicht zu, die bisher unbekannt war. Ordnungszahlen und ebenso Massenzahlen liegen komplex auf der Oberfläche der Atomkerne. Protonen und Neutronen sind eben nicht verklebt, sondern sind verschmolzen, so dass sie auf der Oberfläche Potentialdifferenzen bilden können. Folglich müssen die Ordnungszahlen 2, 4 und 6 nun als Logarithmen behandelt werden. Helium, Beryllium und Kohlenstoff besitzen kernchemisch Eigenschaften, die völlig ungeklärt sind.

1. $_2$Helium 4 kann kein Isotop mit einem weiteren Neutron bilden. Man sagt, dass die Massenzahl 5 im Universum verboten ist.

2. $_4$Beryllium 9 ist ein Reinisotop. Es ist unmöglich, sein Isotop mit der Massezahl 8 zu erzeugen. Daraus wird gefolgert, dass es der Sonne nicht möglich ist durch Zusammenschießen zweier Heliumkerne das Element Beryllium zu erzeugen. Die Massen-

zahl 8 kommt genau wie die Massenzahl 5 im Universum nicht vor. Sie ist also auch „verboten." Das Unbegreifliche wird in den Lehrbüchern wieder einmal durch einen „Befehl" glaubhaft gemacht.

3. Beim Beschuss von $_4$Beryllium 9 mit Alphateilchen müsste sich eigentlich $_6$Kohlenstoff 13 bilden, stattdessen entstehen Kohlenstoffatome mit der Masse 12. Gleichzeitig werden hochenergetische Neutronen frei. Ohne diese Beobachtung wäre es den Forschern nicht möglich gewesen, das Uranisotop $_{92}$U 235 und später das Plutoniumisotop $_{94}$Pu 239 zu spalten.

Aus diesen Darlegungen wird ersichtlich, welche bisher völlig unerklärbare Bedeutung den Ordnungszahlen 2, 4 und 6 zukommt. Da einer geraden Zahl aber nicht ein geheimnisvoller Zauber von außen zugeordnet werden kann, weil ein „solcher Zauber" nur in ihr selbst existiert, bleibt jetzt nur noch folgende Lösung:

Die geraden Ordnungszahlen 2, 4 und 6 müssen über eine Gemeinsamkeit verfügen, die wir nicht erkennen können, weil wir sie nicht einmal suchen. Es handelt sich bei diesen drei Zahlen nicht um gerade Anzahlen, bei denen die Teilbarkeit durch 2 selbstverständlich ist, sondern **umgekehrt** um logarithmische Ordnungszahlen auf der Oberfläche von Atomkernen.

Aus den genannten Gründen sind die Ordnungszahlen

2, 4 und 6

gerade Primzahlen. Diese neue Sichtweise stellt eine Umkehrung dar und soll die Bezeichnung erhalten:

II. Umkehrsatz der Kernchemie-physik

Kapitel 7

Liebe und Lebensgefahr

Mit Einzug in der Silvesternacht 1999 in Erikas Wohnung in München begann eine der schönsten Phasen meines Lebens. Ich war zwar schon 60 Jahre alt, aber die bei Männern üblichen Spuren des Zerfalls und Abbau im Alter hatten mich verschont. Zusammen mit Stefan Queckbörner, meinem dritten Assistenten, war im Jahr 2004 das sechste Buch abgeschlossen worden.

Die kontrollierte Tagesdosis des Schmerzmittels Tramadol über einen langen Zeitraum war durch die typische Unterschätzung der Suchtgefahr in eine unkontrollierte Erhöhung der Dosis umgeschlagen. Statt nun einen Entzug vorzubereiten, war ich in den Wahn gefallen, den Tod von Helga Plichta erneut anzuzeigen. Diesmal in München. Dabei ging ich erstmalig massiv gegen meinen Zwillingsbruder Dr. med. Paul Plichta und meine Schwägerin Dr. Christa Plichta vor. Es ging um Mitwisserschaft und Beihilfe zum Mord zur Beseitigung einer gefährlichen Zeugin.

Schon die Örtlichkeit des für mich zuständigen Polizeireviers am Prinzregentenplatz war mit einer teuflischen Vergangenheit belastet. Dieses markante Gebäude hatte bis zu seinem Selbstmord Adolf Hitler gehört. Seitdem steht es bis auf das Erdgeschoss unbewohnt leer. Dort unten, in der Hausmeisterwohnung, hat damals wahrscheinlich der Wachdienst der SS gehaust und heute dient er als Sitz der Polizei.

Mit meiner Anzeige war auch die Benennung der Zeugen Dr. Christian Koschera und Patentanwalt Heinz Ring verbunden, sowie der Hauptzeugin Gerlinde Hermann, der Mutter von Helga Plichta.

Um die Anzeige durchzuführen, hatte ich vorher den Plan geschmiedet, zusammen mit Dr. med. Erika Kirgis meine ehemalige Schwiegermutter Linde aufzusuchen. Sie hatte zu diesem Zeitpunkt ihre Wohnung in Düsseldorf aufgegeben und war in ein Appartement eines sündhaft teuren Altenheims in Hilden umgezogen. Ausgerechnet Hilden, wo Helga das ölige Megacillin von einer bestochenen, mörderischen Krankenschwester intramuskulär verabreicht worden war.

Ich schilderte Linde mein Vorhaben: Sie möchte Erika und mir bitte zusammenhängend davon erzählen, dass Dr. Koschera Kenntnis von dem Mordplan bekommen hatte. Dieses Wissen würde sie zur Kronzeugin der Anklage machen. Erika als Ärztin sollte dieses Geständnis handschriftlich zu Protokoll nehmen. Daraufhin sei es notwendig, dass die Ärztin das von Linde unterschriebene Geständnis mit einem Arztstempel und ihrer Unterschrift testiert. Anschließend müsste dann dieses Dokument notariell beglaubigt und mir ausgehändigt werden.

Linde war mit dieser Vorgehensweise einverstanden. Ihr war eindeutig bewusst, dass der Tod ihrer Tochter die Verpflichtung beinhaltet, dass nach so langer Zeit endlich die mörderische Tat angezeigt werden muss. Ihr einziges Bedenken war mit der Bitte verbunden, Ihren Sohn Heinz Ring zu verschonen. Dieser war nämlich nach Erscheinen des ersten Bandes „Das Primzahlkreuz“ von der Kriminalpolizei verhört worden. Er hatte meine Darstellung des damaligen Geschehens als Phantasieprodukt abgetan, eben weil Linde ihm das zu seinem Schutz geraten hatte.

*

Ich begann nunmehr mit der Befragung von Linde zu einem bestimmten Geschehen. Helga lag damals mit Beatmungsschlauch und ans Bett gefesselten Händen in einem Einzelzimmer der Intensivstation unter der Leitung von Professor Dr. K. Kremer. Dieser war nach Helgas Einlieferung in die Universitätsklinik sofort für sechs Wochen in Urlaub gefahren und wurde von Prof. Dr. med. A. Jünemann vertreten.

Einige Tage nach der Einlieferung beobachtete Linde im Krankenzimmer, wie der noch anderweitig verheiratete Dr. med. Koschera, dessen Kind Helga zur Welt gebracht hatte, die Krankenakte durchlas. Sie musste erleben, dass Dr. Koschera plötzlich aufschrie:

„Um Gottes Willen! Helga wird hier umgebracht!“

Während Linde entsetzt und irritiert nachfragte, las Dr. Koschera ihr aus der Krankenakte vor.

Helga war in einer Frauenklinik in Hilden eine ölige Suspension in den Muskel so gezielt verabreicht worden, dass dabei eine Vene getroffen worden war. Dieses Öl führte dann in der Lunge und im Hirn durch Mikroembolien zu einem Schock in Verbindung mit Herzstillstand. (Hoigné-Syndrom)

Das Mittel „Megacillin Forte“ war hochkonzentriertes Penicillin, das einem Patienten eine Woche lang dazu verhilft, vor einer Infektion geschützt zu sein. Helga war reanimiert worden, und damit war sie jetzt zusätzlich allergisch gegen Penicillin und seine Derivate.

Trotzdem hatte Prof. Jünemann die Infusion des Breitbandpenicillins „Carbenicillin“ verordnet. Dies hatte dann zu einem zweiten Herzstillstand geführt. Dieser Vorfall war in der Krankenakte dokumentiert.

Dr. Koschera wusste natürlich, dass eine solche Verordnung kein dummer Irrtum oder Kunstfehler sein konnte und hatte somit die Absicht erkannt. Folglich konnte er weitere absichtliche Kunstfehler durchschauen. Ihm war klar geworden, dass er sich in diese Sache nicht einmischen durfte, weil es hier um gezielten Mord ging, der von „ganz oben“ angeordnet sein musste. Er war schließlich Arzt.

*

Später erhielt Linde von Dr. Koschera, als Helgas behandelnder Gynäkologe, eine Kopie des Arztbriefes, ausgestellt vom Direktor der Chirurgischen Klinik B der Universität Düsseldorf Prof. Dr. med. W. Bircks und seinem Assistenten Dr. med. Steiger. Professor Bircks war wegen des sechswöchigen Urlaubs von Prof. Kremer, dem Direktor der Universitätsklinik A, der Stellvertreter von Prof. Kremer.

Der Mann, von dem Linde sich erhofft hatte, dass er ihr neuer Schwiegersohn werden würde, überreichte ihr den Brief zur sicheren Aufbewahrung in einem Versteck mit den Worten:

„Mit diesem Brief kann ich beweisen, dass ich mit der Sache nichts zu tun habe, wenn sie jemals herauskommt.“

Später hat Linde mir dieses Dokument ausgehändigt, weil ich beabsichtigte, den Auftraggeber für diesen Mord, den Ehrenbürger von Düsseldorf, Dr. Dr. h.c. Konrad Henkel, anzuzeigen.

Sie hatte erst später durch die Veröffentlichung von Band I von den Umständen erfahren, warum die verborgenen Ränkeschmiede

Prof. Dr. K. Heinrich
Dr. Dr. h.c. K. Henkel
Prof. Dr. K. Kremer

einen geradezu irrsinnigen Plan ersonnen hatte.

Helga sollte in der Frauenklinik in Hilden reanimiert werden, weil sie dort überleben musste. Ansonsten hätte die Kriminalpolizei in Hilden handeln müssen. Das eigentliche Morden sollte in Schüben erst auf einer der angesehenen Intensivstationen der Universität Düsseldorf erfolgen.

Auch den Schock des zweiten Attentates mit Megacillin überlebte Helga wie geplant, so dass es notwendig war, sie mit Insulin ein drittes Mal in einen Schockzustand mit Herzversagen zu versetzen. Damit waren die Voraussetzungen geschaffen für ihr langsames Sterben.

Als Prof. Jünemann schließlich noch ihren Kehlkopf entfernte, kam es auf der Station zur Aufruhr. Nun eilte Prof. Kremer zu der

Klinik zurück.

*

Im Sommer 2004 erschienen Erika und ich in Hilden in Lindes Seniorenheim und begannen mit den Vorarbeiten für das geplante Dokument. Linde hatte jetzt verstanden, was ich vorhatte. Ich interviewte sie in der Weise, dass Erika Lindes Aussagen handschriftlich festhalten konnte. Es kam im Wesentlichen darauf an, klar zu schildern, dass Dr. Koschera die Mordabsichten voller Schrecken erkannt hatte.

Abdruck des Originaldokumentes:

Gerlinde Herman Hilden, 14.08.05
Hofstr. 3
40723 Hilden

Ich, Gerlinde Herman, bestätige folgendes:
„Meine Tochter Helga Plichta starb am 31.3.1977 (siehe Totenschein) in der Intensivstation Uniklinik Düsseldorf, Moorenstraße 5.
Sie hatte 6 Wochen vorher in der Frauenklinik Biermann in Hilden durch Kaiserschnitt entbunden und bekam, um einer Infektion vorzubeugen, eine Penicillininjektion (öliges Megacillin nach Aussage des Apothekers Dr. P. Plichta.) Daraufhin erlitt sie einen Herzstillstand, wurde aber reanimiert. Der Vater des Kindes hat sie mit Blaulicht in die Düsseldorfer Intensivstation der Uniklinik verlegen lassen. Dort kam es im weiteren Verlauf zu Komplikationen und Infektionen. Mein ehemaliger Schwiegersohn, Peter Plichta war vom Vater des Kindes aus als Besucher unerwünscht. Ich erfuhr von Dr. Koschera, dem Vater des Kindes, dass meine Tochter dort ein zweites Mal Penicillin verabreicht bekommen hatte, was er selbst als ärztlicher Kollege den Krankenakten entnommen hatte.
Ich erinnere mich nur mit Assistenzärzten gesprochen zu haben, da sich der Chefarzt der Abteilung, Prof. Krämer im Urlaub befand. Man hatte mir schon beim ersten Gespräch mit dem diensthabenden Arzt zu verstehen gegeben, dass die Aussichten auf Überleben meiner Tochter gering wären.
Mein ehemaliger Schwiegersohn, Dr. Peter Plichta, hat mich während der gesamten Zeit häufig angerufen, um sich nach dem Zustand der Patientin zu erkundigen.
Aufgrund von Komplikationen ist meiner Tochter das Brustbein bis zum Kehlkopf geöffnet worden.

Ich erinnere mich schwach, dass ich von meinem Sohn Heinz Ring erfuhr, dass er in der Klinik anwesend war, als meine Tochter ihren letzten Willen aufschreiben sollte. Sie schrieb wohl irrtümlich „Liebe Peter“ auf ein Blatt Papier, was anschließend sofort zerrissen wurde. Die Komplikationen in Zusammenhang mit der Erkrankung meiner Tochter und dem anschließenden Tod erschienen mir sehr mysteriös und unbegreiflich.

Ich habe einmal versucht, auf einem Stuhl neben meiner Tochter die Nacht zu verbringen, um ihr das Gefühl zu geben, dass sie nicht allein war. Das wurde mir von der diensthabenden Ärztin verwehrt. Um 10 Uhr abends wurde ich aus dem Krankenzimmer verwiesen. Während der ganzen 6 Wochen konnte ich mit meiner Tochter nicht reden, weil sie intubiert war. Sie war gleichzeitig an den Händen gefesselt, angeblich, damit sie sich „die Schläuche nicht rausreißt.“ Es handelte sich um Schläuche zur Beatmung, die ihr aus dem Mund ragten.

Dr. Koschera hat mir einige Wochen nach dem Tod meiner Tochter einen an ihn gerichteten Arztbrief übergeben.

Ich habe als vom Gesundheitsamt/ Jugendamt bestellte Pflegemutter den von meiner Tochter zur Welt gebrachten Jungen bei mir zu Hause 8 Monate lang versorgt. Dabei hat mir meine aus Berlin stammende Mutter, Marie Günther geholfen. Später hat Dr. Koschera das Kind in eine Pflege nach Zons gegeben.“

Hilden, 14.8.05

*

Dr. Koscheras schuldhaftes Handeln beruht auf dem Fehlen jeglicher Verantwortlichkeit gegenüber der noch lebenden Helga. Er war als Arzt verpflichtet, die Klinikleitung und die Ärztekammer davon zu informieren, dass hier auf der Intensivstation ein zweites Mal bewusst ein Penicillinderivat verordnet worden war. Es wäre gefährlich gewesen, von Absicht zu sprechen, aber es hätte gereicht, die Sache als Kunstfehler darzustellen. Er war der Einzige, der Prof. Jünemann hätte stoppen können.

Strafrechtlich war er als Arzt verpflichtet, die ärztlichen Untaten von Prof. Jünemann bei den zuständigen Behörden anzuzeigen. Aufgrund des Linde zur Verfügung gestellten Arztbriefes wollte er lediglich den Vorteil für sich sichern, dass er an dem Attentat an Helga nicht beteiligt war.

Im Jahr 2005 war Helga schon 28 Jahre tot, und für Dr. Koschera war die mörderische Geschichte längst verjährt. Durch einen seltsamen Zufall bin ich ihm später, im Sommer 2013 noch einmal begegnet. Ich hatte in Düsseldorf zur Mittagszeit an der Bar des „Victorian“ etwas zu trinken bestellt. Der Chef der Bar, den ich noch aus meiner Kölner Studentenzeit kannte, hatte plötzlich seinen Tresen verlassen und war zur Eingangstür gelaufen, weil er wohl auf der Königsstraße einen Bekannten gesehen hatte. Plötzlich betrat er wieder die Bar und hatte seine Hände vor das Gesicht gelegt und stöhnte laut: „Der Dr. Koschera!“

Jetzt wollte ich natürlich auch sehen, was sich da draußen abgespielt hatte und verließ die Bar, um einige Schritte in Richtung Königsallee zu eilen. Auf dem belebten Bürgersteig standen drei Männer und unterhielten sich. Hätte der Bar-Chef nicht aus irgendeiner Erschütterung heraus den Namen Koschera ausgesprochen, ich hätte diese Person nicht wiedererkannt.

Ich hatte Christian Koschera zuletzt vor 36 Jahren in einem Restaurant in Düsseldorf-Golzheim anlässlich von Helgas Beerdigung gesehen. Er hatte damals etwa meine Größe. Seine Fettleibigkeit hatte ihn noch nicht verunstaltet. Jetzt war er vielleicht um einen Kopf größer geworden und musste sein Gewicht verdoppelt haben. Ich hatte das Gefühl, einem Ungeheuer gegenüberzustehen. Wir schauten uns kurz an. Er beachtete mich nicht. Ich ging zurück in die Bar. Der Bar-Chef und ich blickten uns an und sagten kein Wort.

*

Ich besaß jetzt nach so vielen Jahren zum ersten Mal eine Zeugenaussage. Noch war das Dokument nicht notariell beglaubigt. Es wirkte auf mich wie eine schwere Last.

Vom fortgesetzten Missbrauch des Schmerzmittels Tramadol war ich inzwischen so sehr überdreht, dass es zu einem Entzug keine Alternative mehr gab. Ich musste mit meiner Aggressivität inzwischen Erika in Angst und Schrecken versetzt haben, denn sie traf eine Entscheidung.

Sie machte mir formell einen Heiratsantrag, allerdings mit der Auflage, zuvor in einer Klinik meiner Wahl in Oberbayern den Medikamentenentzug durchzuführen. Jetzt kam für mich neben der Aggressivität auch noch das Misstrauen hinzu. Mir kam der Verdacht, dass Erika sich hinter meinem Rücken mit meiner Schwägerin Christa in Verbindung gesetzt hatte.

Schon einmal hatte eine Ärztin, mit der ich verheiratet war, versucht, mich von der Polizei abführen zu lassen. Auch damals litt ich unter Medikamentenmissbrauch. Ich hatte herausgefunden, dass Sigrid heimlich mit meiner Schwägerin Christa in Kontakt stand. Deswegen war es an einem Abend zu einer Auseinandersetzung gekommen, bei der nicht meine Frau, sondern ich verletzt worden war. Daraufhin fuhr ich in die Ambulanz der Universität Düsseldorf. Der Notarzt hatte mich abgewiesen, weil er für Ehestreitigkeiten nicht zuständig sei. Auf einem der Korridore war ich dann an einem Aufzug vorbeigekommen, aus dem gerade ein älterer Herr heraustrat, von dem ich wusste, dass er der Leiter der Klinik war. Er half mir spontan und sorgte dafür, dass ich verbunden wurde und ein Attest ausgestellt bekam.

Am nächsten Tag ging der Ehestreit weiter. Siegrid rief die Polizei mit der Begründung, dass sie verletzt sei und Hilfe bräuchte. Die Polizisten stellten aber fest, dass nicht Sigrid verletzt war, sondern ich. Dieses einfache Dokument hatte mir das Leben gerettet.

Nachdem wieder Ruhe eingetreten war, fragte ich Sigrid verständnislos, wie sie das tun konnte. Ihre Antwort war:

„Weißt Du denn nicht, dass ich ein ‚Stier' bin!"

*

Nach Erikas Heiratsantrag war ich misstrauisch geworden. Einige Zeit später rief ich – wie aus einer bösen Ahnung – Walburga Posch an. Erika war mit im Zimmer. Walburga brach das Gespräch schnell ab, weil sie einen Anruf auf ihrem Mobiltelefon erhielt. Dabei hatte sie wohl den Hörer nicht korrekt aufgelegt, so dass ich mithören konnte.

„Das war der Plichta, das Schwein! Aber wir können uns ja auf die Christa Plichta verlassen. Erika wird dafür sorgen, dass er freiwillig in eine Entzugsklink geht. Dort wird er ein schönes Einzelzimmer erhalten. Während des Entzugs wird die Türe dann vergittert, worauf er durchdreht. Dann kommt er in die Landesanstalt – und zwar für immer! Dort kann er dann so lange patentieren, bis er schwarz wird. Dafür wird Frau Dr. Plichta auf jeden Fall sorgen."

Plötzlich brach das Gespräch ab. Erika stand direkt neben mir und musste alles mitgehört haben. Sie lief blutrot an und begann zu schreien:

„Damit habe ich nichts zu tun. Diese Walburga hasst Dich. Die will Dich vernichten."

Ich blieb ruhig und sagte zu Erika, dass nur eines sicher sei:

„Meine Schwägerin Dr. Plichta ist das Böse unter der Sonne. Ihr Onkel, Konrad Henkel, ist schon lange tot. Sie ist seine wahre Nachfolgerin in Sachen Mord."

Das Telefon klingelte erneut. Ich nahm ab und hörte diesmal Walburga schreien:

„Was Du da gehört hast, war nur ein übler Spaß, den ich mit meiner Bekannten durchführen wollte. Ich hatte vergessen, das Telefon richtig auszuschalten."

Ich hing ein. Es stand wohl fest, dass Erika mit Christa Kontakt hatte, aber möglicherweise davon ausging, dass mir in der Entzugsklinik wirklich geholfen werden sollte. Erst einmal beruhigte ich sie, aber ich ahnte auch, dass jetzt von den drei Frauen ein neuer Plan ausgeheckt werden würde.

*

Um den Schicksalscharakter und die Dramatik des sich auftürmenden Geschehens besser zu verstehen, muss ich kurz auf den Umzug von der Laplace Straße zum Böhmerwaldplatz in München zurückkommen. Unsere neue Wohnung lag im Erdgeschoß. Gegenüber befand sich eine weitere Wohnung, deren Räume spiegelverkehrt zu unserer Wohnung gebaut waren. Vom Flur beider Wohnungen führte jeweils eine Treppe in ein Zimmer im Kellerbereich mit Fensterluke. Beide Zimmer waren jeweils über eine Doppeltüre mit der Parkgarage verbunden.

Bei unserem Einzug waren Krankenwagen, Feuerwehr und Polizei im Einsatz, weil in dieser gegenüberliegenden Wohnung ein älterer Herr Selbstmord begangen hatte. Der Nachbar war stark zuckerkrank gewesen und hatte sich ab der Kellertreppe im Kellerzimmer so verbarrikadiert, dass sein Todeswunsch auch wahr geworden war.

Diese makabre Gleichzeitigkeit mit unserem Einzug hatte für mich eine Bedeutung, die ich auch aussprach:

„Dann pass mal auf, Peter, dass Du nicht auch irgendwann einmal hier aus dem Kellerzimmer rausgetragen wirst."

Wir waren im Frühjahr eingezogen. Das 6. Buch war gedruckt. Im Juni hatte ich meine Rede in Ilmenau vorgetragen. Es ging uns gut, aber ich hatte begonnen, meinen Bruder und meine Schwägerin anzuzeigen. Ich wusste, wie gefährlich das war, und konnte nachts kaum noch schlafen, so dass ich auch noch kräftig zu Alkohol und Schlaftabletten griff.

Dann explodierte plötzlich die angespannte Situation. Tief in der Nacht war die Wirkung dieser Mittel umgeschlagen, so dass ich mit viel Lärm durch die Wohnung geisterte. Erikas Geduld war durch die Ruhestörung wohl zu Ende, so dass sie mich schreiend zurechtwies.

Ich gab ihr eine Ohrfeige, und das war das falscheste, was ich hätte tun sollen. Denn jetzt fiel sie über mich her wie eine Tigerin.

Dabei muss sie einen scharfen Gegenstand in der Hand gehalten haben, vielleicht eine Nagelschere. Blut lief irgendwie an mir herunter, und ich brach durch die Medikamente und den Alkohol geschwächt, zusammen. Dabei fiel ich so unglücklich mit dem Ellenbogen auf das Bambusparkett, dass ich vor Erschöpfung und Schmerz nicht mehr aufstehen konnte.

Ich bekam mit, dass Erika sich angezogen hatte und die Wohnung über die offenstehende Glasschiebetüre zum Garten verließ. Auch die Wohnungstür zum Flur stand auf.

Irgendwann eilten bewaffnete Polizisten durch die Wohnung, ohne mich zur Kenntnis zu nehmen. Sie waren wahrscheinlich von den Hausmietern gerufen worden.

Ich brauchte irgendwie Hilfe. Ein paar Tage vor diesem Abend hatte mich ein Chemiker aus Nürnberg besucht. Dr. Jürgen Beck hatte mir eine entsetzliche Geschichte erzählt. Er war nach seiner Doktorprüfung – erleichtert durch das Prüfungsergebnis – in seinen Wagen gestiegen, um in seine Wohnung zu fahren. Und jetzt raste plötzlich ein Auto auf ihn zu, so dass es zu einer totalen Kollision gekommen war. Dem betrunkenen Fahrer war kaum etwas passiert, während Dr. Beck der Rücken, das Becken und die Oberschenkel zertrümmert worden waren. Er kam mit dem Leben davon, verbrachte allerdings mehr als ein Jahr im Krankenhaus.

Ich hatte seine Telefonnummer gespeichert und rief ihn über mein Mobiltelefon an. Es muss gegen 3 Uhr nachts gewesen sein. Während ich ihm mit schwerer Zunge erklärte, dass ich verletzt sei, aber Erika eben nicht, aber dafür weg, lief plötzlich, auch wieder ohne mich zu beachten, eine Notärztin an mir vorbei, erkennbar an ihrer Arzttasche. Sie musste durch die offenstehende Wohnungstür hereingekommen sein und wollte, gerade so wie Erika, durch die Glasschiebetür in den Garten verschwinden.

Jürgen Beck bekam durch das Telefon das irre Geschehen mit und wurde scharf:

„Peter, brüll so laut Du kannst um Hilfe. Wenn dieses Luder von Ärztin dich hört, dann wird sie wenigstens noch einmal den Kopf in die Tür stecken. Jetzt sage ihr ganz höflich, dass sie ein Dr. Beck sprechen möchte.“

So kam es dann auch. Als die Ärztin den Telefonhörer übernahm, begann Jürgen Beck so laut zu brüllen, dass ich fetzenweise mitbekam, wie er diese seltsame Notärztin zusammenstauchte. Diese übergab mir eiskalt den Hörer zurück und öffnete voller Wut ihren Arztkoffer. Auf das Rezept schrieb sie nur ein Wort: „Unfallverletzung“. Anschließend war sie weg. Ich konnte mich nur noch bei meinem Kollegen bedanken, der mich deswegen aufgesucht hatte, weil er von meinen Büchern so begeistert war. Dieses Arztattest hatte ich unbedingt gebraucht.

*

Inzwischen hatte ich mich soweit gefasst, dass ich wieder aufstehen konnte, um ins Bett zu fallen und ein paar Stunden zu schlafen. In der Morgenfrühe würde ich zu Fuß die chirurgische Klinik aufsuchen, die auf der Laplace Straße direkt neben unserer ehemaligen Wohnung liegt.

Ich war angezogen ins Bett gefallen und hatte mich am Morgen wegen der Verletzung nicht umziehen können. Entsprechend runtergekommen sah ich aus.

Der Professor und ein Assistenzarzt erfuhren, dass ich noch vor kurzer Zeit mit Erika – praktisch neben der Klinik – in der Wohnung ihrer ehemaligen Arztpraxis gewohnt hatte. Einer der beiden fragte:

„Ist das die Frau Dr. Kirgis?"

„Ja".

Als wenn er verstünde:

„Die kennen wir. Dann brauchen Sie Hilfe und einen Verletzungsbericht dieser Klinik!"

Nach einem weiteren Tag kehrte Erika in unsere Wohnung zurück, so, als wenn unser Leben jetzt einfach so weitergehen würde.

Ich fragte sie:

„Wie konntest Du in meinem Zustand so mit mir umgehen?" Ihre Antwort lautete:

„Weißt Du denn nicht, dass ich ein ‚Stier' bin."

*

Die Parallele der zwei ärztlichen Atteste und die Wiederkehr von astrologischem Unsinn in verschiedenen Lebensphasen durch zwei Ärztinnen – vom Typ „stille Wasser" – wirkte auf mich wie ein Warnsignal. Einige Tage später erhielt ich ein Schreiben von der Staatsanwaltschaft München.

Erika hatte mich bei der Kriminalpolizei wegen versuchten Mordes angezeigt. Fassungslos fragte ich sie:

„Warum"?

Ich erfuhr, dass die Kriminalpolizei eine Polizeiärztin in Erikas Praxis geschickt hatte, die keine Verletzungen bei ihr feststellen konnte. Jetzt hätte Erika natürlich die Anzeige zurücknehmen müssen. Ich fragte nach den Gründen für ihr Nichthandeln. Die Antwort lautete:

„Mein Anwalt hat mir das empfohlen."

Ich schrieb der Staatsanwaltschaft zurück, dass Erika nicht verletzt war. Dem Brief legte ich das Attest der Notfallärztin und den Krankenbericht des Professors bei.

Ein paar Tage später erhielt ich Nachricht, dass die Staatsanwaltschaft das Verfahren gegen mich eingestellte hatte.

Das reichte und ich zog – wie beim Einzug erahnt – in das Kellerzimmer.

*

Die glückliche Zeit in München war mit brutalen Mitteln abgebrochen. Auch die Idee, eben nicht in Düsseldorf, sondern in München anzuzeigen, war erst einmal vereitelt.

Einige Tage später ließ ich mich von Erika zum Bahnhof bringen und nahm den ICE nach Düsseldorf. Im Zug dachte ich in einem leeren Abteil zwei Stunden nach, während die Landschaft von Bayern an mir vorbei raste. Dann rief ich Madelaine Dyllong an und bat sie, mich in Düsseldorf am Bahnhof abzuholen. Sie stand auf dem Bahnsteig und strahlte mich an. Ich würde erst einmal bei ihr wohnen, da mir die Rückkehr auf die Bruhnstrasse 6a unerträglich schien.

In ihrem Haus in Mönchengladbach besprachen wir den Entzug ohne einen Klinikaufenthalt. Das Ausschleichen der Medikamentendosis im Bett würde lange dauern, etwa ein halbes Jahr. Anschließend wäre ein weiteres halbes Jahr Ruhe mit Gymnastik und Spaziergängen nötig.

Dieses Vorhaben ließ sich nicht durchführen, denn wie schon erwähnt, gab es im Haus zwei Kinder, einen rauflustigen Sohn und eine aufsässige Tochter, so dass ich abwechselnd bei Madelaine und auf der Bruhnstrasse wohnte, weiterhin gut versorgt mit Tramadol.

Ich hatte im Frühjahr 2000 noch bei Auto Becker Düsseldorf einen schwarzen Lotus Elise S gekauft, den ich jetzt kurz entschlossen nach München in das Autohaus König in Anzing lenkte. Dort tausche ich den Wagen mit einem Kilometerstand 40 000 in ein neues Modell um. Der englische Motor mit 1,8 Liter des alten Wagens bezog seine 146 PS noch aus der Technik, die Ventile bei höheren Umdrehungszahlen verengen. Der neue hat einen 1,8 Liter Motor von Toyota und besitzt eine Leistung von 192 PS. Dafür kostet er inzwischen doppelt so viel wie sein Vorgänger. Anschließend lasse ich in Düsseldorf noch einen leichten Kompressor einbauen, wodurch seine Leistung auf 220 PS steigt. Der kleine Umbau kostet 5.000 €.

In der Nacht zum Jahr 2000 war der Euro eingeführt worden, jedoch war die Deutsche Mark weiterhin noch für drei Jahre gültiges

Zahlungsmittel. Als diese Zeit um war, explodierten in Europa die Preise. Ich möchte die Inflation der Deutschen Mark anhand eines Beispiels schildern.

In den fünfziger Jahren gab es nahe der Icklack in Düsseldorf noch eine Bäckerei. Dort kostete ein großes Stück köstlicher Bienenstich 20 Pfennig. Dieser Preis hielt sich zehn Jahre und ließ sich mit dem 2-DM-Taschengeldbudget in der Woche gut vereinbaren. Ich verdiente ab dem 14. Lebensjahr beim Straßen- oder im Hochbau etwa 1,20 DM pro Stunde. Ab jetzt begann die Zeit, bei der die Gewerkschaften und die Politiker den Verstand verloren. Der Preis für den Bienenstich stieg auf 50 Pfennig. Ein paar Jahre später lag er bei 1 DM. Jetzt sprang er weiter auf 2 DM. Mit Einführung des Euros zu Beginn des Jahres 2003 stieg dann der Preis für den Bienenstich auf 2,50 € (also 5 DM). Damit hatte sich der Preis von 0,20 DM um das 25-fache erhöht.

Die Gewerkschaftsfunktionäre, einst die Hoffnung der arbeitenden Bevölkerung, sind zu den Totengräbern eines gesunden, kapitalistischen Systems weltweit mutiert.

*

Die beiden großen Autohäuser, Becker in Düsseldorf und König bei München sind kurze Zeit später, aus einer Mischung von Größenwahn und der Unfähigkeit, die Zeichen der Zeit richtig zu deuten, in die Pleite marschiert. Da war ich immer vorsichtiger. Ich konnte zwar Geld als bedrucktes Papier rücksichtslos ausgeben, aber ich habe mir auch gut einen Satz gemerkt, der in einer Neusser Handelsfamilie mit Milliardenvermögen grassierte:

„M'r han et net vum usjevve, m'r han et vum behalten."

Auf die Weise hat sich der Großkotz Peter, dem schon der Vater die Flügel stutzen wollte, mit einem gewissen Jongleurtalent davor bewahrt, jemals sein Konto zu überziehen. Diese Entschlossenheit hat mir dann auch in den Jahren nach München geholfen, meinen geplanten Untergang zu verhindern.

Noch vor meinem Auszug aus München war von Dr. Bellinger, Dr. Kunkel und mir die Inorganic Oil GmbH gegründet worden. In diese Firma wollte sich der Besitzer von Windmühlenparks in Schleswig-Holstein, Ulrich Thomsen mit 2 Millionen Euro einkaufen.

Er war von dem Film „Einstufig ins All", den er mitfinanziert hatte, so begeistert, dass er überzeugt zu solchen Aussagen fand, die er nicht nur mir, sondern auch in seiner Firma verkündete:

„In meiner Jugend habe ich noch die Kühe gemolken und kaum

mehr bessere Aussichten gehabt, als einmal Landwirt zu werden. Jetzt werde ich mich in die Entwicklung von Hochgeschwindigkeitsflugkörpern einkaufen!“

Kurze Zeit später rief mich Herr Thomsen an und teilte mir mit, dass die Bank alle seine Konten gesperrt hätte. Es war deutlich zu erkennen, dass sein Untergang nicht selbstverschuldet war. Irgendeine Macht stand hinter dem Plan, ihn finanziell zugrunde zu richten.

Ich hatte einen bösen Verdacht. Mein Steuerberater und Rechtsanwalt Dr. Bernd Bellinger hatte den Betrag von 50.000 DM, der von dem Verlag Herbig Langen-Müller auf das Konto meiner Quadropol-Verlags GmbH überwiesen worden war, steuerlich so verbucht, dass ich die immensen Kosten, die über ein halbes Jahr in Düsseldorf für das Schreiben von „Benzin aus Sand“ durch mich und die beiden Co-Autoren B. Hidding und W. Posch entstanden waren, von diesem Betrag steuerlich nicht absetzen konnte. Irgendetwas war da schief gelaufen und sollte vertuscht werden. Dabei hatte ich herausgefunden, dass das Steuerbüro von Herrn Bellinger nur aus einem einzigen Mitarbeiter bestand, obwohl der Anwalt sich schon damals rühmte, 65 Apotheken im Düsseldorfer Raum steuerlich und rechtlich zu betreuen.

Jetzt war nicht nur die Inorganic Oil wie ein Kartenhaus zusammengefallen, sondern auf mich kam – völlig unerklärlich – erst einmal eine Steuernachzahlung in Höhe von 45.000 Euro zu. Ich bekam richtig Krach mit Dr. Bellinger und zeigte ihn bei der Steuerfahndung an. Daraufhin schoss dieser ehemals befreundete Geschäftsführer und Gesellschafter unserer gemeinsamen GmbH aus allen Rohren. Natürlich kündigte er sein Verhältnis als Rechtsanwalt und Steuerberater zu mir auf.

Von den Gemeinheiten, die er im folgenden ersann, soll nur eine hier Erwähnung finden. Ich wurde aufgefordert, meine Steuerunterlagen aus seiner Kanzlei abzuholen. Die Unmengen an Akten waren nicht mehr säuberlich in Leitzordnern abheftet, sondern befanden sich als Durcheinander von vielen Tausend Einzelblättern und Zetteln in einer großen Kiste.

Meine nachfolgende Steuerberatung war Frau Dipl. Finanzwirtin Martina Fiebig in Mönchengladbach. Diese weigerte sich natürlich, das mörderische Durcheinander überhaupt anzunehmen. Ich suchte sie auf und schilderte die erbärmliche Aktion meines ehemaligen Steuerberaters. Sie hatte angenommen, dass ihr neuer Klient wohl zu faul gewesen war, Steuerbelege ordentlich abzuheften. Als sie verstand, wer dieses Desaster verursacht hatte, blitzen ihre Augen. Ich war wieder einmal gerettet.

*

Nachdem ich mich bei Madelaine eingelebt hatte, beschloss ich meine Anzeigen bei der Münchner Polizei fallen zu lassen und stattdessen, die Direktion der Kriminalpolizei 1 in München, Ettstraße 2, aufzusuchen. Dort erhielt ich einen Termin beim Leiter der Mordkommission Franz-Josef Wilfing. Mit meinem Vorhaben wollte ich die vorsätzliche, bestialische Ermordung von Helga Plichta im Jahre 1977 endgültig abschließen. Gegen die drachenähnliche deutsche Justiz hatte ich nie eine Chance, aber vielleicht würde es mir gelingen, eine Falle aufzubauen.

In Deutschland laufen seit Jahrzehnten an jedem Wochenende Kriminalfilme mit immer gleichem Inhalt. Jemand ist ermordet worden, und die Kriminalpolizei erscheint, um mit den Ermittlungen zu beginnen. Im Vordergrund steht immer ein Kommissar. Damit beginnt ein nicht mehr zu überbietender Blödsinn, der nach einem Stündchen mit der Festnahme des Täters endet.

(In Deutschland beginnt jeder Polizist oder Kriminalpolizist seine Laufbahn mit dem Titel Polizeikommissar oder Kriminalkommissar. Nicht Verdienst, sondern Dienstjahre liefern die Voraussetzung für die Beförderung zum Oberkommissar und später zum Hauptkommissar. (3 Sterne)).

Freitags, samstags und sonntags wiederholt sich immer das Gleiche. Ein in der Regel in die Jahre gekommener, korpulenter Mann, der „Kommissar“, schafft es, dank seiner genialen Spürnase, den Fall zu lösen. In diesem Fernsehgenre gibt es keine ungeklärten Fälle. Das hat mit der Wirklichkeit nichts zu tun, sondern mit Kindermärchen.

*

Wenn jemand stirbt, wird ein Arzt gerufen, der kurzerhand den Toten darauf hin untersucht, ob Verletzungen oder Auffälligkeiten durch äußere Einwirkung vorliegen. Er kontrolliert auch die Pupillen, die Gerüche und die Hautfarbe sowie mögliche Einstichstellen von Injektionsnadeln. Zusätzlich untersucht er, welche Medikamente oder Gifte in der Umgebung des Verstorbenen zu finden sind. Die meist kurze Untersuchung endet mit der Ausstellung eines Totenscheines.

Liegt dagegen ein Tod durch Gewaltanwendung, Sturz, Verdacht auf Vergiftung, elektrischer Schlag usw. vor, muss die Kriminalpolizei eingeschaltet werden. Diese verfügt in der heutigen Zeit über ein großes Spektrum an technischen, chemischen, biochemischen, medizinischen und physikalischen Analysemethoden.

Jetzt braucht nur noch der mutmaßliche Täter aufgespürt zu werden.

Im Falle von Helgas Tod ist damals aber von mir die Kriminalpolizei nicht eingeschaltet worden. Ich habe erst 1981 die Düsseldorfer Behörden davon informiert, dass der angeheiratete Onkel meines Zwillingsbruders, Dr. Konrad Henkel, der Auftraggeber des Tötungsdeliktes war. Auch der Direktor der Unfallchirurgie sowie sein Oberarzt wurden von mir beschuldigt. Dabei habe ich mein Leben aufs Spiel gesetzt.

Indem ich nun 1991 den ersten Band meines autobiographischen Werkes „Das Primzahlkreuz" herausgab, war die Kriminalpolizei von Düsseldorf gezwungen, die in meinem Buch genannten Zeugen zu verhören. Diese haben alle ausnahmslos meine Darstellung des Geschehens abgestritten. Ich hingegen bin als einziger Zeuge nicht vernommen worden. Das waren die Voraussetzungen dafür, dass Helgas Tod nicht untersucht zu werden brauchte.

Diese Geschichte erzählte ich nun dem Leiter der Mordkommission Herrn Wilfling sowie seinem jüngeren Mitarbeiter, dessen Visitenkarte ich nicht mehr besitze. Als Zeugin für das Gespräch hatte ich die Co-Autorin des ersten Bandes, die Ärztin Christina Burckardt, mitgebracht. Beide Kriminalbeamte waren davon beeindruckt, dass eine Frau mit zwei Hochschulabschlüssen von 1984 bis 1989 an diesem ersten Band mitgewirkt hatte. Es saßen nun den beiden Kriminalisten eine Ärztin und ein Apotheker gegenüber. Also beide vom Fach.

Christina wurde eindeutig gefragt, ob sie den Tod von Frau Helga Plichta, der in der Frauenklinik Hilden mit einer vorsätzlich falsch verabreichten Megacillinspritze begonnen hatte, als Gewaltverbrechen beurteilt. Sie bejahte.

*

Vor mir liegt die Visitenkarte von Herrn Wilfling. Dabei fällt mir auf, dass der Leiter der Mordkommission München nur den Rang eines Hauptkommissars hat. Darauf spreche ich ihn an und erhalte die Antwort, dass er kein einfacher Hauptkommissar sei, sondern Erster Hauptkommissar. Trotzdem hake ich nach.

„Herr Wilfling, ich war selbst einmal Beamter. Meines Erachtens müssten Sie den Rang eines Kriminalrates haben."

„Herr Dr. Plichta, ich bin kein Akademiker. Folglich ist mir dieser Rang verwehrt.

Jetzt eröffnet sich für mich eine Chance für ein Vabanquespiel.

„Herr Wilfling, Frau Burckardt und ich sind die beiden einzigen Zeugen für eine kriminelle Verschwörung derartigen Ausmaßes, wie es das in Deutschland wohl noch nicht gegeben hat. Der Ehrenbürger von Düsseldorf, der Industrielle, Dr. Dr. h. c. Konrad Henkel sowie mein Zwillingsbruder, der Arzt und Psychoanalytiker Dr. Paul Plichta und seine Frau, die Henkelerbin und Psychiaterin Dr. Christa Plichta, sind gemeinsam in einen bestialischen Mord verwickelt. Natürlich streiten das alle Beteiligten ab. Selbstverständlich leugnen zum Beispiel auch die Zeugen Dr. med. Ingrid Baumeister, eine Chefärztin, und ihr Mann, Dr. med. Klaus Baumeister und natürlich Dr. med. Christian Koschera ihre Beteiligung an dieser Geschichte ab. Dazu kommt noch, dass die Hauptübeltäter Professor Jünnemann und der Drahtzieher Dr. Konrad Henkel längst verstorben sind.

Die Sache ist viel zu lange her. Keiner will damit noch etwas zu tun haben. Mord verjährt fast überall auf der Welt nach 20 Jahren. Nur in Deutschland kann Mord nicht verjähren. Hier in Deutschland sind einmal Millionen Juden vergast und verbrannt worden. Das Gas Zyklon B kam von der Firma Degussa. Das Unternehmen gehörte den Familienmitgliedern Henkel in Düsseldorf. Diese Sachlage ist im Krieg und in der Zeit danach vertuscht worden und von ahnungslosen Historikern abwechselnd der Bayer AG oder der BASF AG in die Schuhe geschoben worden."

„Herr Wilfling, wenn Sie diesen Fall richtig angehen, werden Sie auf jeden Fall noch Kriminalrat, trotz Ihres Alters. Vielleicht kommen Sie sogar noch einen Rang höher."

Jetzt habe ich ihn. Er wird nichts tun. Aber er wird es laut tun. Nicht mir gegenüber, sondern in der Münchner Justiz und Politik. Er weiß jetzt, wie er doch noch befördert werden kann. Würde er in diesem jahrzehntelang vertuschten Morddrama als Letzter mithelfen, dieses endgültig zu begraben, wären nicht nur die Düsseldorfer Behörden erleichtert. Auch die gesamte deutsche Politszene mit ihrer Vernetzung zu den Clans der Milliardärsfamilien wäre beruhigt, wenn diesem verdammten Peter Plichta endgültig das Maul gestopft würde. Genau das ist den Düsseldorfer Behörden und dem Henkel-Konzern über zwanzig Jahre aber nicht gelungen.

*

Zu meinem zweiten Besuch bei Herrn Wilfling – einige Monate später – brachte ich Madelaine Dyllong als Zeugin mit. Sie war schon als junge Frau eine Schönheit und wegen ihrer weiblichen Figur eine Attraktion. Jetzt, wo sie älter geworden ist, wirkte ihr Äußeres immer noch für Aufsehen. Natürlich auch in der Mordkommission.

Madelaine berichtet davon, dass sie mit Helga Plichta gut befreundet war und dass sie oft zusammen mit der kleinen Vanessa etwas unternommen hatten. Sie berichtet, dass Herr Plichta ihr nach dem Tod von Helga Plichta davon erzählt habe, dass seine ehemalige Frau vorsätzlich ermordet worden sei. Die Gründe waren ihr unbekannt.

Herr Wilfling und ein mir bisher unbekannter Kriminalhauptkommissar überreichen ihre Visitenkarten

Vor mir liegen zwei Visitenkarten. Herr Wilfling ist in der kurzen Zeit zum Kriminalrat befördert worden.

Kriminalpolizeidirektion 1 München
Kommissariat 111
Leiter
Franz-Josef Wilfling
Kriminalrat

Polizeipräsidium München
Kommissariat 111
Mordkommission 4
Herbert Linder
Kriminalhauptkommissar

Herr Wilfling berichtet darüber, dass die Staatsanwaltschaft Düsseldorf sich geweigert hat, die Akten des Falles Helga Plichta herauszurücken. Ich nehme das zur Kenntnis und unterlasse es darauf zu verweisen, dass die Staatsanwaltschaft München selbstverständlich die Akten anfordern darf. Diese Unterlagen wiederum dürfen dann an die Mordkommission weitergegeben werden.

Tatsache ist, sie haben ihn innerhalb dieses kurzen Zeitabschnittes zum Kriminalrat befördert. Er hat den Plan entwickelt, wie man den Herrn Plichta ins Leere laufen lässt. Jetzt ist es sogar wichtig geworden, dass er einen höheren Rang besitzt. Kurz vor seiner Pensionierung wird er ein zweites Mal befördert zum Kriminaloberrat. Das Spiel ist aufgegangen.

Ich könnte die Sache nun erneut aufheizen, indem ich Lindes Geständnis in die Waagschale der Justiz einbringe. Aber das hat Zeit. Es ist besser für mich, Herrn Wilflings Variante mit gespielter Einsicht zu akzeptieren.

Später erfahre ich, dass meine Tochter Vanessa, Frau Prof. Dr. Conze, von Herrn Kriminalrat Wilfling vernommen worden ist. Sie hat wohl mitgeholfen, den Fall im See zu versenken. Wahrscheinlich stand im Vordergrund, dass ihr Vater zu viel mitgemacht hat und endlich Ruhe braucht.

*

Monate später erhalte ich in Düsseldorf einen merkwürdigen Telefonanruf von einem Kriminalbeamten – nicht aus München. Er stellt sich erst gar nicht vor, sondern beginnt gleich zu brüllen:

„Räumen Sie erst einmal in Ihrer eigenen Familie auf!"

Er wiederholt sich dabei mehrmals. Da ich vermute, dass es sich bei dem Anrufer um Herrn Linder handelt, schreit er, dass er nicht der Herr Linder sei. Ein Name fällt: Kraus. Damit kann ich nichts anfangen.

Ich versuche den Anrufer zu beruhigen und erfahre bruchstückweise, dass er mit dem Fall meiner verstorbenen Frau zu tun hatte und nun versetzt worden sei. Und zwar von München in die Pampa. Er redet zu schnell. Ich kann gerade noch die Durchwahl einer Telefonnummer 4011 notieren. Eine weitere Durchwahlnummer lautet 7357 und noch eine weitere fünfstellige Nummer 63007. Es ist unmöglich mit dem Anrufer ruhig zu reden. Ich erfahre lediglich, dass mit dem Aufräumen in der eigenen Familie meine Tochter gemeint war. Jetzt reicht es auch mir einmal. Ich breche das Vorhaben ab. Meine Versuche, den Justizfall Helga Plichta neu aufzurollen, sind gescheitert.

Lediglich für eines sorge ich noch. Ich erscheine bei Linde Herman und besuche mit ihr gemeinsam einen Notar. Damit existiert eine notariell beglaubigte Aussage der Mutter der Toten. Ich übernehme das Original und Linde erhält eine Kopie. Sie ist jetzt sehr alt und wird vermutlich nicht mehr lange leben. Deswegen bin ich nicht überrascht, als ich von meiner Tochter erfahre, dass sie zusammen mit ihrem Onkel, Heinz Ring, Lindes Wohnung im Elisenstift in Hilden aufgelöst hat. Dabei müsste auch die Urkunde gefunden worden sein.

Linde wurde ohne mein Wissen in meiner Abwesenheit eingeäschert.

Kapitel 8

Listenreich der Bestie entkommen

Trotz meines Umzugs nach Düsseldorf nahm ich noch einige Termine in München wahr. Einmal hatte ich einen Vortrag über zukünftige Raumfahrt in einem großen Saal in München-Ramersdorf gehalten. Hierbei sprach mich ein älterer Herr an, der meine Bücher gelesen hatte.

Ulrich Wedershoven war vor seiner Pensionierung Patentrichter am Deutschen Patentamt. Er hatte es bis zum stellvertretenden Präsidenten gebracht. Seine Laufbahn war ungewöhnlich. Nach seinem Jurastudium in Köln und der Referendarzeit war er erst Richter am Amtsgericht und dann Leiter einer Strafkammer am Landgericht in Mönchengladbach geworden. Da er sich sehr für Technik und Erfindungen interessierte und über diese Themen publiziert hatte, war das Deutsche Patentamt auf ihn aufmerksam geworden.

Bevor er nun mit seiner Familie Mönchengladbach verließ und in das schöne München übersiedelte, lernte er noch seinen Nachfolger kennen. Die beiden Kollegen verstanden sich auf Anhieb. Das sollte für mich später eine lebenswichtige Bedeutung bekommen. Der pensionierte Patentrichter und ich verstanden uns ebenfalls sofort, und ich musste ihm Uli nennen.

Wieder in Düsseldorf lernte ich in einer Hotelbar auf der Königsallee eine Frau in den mittleren Jahren kennen, die Witwe eines verstorbenen Bankers. Dieser hatte ihr im Norden von Düsseldorf eine Eigentumswohnung hinterlassen. Ich erfuhr, dass sie vollkommen pleite war und der Sack mit dem Hundefutter leer. Ich fragte natürlich, was sie dann hier in einer Hotelbar verloren hätte. Nun, sie war von einer bildhübschen, jungen, nicht verarmten Freundin einfach mit in die Bar geschleppt worden.

Da die Wohnung auf der Bruhnstrasse seit Jahr und Tag nicht mehr geputzt war, bot ich ihr eine Stelle als Putzhilfe an. Dann fuhr ich sie nach Hause und schaute mir die beiden riesigen, liebenswerten, für Angreifer lebensgefährlichen Hunde an. Am nächsten Tag kam ich wieder und ging mit Gabi und den Hunden einkaufen. Die Hunde müssen gemerkt haben, von wem jetzt endlich Futter kam, denn sie nahmen mich sofort als ihren neuen Herren wahr. Gabi übernahm die Aufgabe, mein elegantes Wohnzimmer in der ersten Etage und meine heruntergekommene Wohnung im zweiten und dritten Stock in Schuss zu bringen.

Oberhalb der Eigentumswohnung meiner neuen „Putzhilfe“ befanden sich noch weiterer Eigentumswohnungen. Da die beiden recht lebhaften Hunde häufig im Hausflur bellten, gab es auch einen der üblichen Hundehasser im Haus. Es handelte sich um einen afghanischen Arzt, der in Deutschland auf Staatskosten studiert hatte und nach seinem Studienabschluss Facharzt für Chirurgie geworden war. Statt anschließend in Afghanistan zu praktizieren, wo er ja dringend gebraucht wurde, hatte er eine Deutsche geheiratet.

Nun war er im Ruhestand und hasste nicht nur die Hunde, sondern mich gleich mit. Der auffällige Lotus, mit dem ich Gabi zur Arbeit abholte und zurückbrachte, hatte wohl seinen Verdacht geweckt, dass die Bewohnerin im Erdgeschoss sich jetzt einen Zuhälter angeschafft hatte.

*

Statt diesen großen und massigen Orientalen einfach nicht zur Kenntnis zu nehmen, kam es eines Tages zu einem riesigen Gebrüll im Treppenhaus, bei dem ich dummerweise kräftig mitmischte. Dies hatte den Herrn Doktor so in Wut versetzt, dass er mich vor der Haustür festhielt. Er ging dabei sehr trickvoll vor, indem er mit seiner schweren linken Hand unter meine Windjacke griff. Schon hatte er blitzschnell die Hand unter meinen ledernen Hosengürtel geschoben und hielt den Gürtel fest umklammert. Da er mir dabei hauteng gegenüberstand, war für die Beobachter nicht zu erkennen, dass er mich eisern festhielt. Ich versuchte mich zu befreien, weil ich in Panik geriet.

Wer in Panik gerät, verliert die Kontrolle. Noch war ich so klar, dass ich seinen wilden Gesichtszügen und seinen rollenden schwarzen Augen Stand hielt, auch seinem fortgesetzten dunklen Flüstern:

„Schlag doch!“

Inzwischen waren viele Leute aus ihren Häusern gekommen und schauten sich das Spektakel auf ihrer Straße an. Man erwartete wohl eine Schlägerei, die aber nicht stattfand.

Endlich ließ er mich los.

Jetzt hätte ich tricksen – und ihm einfach die Hand schütteln können, um ein Nachspiel zu verhindern. Aber ich war von der Kraftanstrengung so schrecklich erschöpft, dass ich in mein Auto stieg und zu Gabi rief:

„Einsteigen, sofort weg hier!“

Mit etwas hatte ich nicht gerechnet. Wer von zwei Kontrahenten zuerst anzeigt, ist immer im Vorteil. Ich erfuhr somit einige Zeit später, dass der Chirurg zusammen mit seiner Ehefrau und den üblichen guten Bekannten zur Polizeistation gefahren war, um mich anzuzeigen. Der Tatvorwurf lautete, dass ich in einem Straßenkampf einen unbescholtenen Chirurgen dreimal gegen seinen Daumen getreten hätte. Während ich noch davon ausging, dass sich die Polizei den Daumen anschauen, und den Arzt über den Tatbestand „falsche Anschuldigung" aufklären würden, machte ich einen riesigen Fehler.

Zum ersten Mal hatte die Düsseldorfer Behörde eine Möglichkeit erhalten, gegen mich wegen einer strafbaren Handlung vorzugehen. Die Angelegenheit war lächerlich, und deswegen habe ich sie unterschätzt. Richtig wäre es gewesen, Gabi als meine Putzhilfe sofort zu entlassen, weil sie mich zu einem späteren Zeitpunkt ein zweites Mal in eine weitere gefährliche Situation gebracht hat. Dadurch kam eine zweite Anschuldigung gegen mich ins Spiel.

*

In ihrem Küchenschrank lag eine Schreckschusspistole oder genauer, ein kleiner Trommelrevolver, der so konstruiert ist, dass man damit keine scharfe Munition verschießen kann. Er erlaubt lediglich, dass es richtig schön knallt oder dass Tränengas verschossen wird. Da die Pistole nicht geladen war, fragte ich sie nach dem Grund, und ich erfuhr ihn: Geldmangel!

Wieder einmal wollte ich aushelfen und fuhr mit Gabi in ein Waffengeschäft. Dort kaufte ich ein Päckchen mit sechs Gaspatronen. Da der Besitz einer Schreckschusspistole, geladen mit Gaspatronen, nicht verboten ist, sah ich die Sache als erledigt an. Allerdings wollte Gabi die Pistole nicht mehr haben, weil sie irgendwie Angst bekommen hatte. Jetzt lag sie bei mir in der Küche, und ich beschloss dieses nutzlose Spielzeug irgendwann zu entsorgen. Aber die Geschichte lief anders.

Mich beschäftigten immer noch die hasserfüllten Worte am Telefon meiner ehemaligen Freundin Walburga:

„Das war der Plichta, das Schwein! Aber wir können uns ja auf Frau Dr. Christa Plichta verlassen ... , "

Ich hatte mir lange Zeit gelassen, aber jetzt wollte ich der Sache nachgehen. Also telefonierte ich mit dem leitenden Schulrat von Schwelm. Ich erzählte davon, dass ich über mehrere Jahre ein Verhältnis mit der geschiedenen Grundschulrektorin, Frau Walburga Posch hatte. Sie hatte mir damals bei meinem Umzug nach München geschworen meine neue Beziehung bedingungslos zu zerstören. Sie würde mit ihrer frühzeitigen Pensionierung dafür sorgen, dass sie nicht mehr jeden Morgen in die Schule müsse und jederzeit Urlaub machen könnte. Gleichzeitig versicherte sie, dass die drei Kinder aus ihrem Haus verschwinden würden.

Ich erzählte dem Schulrat, wie sie ihre vorzeitige Pensionierung durchgesetzt hatte. Sie machte ihre geistige Erkrankung dadurch glaubhaft, dass erst ihr Ehemann sie verlassen habe und dann der Nachfolger. Dieser habe die Schrecken von drei pubertierenden Kindern nicht mehr ertragen.

Von einer bestimmten Psychiaterin ließ sie sich erst einmal krankschreiben. Anschließend blieb sie bei dieser Ärztin ein Jahr in psychiatrischer Behandlung.

Ich berichtete weiter darüber, dass sie mir ihr Vorhaben haarklein geschildert habe und dass ich folgendermaßen darauf reagiert hatte:

„Walburga, wenn Du unsere Beziehung mit einem handfesten Betrug retten willst, wäre ich an diesem Vorgehen mit beteiligt. Wenn Du es also durchführst, wirst Du mich für immer verlieren."

Der Grundschulrektor antwortete:

„Wir wissen, was da gelaufen ist. Aber wir können nichts machen."

*

Jetzt stand fest, dass Walburga eine bösartige Handlangerin meiner Schwägerin Christa war. Die wenigsten Menschen können sich überhaupt noch vorstellen, wie mächtig eine Psychiaterin ist, die gleichzeitig Präsidentin der Gerda Henkel-Stiftung und Milliardärin ist. Jetzt packte mich die Wut, und ich rief Walburga an, dass ich sie kurz sprechen möchte, allerdings nicht in ihrer Wohnung, sondern draußen, vor ihrem Haus – vorsichtshalber!

Als ich mit dem heulenden Sportwagen über die Autobahn nach Schwelm raste, musste ich daran denken, wie sehr ich einmal Walburga dankbar war. Sie hatte mir von heute auf morgen verholfen, aus einer Ehekatastrophe zu entkommen. Ihre dreiste Hinterlist bestand in dem Hineinschmuggeln eines kleinen Zettels in meine Rocktasche, auf dem geschrieben stand:

„Haustürschlüssel liegt unter der Fußmatte. Deine Walli."

Auf der schmalen Siedlungsstraße ohne Wendemöglichkeit rief ich dann Walburga an, dass sie rauskommen möge. Sie trat auf das Auto zu. Ich öffnete das Fenster nur einen Spalt.

„Walburga, was Du in München angezettelt hast, reicht! Wenn Du so weiter machst, werde ich dafür sorgen, dass Du wieder in die Schule gehen musst. Alle wissen längst, dass Du gar nicht krank bist, sondern dass Du krankhaft böse bist."

Dann schloss ich die Scheibe und startete den Motor.

Einige Tage später kam ein Schreiben von der Kriminalpolizei. Ich war von Walburga beschuldigt worden, Sie vor ihrer Haustür mit einer Pistole bedroht zu haben. Auch in dieser zweiten Strafsache war der Gegner mir mit einer Anzeige zuvorgekommen.

*

Viele Monate vergehen bis Anklage erhoben wird. Ich habe einen Kriminalpolizisten im Range eines Hauptkommissars kennengelernt und mich mit ihm angefreundet. Ludger Kleideiter hilft mir, das Durcheinander zu besprechen. Wir besuchen gemeinsam einen Rechtsanwalt in Hürth, der mir empfohlen worden war. Er machte auf uns einen entschlossenen Eindruck.

Wieder vergehen viele Monate bis eine Hauptverhandlung angesetzt wird. Nun flattert mir eine Verfügung ins Haus, wonach ich mich von einem niedergelassenen Psychiater untersuchen lassen muss, um festzustellen, ob ich zurechnungsfähig bin. Jetzt ist natürlich zu erkennen, dass der lächerliche Streit mit dem Chirurgen und mein Besuch bei Walburga groß aufgezogen werden soll. Ich habe Walburga nur ermahnt, ohne das Auto zu verlassen. Sie hat für ihre Beschuldigung keinen Zeugen.

Der Psychiater arbeitet nebenbei für die Düsseldorfer Gerichte. Ich erzähle ihm von meinem Zwillingsbruder, dem Arzt und Psychoanalytiker und von meiner Schwägerin, der Psychiaterin. Er verhält sich natürlich indifferent – ich hätte auch von meiner Verwandtschaft zu der Familie Dagobert Duck berichten können.

Nunmehr wird vom Gericht angeordnet, dass der Psychiater an der Verhandlung teilnehmen muss. Der Gerichtstermin ist auf vormittags, neun Uhr angesetzt. Am Morgen um Acht läutet mein Telefon. Ludger Kleideiter teilt mir unter großer Erregung mit, dass ich dem Hürther Anwalt sofort das Mandat entziehen müsse. Er hatte ihn vorsichtshalber noch einmal angerufen, um zu überprüfen, ob da auch nichts schief läuft.

Jetzt ruft er aufgebracht:

„Peter, der Anwalt ist wie ausgewechselt. Man hat das Gefühl, dass er den Fall noch nicht einmal kennt."

Ich bitte Ludger sofort nach Düsseldorf zu kommen und diese Geschichte im Gerichtssaal aufzurollen. Er kann aber nicht, weil er einen wichtigen Termin hat. Damit steht etwas klar: Wenn ich jetzt in einer Stunde auffällig werde, indem ich meinen Anwalt einer bösen Verschwörung beschuldige, hat der Gerichtspsychiater einen Fall.

Also muss ich erst die ganze Verhandlung abwarten, um zu erleben, wie denn mein Verteidiger seinen Beitrag dazu leistet, dass ich verurteilt werde. Der ganze Verhandlungsverlauf ist so geplant, dass ich überhaupt keine Chance habe. Ich muss das Risiko eingehen und später in die Berufung gehen. Es kommt so, wie Ludger es vorher gesagt hat. Der Anwalt redet während der ganzen Verhandlung kaum ein Wort.

Der Termin zieht sich von morgens neun Uhr bis zum Abend hin. Er birgt eine Überraschung. Aus dem großen, starken afghanischen Facharzt ist ein kleines und schmächtiges Männlein geworden. Meine Schilderung, mit welcher Gemeinheit und Kraft ich festgehalten worden war, würde jetzt vor Gericht lächerlich wirken. Der Arzt steht kurz vor seinem Ableben. Umgekehrt kann ich jetzt auch nicht mehr dem Gericht schildern, dass ich kurz nach dem Vorfall von dem Chirurgen ein Angebot erhalten hatte. Er bot mir an, die Anzeige zurückzuziehen, wenn ich 10.000 Euro in bar zahle. Ich hatte das Angebot abgelehnt.

Die Vernehmung von Gabi wird zu einem Fiasko. Sie dreht vollkommen durch. Die Frage, warum sie denn eine Pistole im Küchenschrank aufbewahrt habe, kann sie nicht sachgerecht beantworten. Sie ist nicht in der Lage, ruhig darauf hinzuweisen, dass mit dieser Attrappe überhaupt keine scharfe Munition verschossen werden kann.

Stattdessen steigert sie sich in die Wahnvorstellung, dass nachts durch ihren Garten Männer mit Maschinenpistolen laufen. Sie wird später wegen Falschaussage angeklagt werden, nur weil sie zu meinen Gunsten ausgesagt hatte.

Ende Gerichtsverhandlung 1. Teil

An dieser Stelle soll die Schilderung der Gerichtsverhandlung am Amtsgericht Düsseldorf einmal unterbrochen werden, weil ich erzählen muss, wie zuvor diese lächerliche Schreckschusspistole in meiner Wohnung sichergestellt worden war.

An einem Tag, an dem ich mit Ulrich Volkenannt am Computer arbeitete, häuften sich plötzlich die Besucher, so dass ich mich nicht richtig konzentrieren konnte. Jetzt geht plötzlich erneut wieder die Türklingel, und eine Reihe von schwergewichtigen Personen kommt die Treppe hochgestampft. Wie sich herausstellt, handelte es sich um fünf Kriminalhauptkommissare und eine Kriminalhauptkommissarin. Alle gekleidet in lächerlich billigem Zivil. Der Anführer zeigt mir einen Durchsuchungsbefehl. Sie suchen nach einer Schusswaffe.

Ich erkläre, dass ich von meinem Bruder einmal ein Repetiergewähr, Kaliber 38 (mantellose Bleigeschosse), geschenkt bekommen hatte, dieses später aber aus Sicherheitsgründen ins Polizeipräsidium Düsseldorf gelenkt habe. Dieser Vorfall ist belegt. Die sechs Kriminalbeamten verteilen sich im Wohnzimmer und an der Ausgangstür wie in einem Kriminalfilm.

Der Anführer faselt von einer Handfeuerwaffe. Hierunter versteht der Gesetzgeber eine Pistole oder einen Revolver, womit scharfe Munition abgefeuert werden kann.

Jetzt begreife ich, dass aus der Schreckschusspistole eine echte Handfeuerwaffe gezaubert werden soll. Ich erkläre, dass ich eine solche Waffe nicht besitze, aber dass meine Putzhilfe, die in der Küche arbeitet, einen Schreckschussrevolver besitzt, für den ich ihr sechs Gaspatronen gegen Quittung gekauft habe. Der Anführer will, dass ich diese herausrücke, worauf ich lachend antworte:

„Ich bin weder Eigentümer noch Besitzer dieses Spielzeuges."

Er bedroht mich damit, dass meine ganze Wohnung auseinander genommen wird, so dass sie nach der Durchsuchung ein Trümmerfeld darstellt.

„Schauen Sie einmal auf den Esstisch."

Sie stürzen sich auf das Objekt ihrer Begierde.

*

Bei ihrer Untersuchung stellt sich dann heraus, dass es sich nicht um eine Schusswaffe handelt, mit der man Geschosse abfeuern kann. Gabi kommt ins Wohnzimmer und erklärt, dass ihr die Schreckschusspistole gehöre.

Ich werde gebeten, mit zum Polizeipräsidium zu fahren, weil dort ein schriftliches Protokoll anfertigt werden müsse. Rolf Niemann, der sich unter den Besuchern im Zimmer befindet, tritt auf mich zu und erklärt:

„Ich komme mit, vorsichtshalber!"

Ich werde gebeten, mit einem der beiden zivilen Autos mitzufahren. Jetzt sitze ich eingeklemmt zwischen den Beamten, die ohne Uniform wie echte Gangster aussehen.

Im Polizeipräsidium, in einem oberen Stockwerk, landen alle Beteiligten in einem sehr großen Zimmer. Nur Rolf Niemann muss draußen vor der Türe bleiben. Nun werden gegen meinen Willen Lichtbilder und Fingerabrücke angefertigt. Ich protestiere sehr heftig. Jetzt wird der Anführer recht deutlich.

„Warten Sie mal, Herr Plichta, wer gleich kommt!"

Auf dem Tisch mit zwei Stühlen mitten im Raum liegt ein Zettel. Er ist handgeschrieben. Ich werfe einen Blick darauf:

„Schon als Jugendlicher auffällig. Hochintelligent. Wahnvorstellungen. Manisch depressiv. Allgemeingefährlich ...“

Mehr kann ich nicht lesen. Unterschrieben ist dieser Zettel, der wohl durch Fax übertragen wurde, von Dr. med. Christa Plichta, Psychiaterin. Ich sitze in einer lebensgefährlichen Falle.

*

Plötzlich hört man auf dem Flur laute Stimmen. Es musste Rolf Niemann sein, der auf den Besucher heftig einredet. Indem sich die Tür öffnet, kann ich Rolf noch laut sagen hören:

„Dieser Dr. Plichta ist ein Genie. Wir haben die Verpflichtung zu verhindern, dass ihm seine Verwandtschaft mit Hilfe von Düsseldorfer Beamten etwas Schlimmes antut.“

Der Besucher betritt den Raum und gibt mir die Hand. Wir setzen uns. Wir schauen uns beide an und schweigen – ziemlich lange. Er stellt sich als Polizeiarzt vor. Ich schweige weiterhin.

Die Kriminalbeamten haben sich hinten im Saal zurückgezogen. Plötzlich stellt der Arzt eine Frage:

„Herr Dr. Plichta, besitzen Sie in Niederkassel eine Apotheke, und waren Sie früher mit der Ärztin Sigrid Plichta verheiratet?“

„Ja.“

Schweigen.

Jetzt fängt er sich und schaut in seine Unterlagen. Plötzlich blickt er wieder auf und spricht:

„Wenn ich das hier an diesem Freitagnachmittag unterschreibe, wird Sie am Montag Ihr Anwalt nicht mehr wiedererkennen.“

Mir ist klar, dass ich in die Landesklinik eingewiesen werden soll. Dort wartet mit Sicherheit der Psychiatrische Direktor, Prof. Dr. Heinrich auf mich. Während Dr. Konrad Henkel längst verstorben ist, ist Heinrich immer noch im Amt. Dieser Teufel von Arzt ist einmal in seinem Leben unvorstellbar beleidigt worden – und zwar von mir – in Gegenwart von einem Dutzend weiß kostümierter Ärzte in Ausbildung. Später kam hinzu, dass er den Gerichtsprozess am Beschwerdegericht des Landgerichtes Düsseldorf gegen mich verloren hat.

Ich schweige weiter. Der Polizeiarzt muss den Hintergrund meiner Festnahme ohne Haftbefehl durchschaut haben. Plötzlich strafft er sich und sagt laut und deutlich:

„Herr Dr. Plichta, bitte stehen Sie auf, und gehen Sie nach Hause. Draußen steht ihr Freund und wird Sie fahren.“

Ich erhebe mich und reiche ihm die Hand:

„Ich bedanke mich bei Ihnen!“

Dann verlasse ich grußlos den Saal.

Zurück zur Gerichtsverhandlung, 2. Teil

Den ganzen Vormittag hatte sich der vorsitzende Richter endlos mit Zeugen in der Sache „Auseinandersetzung mit dem Chirurgen“ befasst. Mein Anwalt hatte keinen Zeugen vernommen.

Statt den einzigen Anklagepunkt „Verletzung des Daumens durch dreimaliges Treten mit dem Fuß“ präzise zu untersuchen und zu beweisen, wird nur bagatellisiert. Der Chirurg kann seine Verletzung nur dadurch glaubhaft machen, dass er einen befreundeten Kollegen, der auch Chirurg ist, aufgesucht hat. Dieser hatte lediglich, auf die Aussage des afghanischen Kollegen hin, eine Daumenverletzung blind attestiert. Eine Röntgenaufnahme wurde nicht gemacht, auch kein Verband angelegt. Einen bleibenden Schaden gibt es nicht.

Ich habe mich bisher völlig ruhig verhalten und bitte nur in diesem Fall darum, dem Zeugen eine Frage zu stellen. Sie lautet:

„Könnten Sie dem Richter erklären, wie denn ein gezielter dreimaliger Tritt gegen einen Daumen durchgeführt worden ist und warum der Daumen immer wieder getroffen werden konnte?“

Solche Fragen müsste eigentlich die Staatsanwaltschaft stellen. Nur der Staatsanwalt verhält sich an diesem Tag, als sei er Besucher dieser Verhandlung. Die Verhandlung wird zur Groteske.

Nach der Mittagspause wird sich der Richter mit der Zeugin Walburga Posch befassen. Walburga bestätigt, dass ich meinen Besuch vorher angekündigt hatte. Sie gibt auch zu, dass ich mein Auto nicht verlassen habe und durch die heruntergedrehte Fensterscheibe mit ihr gesprochen habe. Mein Einwand, dass ich aus Vorsicht vor irgendeiner Attacke von Walburga die Scheibe nur einen Spalt geöffnet hatte, wird einfach ignoriert.

Sie sagt aus, dass ich mit einer Pistole auf sie gezielt habe. Nun wird das Bild des zierlichen Schreckschussrevolvers übergroß auf die Wand projiziert und Walburga „erkennt“ ihn wieder. Ich möchte am liebsten aufspringen und laut rufen:

„Bei dieser Verhandlungsführung kann die Zeugin jede an die Wand geworfene Pistole wiedererkennen.“

Da mein Anwalt auch Frau Posch nicht verhört, wird über einen entscheidenden Tatbestand nicht verhandelt. Fest steht nämlich, dass Erika und ich bezeugen können, dass Walburga am Telefon davon geredet hat, dass mein geplanter Medikamentenentzug in einer Klinik zu einem Attentat missbraucht werden soll. Mein Verteidiger schweigt, und ich kann über die Verbindung zwischen Walburga und meiner

Schwägerin Dr. med. Christa Plichta bei dieser Form der Verhandlungsführung nicht reden. Der Gerichtspsychiater wartet doch nur auf eine solche Blöße.

*

Meine Vorgehensweise zahlt sich aus. Gegen späten Nachmittag ist dieser Spuk von Verhandlung endlich vorbei. Jetzt steht der Gerichtspsychiater auf und beginnt eine lange Stellungnahme.

Er beschreibt mich als eine sehr intelligente, besonnene Person mit mehreren Hochschulstudien. Er lobt in ausführlicher Form die Art, wie ich in der Verhandlung die Ruhe bewahrt habe. Als besonderes Kennzeichen meiner Persönlichkeit hebt er hervor, dass ich sowohl den Arzt, als auch die ehemalige Freundin, Frau Posch nicht beschuldigt habe. Er betont meine Beherrschung während einiger Phasen der Verhandlung, wo er meine Empörung erwartete hatte.

Durch diesen Schachzug habe ich die größte Gefahr in diesem Prozess überwunden.

Aber es lauert noch eine andere Gefahr, und diese liegt in der Protokollführung des Richters. Sie ist so geschickt aufgebaut, dass der Richter in der nächsten Instanz nicht den geringsten Zweifel empfinden wird. Zweifel ist aber Grundlage eines jeglichen Gerichtsprozesses. Nicht umsonst trägt die Justitia ein Tuch vor den Augen und hält dabei als Symbol für das Austarieren der Wahrheit eine Pendelwaage in ihrer Hand.

Eine längere Haftstrafe zur Bewährung ist ausgesprochen. Mit dieser Vorgabe kann auch der geschickteste Anwalt wenig ausrichten. Der Chirurg, der mich angezeigt hatte, wird dann längst gestorben sein. Seine Aussage kann nicht angefochten werden, weil ein Anwalt nur einen Lebenden wirklich in die Zange nehmen kann. Mit der zweiten Anklägerin, Frau Posch, würde ein guter Anwalt fertig. Ihre Art, wie sie ihre Pensionierung durch Betrug erschlichen hat, würde sie in einem Berufungsverfahren sofort unglaubwürdig machen.

Ich brauche also nicht nur einen glänzenden Verteidiger, sondern eine List, um das ganze Verfahren zur Einstellung zu bringen. Hinzu kommt, dass die Staatsanwaltschaft Gabi mit Sicherheit einen Prozess wegen Falschaussage anhängen wird. Dann würde ich als Zeuge geladen. Sie hat ausgesagt, dass ich den afghanischen Arzt nicht dreimal gegen den Daumen getreten habe. Ob das die Wahrheit ist, spielt keine Rolle. Ich darf diese Aussage nicht bestätigen, weil ich dann selbst wegen Falschaussage vor Gericht gestellt werde.

In diesem weiteren Prozess würde ich dann erneut verurteilt, so dass die Bewährungsstrafe hinfällig würde. Auf diese gemeine Falle der Justiz bin ich selber nicht gekommen. Darauf hat mich ein befreundeter Strafverteidiger, Walter Mendel, aufmerksam gemacht.

Er hatte sich mit meinen Büchern beschäftigt und weigert sich, mein Strafverteidiger zu werden. Seine Begründung lautet:

„Herr Plichta, ich bin sehr tief mit Ihrer geistigen Idee und dem Schicksal Ihres Lebens verbunden. Wenn dieser Prozess schief läuft, könnte ich mir das nie verzeihen."

Jetzt bleibt nur noch Uli Wedershoven übrig. Allerdings ist er ein geborener Richter, kein aggressiver Strafverteidiger. Da muss ich den Hebel ansetzen – auf seinen Beruf und seine Berufung als Richter.

*

Inzwischen wird sehr fein an meinem Eigentum in Düsseldorf-Niederkassel – der Comenius-Apotheke – gesägt. Plötzlich kündigt die Apothekerin Renate Kemper unseren Pachtvertrag. Sie wollte nur schlichtweg den Pachtzins verringern, und ich bin aus lauter Besserwisserei auf ihren Vorschlag nicht eingegangen. Da ihre beiden PTAs gekündigt haben, stellt sie einen Apotheker ein, den ich vom ersten Moment an nicht in meiner Apotheke beschäftigt sehen wollte.

Dieser will meine Apotheke pachten, aber zu Bedingungen, die ich nicht akzeptieren kann. Er schickt mir einen Pachtvertrag, dessen Entwurf nicht von der Apothekenkammer stammt, sondern von ihm selbst formuliert.

Ich kann mit ihm keinen Streit entfachen, weil Frau Kemper längst die Apotheke verlassen hat und nicht zurückkehren möchte. Er droht mit sofortiger Kündigung. Damit liegt um meinen Hals ein Strick. Ich habe versäumt, den Nachfolger von Frau Kemper selbst zu finden. Den Pachtvertrag für ein Jahr muss ich unterschreiben, da ich die Apotheke ansonsten eine Zeit lang schließen müsste.

Die Finte des Herrn Schmitz bestand aber nicht in dem Entwurf des Pachtvertrages, sondern darin, dass er in der kurzen Zeit zwischen meinem mündlichen Einverständnis und meiner Unterschrift eine Seite ausgetauscht hat. Dort hat er wirklich geschickt und unauffällig den Vertragstext um ein Wort ergänzt. Ich hatte es nicht gemerkt, und es kommt erst raus, als die Pachteinnahmen drastisch sinken.

Die Sache landet vor einer Schlichtungskammer der Apothekenkammer Nordrhein. Diese hatte schon einmal einen Prozess gegen mich angezettelt. Damals fand ich heraus, dass mein Anwalt für öffentliches Recht in Wirklichkeit der Privatanwalt des Waschmittelkönigs Konrad Henkel war. Denen hatte ich die Hölle heiß gemacht!

Diesmal bin ich dran und verliere. Der Apotheker Erik Schmitz gibt glatt zu, dass er das eine Wort im nachhinein eingefügt hat und davon ausging, dass ich das auch merke. Herrn Schmitz Verhalten wird nicht als betrügerische Absicht eingestuft mit der Begründung, ich hätte den Vertrag ja besser durchlesen können.

Hier zeigen sich die Schwächen meines Rechtsanwaltes Uli Wedershoven. Er war immer ein glänzender Richter und kein knallharter Rechtsanwalt.

Ich verliere, aber nicht nur den Kammerprozess, sondern noch eine Reihe andere Prozesse. Deswegen konzentriere ich mich auf den wirklich gefährlichen, bevorstehenden Berufungsprozess am Landgericht.

*

Uli Wedershoven gehört von seiner Erscheinung her zu jener seltenen Sorte von Männern, die keine Aggressivität ausstrahlen und nicht durch Redefluss wirken möchten, sondern durch Sachkenntnis und Liebenswürdigkeit. Nun reift ein Plan in mir. Der Richter der zweiten Instanz hat mit Sicherheit schon die Akte Plichta durchblättert und sich dabei eine für mich ungünstige Meinung gebildet. Darüber diskutiere ich mit Uli. Er stimmt mir zu.

Daraufhin mache ich ihm den Vorschlag, den Namen des Richters in Erfahrung zu bringen und ihn dann in seiner Sprechstunde aufzusuchen. Uli ist grundsätzlich einverstanden, aber er zögert.

Irgendwann, als Uli wieder einmal in Düsseldorf ist, beschließt er endlich den Richter aufzusuchen. Ich bin von dem seltsamen Gefühl befallen, dass jetzt eine Entscheidung fällt.

Als Uli zurückkehrt, leuchtet sein Gesicht mit jenem Blick, der oft mit einer handfesten Überraschung verknüpft ist.

„Peter, dieser Richter und ich sind alte Bekannte. Als ich meinen Posten als Vorsitzender einer Strafkammer in Mönchengladbach aufgab, habe ich meinen Nachfolger noch kennengelernt. Wir haben uns auf Anhieb gut verstanden. Heute, nach so vielen Jahrzehnten sind wir uns wiederbegegnet. Mein damaliger Nachfolger an der Strafkammer ist jetzt am Landgericht Düsseldorf. Zu meiner Verblüffung stellte ich fest, dass er der Richter in deinem Fall ist.

Nachdem wir uns über unsere Vergangenheit ausgetauscht haben, fragte er mich, was denn mein Anliegen sei. Ich sagte darauf hin:

— · —

> „Ich komme wegen einem Mandanten Dr. Plichta und wollte Sie fragen, wie es um diesen Fall steht.“

Seine prompte Antwort lautete:

„Der wird wieder verknackt."

Daraufhin erzählte ich ihm, dass ich Dich als Erfinder kennengelernt habe und Dich als Mensch schätze. Aus der Gerichtsakte sei überhaupt nicht zu entnehmen, wer Du eigentlich bist und welche schlimmen Feinde Du hast.

Das hat den Kollegen beeindruckt und ihn zu der Frage verleitet, ob Du auch so einsichtig wärst, den Fall mit Zahlung einer hohen Buße abzuschließen.

— · —

Ich habe das bejaht. Daraufhin hat er mir vorgeschlagen, dass dieser Dr. Plichta 5000 Euro an die Gerichtskasse zahlen müsste. Jetzt brauche ich Dein Einverständnis. Ich springe auf und umarme Uli.

*

Indem nun das Verfahren eingestellt wird, ist die Gefahr einer Vorstrafe vom Tisch. Das merkt natürlich auch die Gegenseite. Man war in bestimmten Behördenkreisen an Gabis Prozess wegen Falschaussage nur interessiert, um mich plangemäß als vorbestraften Zeugen vorzuladen. Nun erfahre ich, dass Gabi von ihrem zuständigen Richter mitgeteilt wurde, dass auch ihr Verfahren gegen den gleichen Betrag von 5000 Euro eingestellt werden kann. Allerdings hat sie auf diese grandiose Chance verzichtet, weil sie einfach das Geld nicht hatte.

Jetzt treffe ich mich mit Gabi und lege ihr ein Anschreiben an den zuständigen Richter vor. Darin entschuldigt sie sich, dass sie sich lange nicht gemeldet hat. Sie habe in dieser Zeit versucht, diesen Betrag irgendwie von verschiedenen Bekannten in kleineren Beträgen als Leihgaben aufzutreiben. Umsonst! Sie bittet nun darum, diesen für sie riesigen Betrag etwa auf 1.000 Euro zu reduzieren, da sie kein Einkommen habe und von der Sozialhilfe lebe. Gabi unterschreibt.

Daraufhin wird die Buße auf 1.200 Euro gesenkt. An einem bestimmten Tag, zu einem Zeitpunkt, an dem die Gerichtskasse geöffnet ist, fahren Gabi, Yvonne und ich gemeinsam zum Düsseldorfer Amts/Landgericht. Ich habe das Geld in bar dabei, und Yvonne sorgt dafür, dass sie zusieht, wie Gabi den Betrag gegen Quittung einzahlt. Damit ist auch dieser Spuk vorbei. Die List hat über die Bestie und Henkelerbin Dr. Christa Plichta gesiegt.

*

Jetzt finde ich endlich Zeit und Ruhe, das Arzneimittel Tramadol zu entziehen. Fast ein Jahr verbringe fest im Bett und werde von Yvonne gepflegt. Sie ist in dieser Zeit mein einziger Gesprächspartner, und sie versteht es, mich ans Reden zu bringen. Gleichzeitig liest sie „Das Primzahlkreuz“ und erarbeitet sich ein Verständnis für die Zusammenhänge meiner wissenschaftlichen Entdeckungen, aber auch für die dramatischen Geschehnisse in meinem Leben.

Ein weiteres halbes Jahr vergeht mit weniger Bettruhe und mit immer ausgedehnteren Spaziergängen. Wir verbringen die Zeit mit langen Gesprächen und naturwissenschaftlichem Unterricht in den Wäldern von Overath. Die Depressionen, die Schmerzen und die damit verbundenen Suizidgedanken geben mir einen Einblick in das Schicksal der Millionen Heroinsüchtigen, denn Tramadol ist kein Morphium Derivat.

Tramadol, von Grünenthal entwickelt, fällt nicht unter das Betäubungsmittelgesetz. Es ist nur zentralerregend. Die Ärzte gaukeln dem Patienten vor, wie schmerzlindernd der Wirkstoff Tramadol sei, sodass die meisten Patienten sich dann einbilden, wie wirksam die Behandlung ist. Mit diesem Trick sind Gewinne über Milliarden weltweit erzielt worden. Aus seiner chemischen Formel lässt sich entnehmen, dass das Molekül ein Stickstoffatom enthält, das in einer bestimmten Entfernung zu einem asymmetrischen Kohlenstoffatom in Bezug steht. Dies ist aber Kennzeichen des Morphiums und aller seiner Derivate, die als Opiate dem Betäubungsmittelgesetz unterliegen.

10 Milligramm Morphiumchlorid, aufgelöst in Wasser und intravenös injiziert, bewirken einzigartig, dass auch die größten Schmerzen schlagartig für einige Stunden verschwinden. Würde dieselbe Menge Morphiumchlorid oral eingenommen, bliebe die Wirkung aus. Das soll näher erklärt werden.

Mit der Saat bestimmter Mohnsorten in tropischen Gebieten entstehen nach dem Abfall der Blütenblätter Samenkapseln. Werden diese nun mit einer Rasierklinge angeritzt, tritt eine milchige Flüssigkeit aus. Diese wird nach einer bestimmten Zeit von der Mohnkapsel mit einem Messer abgeschabt, gesammelt und getrocknet. Es entsteht ein braunes, glasiges Harz, das als Rohopium bezeichnet wird. Dieses Harz wurde insbesondere in China so zur Anwendung gebracht, dass es zusammen mit zerkleinerter Holzkohle im Kopf einer langen Tabakpfeife landete. Nach dem Anzünden des Brennmaterials verdampft nun das Harz und gelangt zusammen mit der eingeatmeten Luft in die Lunge. Dort entwickelt es Schläfrigkeit und Glücksgefühle. Diese wiederum führen zu phantastischen Träumen, so dass sich nach häufiger Anwendung eine enorme Sucht aufbaut.

Umgekehrt importierte man noch im achtzehnten und neunzehnten Jahrhundert Rohopium in die Apotheken des Westens. Dort wurde dann das Opium in warmem Alkohol aufgelöst. Da Opium neben seinem Hauptbestandteil, Harz, drei chemische Substanzen enthält, ergab eine Analyse folgendes: Eine der Substanzen war der Wirkstoff, der das Rauschgefühl hervorruft: Morphium. Die beiden anderen Substanzen erwiesen sich als unwirksam.

Die dunkelbraune Lösung wurde filtriert und verkaufte sich prächtig als das Arzneimittel Opiumtropfen. Was immer diese an Wirkung entfalteten – Euphorie, Entspannung, Hustenreiz, Schmerzlinderung – so hatten sie doch nichts mit der Wirkung des Opiumrauchens zu tun.

Erst ein deutscher Apotheker entwickelte die Idee, reines Morphin in Form eines Salzes in Wasser aufzulösen und mit Glasspritzen und Injektionsnadeln in die Vene zu verabreichen.

Jetzt wurde der sofortige Schmerzverlust, aber auch die grausige Nebenwirkung von Morphium verstanden: Der pharmazeutische Entdecker wurde selbst süchtig. Und diese Sucht äußerte sich in entsetzlichen und schmerzhaften Entzügen, die nur dadurch erträglich wurden, wenn der Entzug langsam durch Verringerung der Dosis erfolgte.

*

Nach dem Ersten Weltkrieg entwickelte sich neben dem Schnupfen von Kokain, die intravenöse Verabreichung von Morphium als Massensucht. Der Morphinist war durch seine Euphorie völlig ungehemmt in seinem Missbrauch, so dass er davon überzeugt war, die Anwendung sei unter seiner Kontrolle. Erst jetzt begann der Gesetzgeber zögerlich zu handeln.

Die Apotheken wurden verpflichtet, den Verkauf von Morphium-Ampullen, und natürlich von allen anderen Betäubungsmittel, in einem Buch festzuhalten.

Erst lange Zeit nach dem Zweiten Weltkrieg wurde ein Sperrriegel eingeführt. Ärzte mussten die Verschreibung von Betäubungsmitteln auf Formularen verrichten, die mit zwei Blaupausen versehen waren. Bei der Verschreibung mussten Vorschriften vollständig und fehlerfrei eingehalten werden. Dabei übersah der Gesetzgeber, dass die Ärzte die aufwendige Ausstellung der Rezepte zunehmend vermieden. Ein Rezept mit einem Form- oder Rechtschreibefehler durfte nicht einfach vernichtet werden. Jeder Fehler musste registriert werden, ohne daran zu denken, dass sich Ärzte grundsätzlich scheuen, Fehler zuzugeben.

Den Apothekern war nun gesetzlich vorgeschrieben, die Annahme eines Betäubungsmittelrezeptes beim geringsten Fehler zu verweigern. Dadurch sanken die Verordnungen um ein Vielfaches. Heute werden kaum noch Betäubungsmittel verschrieben. Selbst Darreichungen nicht in Ampullen, sondern in Tabletten, Tropfen oder Zäpfchen, sind fast zum Erliegen gekommen. Ein Massenwahn hat sich in das Gegenteil verwandelt.

Da Patienten mit großen Schmerzen nur mit Morphium, intravenös verabreicht, geholfen werden kann, taucht hier ein Widerspruch auf. Die Suchtgefahr wird derart in den Vordergrund gestellt, dass es so selten wie möglich zur Verschreibung kommt. Auf diese Weise wird selbst totgeweihten Patienten das Morphium häufig vorenthalten.

Jetzt konnte die Firma Grünenthal mit ihrer Schmerzmittelforschung auftrumpfen. In den Handel gelangen nunmehr keine Opiate, sondern sogenannte Opioide, wie Tramadol.

Diese unterliegen nicht dem Betäubungsmittelgesetz. Dies lässt sich auch anders ausdrücken: Millionen von Rauschgiftsüchtigen können illegal für viel Geld Stoff erwerben, der wirksam ist. Schmerzpatienten dagegen erhalten keine Opiate wegen Suchtgefahr!

*

Der Entzug von Tramadol gelang schließlich, und ich hatte die Chance mit Yvonne neu anzufangen. Während ich noch ans Bett gefesselt war, hatte der Apotheker Schmitz mich vor die Wahl gestellt, meine Apotheke entweder käuflich zu erwerben, oder sie mangels Nachfolger zum Ende des Jahres zu schließen. Während ich hilflos reagierte, übernahm Yvonne das Problem. Sie schaffte es, kurz vor Weihnachten 2010 doch noch einen jüngeren, tatkräftigen Pächter zu finden, der bisher als angestellter Apotheker gearbeitet hatte. Er überschaute die brenzlige Lage, in der ich mich als Verpächter befand. Denn wäre die Apotheke erst einmal auf unbestimmte Zeit geschlossen, würde die wichtige Stammkundschaft sich blitzschnell neu orientieren.

Mir gelang es für den Silvesternachmittag noch einen Notartermin zu bekommen, um den neuen Pachtvertrag zu beglaubigen! Kurz vor halb sieben ergatterte ich noch zwei Flaschen Champagner bei Kaisers Kaffee, dem Lebensmittelgeschäft gegenüber der Apotheke. Dann lief ich über die Straße und betrat eine Minute vor Ladenschluss meine Apotheke. An der Eingangstür entfernte ich erst einmal das große Schild: „Die Comenius Apotheke schließt zum 1.1.2011."

Vor mir stand Herr Schmitz – kalkweiß. Ich verlangte die Schlüssel der Apotheke. Erleichtert fuhr ich zurück nach Overath.

*

Neun Jahre später wiederholte sich das Spiel. Mein neuer Pächter Herr Thiel hatte die Apotheke zu seiner und meiner Zufriedenheit geführt. Beharrlich behauptete er aber im letzten Jahr, dass die wirtschaftliche Lage der Apotheke so ungünstig sei, dass er sie schließen müsste. Ich versuchte durch Senkung des Pachtzinses dies zu verhindern. Mit Verbissenheit verteidigte er seinen neuen Standpunkt, dass die Apotheke „tot“ sei.

Die Anwärter zur Übernahme der Pacht traten alle nach kurzer Zeit wieder von ihrer Bewerbung zurück. Eine interessierte Apothekerin berichtete mir, dass Herr Thiel seinen möglichen Nachfolgern die wirtschaftliche Apothekensituation besonders gewissenhaft als kritisch nahelege, und dass er den Kunden fleißig die bevorstehende Schließung ankündige.

Das Spiel, das mit Herrn Schmitz begonnen hatte, setzte sich mit Herrn Thiel fort. Doch dieses Mal wurde die Apotheke zum 1.1.2020 geschlossen.

Noch etwas wiederholte sich. Die Sucht nach dem Schmerzmittel Tramadol war überwunden, doch konnte ich nachts nur mit Schlafmittel Ruhe finden. Als Herr Thiel die Apotheke übernommen hatte, empfahl er mir ein neueres Schlafmittel mit dem Namen Dormicum.

Dieses Medikament gehört zu der Gruppe der Benzodiazepine. Sie wirken angstlösend und beruhigend, machen aber nach längerem Gebrauch süchtig. Über einige Jahre kam ich mit dem Schlafmittel gut zurecht, doch wurde es mir zum Verhängnis, als ich im Jahr 2018 in Marburg ein drittes Mal versuchte, den Mord an Helga anzuzeigen. Diesmal wandte ich mich an die Frankfurter Staatsanwaltschaft.

Das erneute Aufrollen des Dramas in allen Einzelheiten hatte mich gänzlich erschöpft. Ich konnte nicht mehr schlafen und nahm das Schlafmittel mehrmals in der Nacht.

Zu dieser Zeit hatte Yvonne eine Stelle als Sekretärin angenommen, und sie verließ morgens das Haus. Da sie erst am frühen Nachmittag wieder zurückkam und ich bis dahin nicht depressiv im Bett zurückbleiben wollte, half ich mir mit einem Aufputschmittel. Nach kurzer Zeit fühlte ich mich befreit von aller Schwermut, schlüpfte in einen meiner Anzüge und begann mit meinen vielen Erledigungen. Dabei nahm ich nicht wahr, dass mich die Wirkung der Medikamente immer mehr von der Wirklichkeit entfernte.

In diese Zeit fiel auch mein Verlangen, noch einmal das Pharmazeutische Institut aufzusuchen. Es liegt nur wenige Kilometer von unserem Wohnort entfernt. Eines Morgens bog ich in den Ketzerbach und lenkte den Wagen auf den Parkplatz des Dekanats. Professor Keusgen empfing mich freundlich. Ich erzählte ihm davon, dass ich nach den drei Semestern meines Pharmaziestudiums im letzten Moment davon erfahren hatte, dass man mich im anstehenden Abschlussschlussexamen durchfallen lassen wollte. Daraufhin hatte ich mich an den berühmten, als Pharmaziepapst bekannten Professor Böhme in Marburg gewandt. Dieser entschied nach einiger Überlegung, mich ausnahmsweise selbst zu prüfen, was am schwarzen Brett des Institutes offiziell angekündigt wurde. Diese Prüfung verlief, wie von einem Schutzengel geführt, einzigartig ab. Ich erhielt die Bestnote, die Professor Böhme noch niemals zuvor vergeben hatte. (Band I, 3. Aufl. Seite 244 ff.)

Professor Keusgen hörte mir aufmerksam zu und bot mir an, mich ins Archiv zu begleiten, wo ich ihm mein Zeugnis mit der Note „Summa cum laude" umkreist von vier handgemalten Sternchen zeigen konnte.

So verging der Sommer. Tagsüber war ich in Hochform und abends saßen wir fröhlich in den Marburger Studentenkneipen. Überall lernten wir Menschen kennen. In der Nacht aber wankte ich im Zweistundentakt durch die Wohnung zum Kühlschrank, um dort für die Einnahme einer weiteren Schlaftablette ein Glas Rum mit Cola zu mixen.

Yvonnes Versuche, mich zur Vernunft zu bringen, schlug ich aggressiv in den Wind. Überhaupt gab es jetzt heftige Spannungen zwischen uns. Wir hatten in der Schweiz geheiratet und nun drohte sie mir ernsthaft, mich diesmal wirklich allein zu lassen, wenn ich nicht medizinische Hilfe in Anspruch nehmen würde. Ich wusste, so ging es nicht weiter.

Eine Möglichkeit bot sich in der Universitätsklink Marburg, ein paar Minuten von unserem Wohnort entfernt. Dort bezog ich nach kurzer Wartezeit, im nasskalten November, ein spartanisches Einzelzimmer.

Zum Jahreswechsel kam es dort zu einem Zwischenfall. Durch den Entzug gebeutelt, hatte ich eine heftige Auseinandersetzung mit dem Krankenhauspersonal, weil ich mir wiederholt ein Taxi nehmen wollte, um nach Hause zu fahren. Aufgrund meines heftigen Widerstandes wurden die Polizei und die Staatsanwaltschaft gerufen. Ich rief Yvonne an.

Sie erschien blitzschnell. Nachdem sie mit der Stationsleitung gesprochen hatte, kehrte sie betroffen in mein Zimmer zurück.

Ich hatte nur die Möglichkeit, den Medikamentenentzug auf eigene Gefahr abzubrechen oder in eine entfernter gelegene Klinik zu wechseln. Beides war in meiner Situation zu gefährlich. So gab es keine andere Möglichkeit, als der Verlegung auf eine geschlossene Abteilung zuzustimmen.

Yvonne begleitete mich in den Sicherheitstrakt der Marburger Universitätsklinik, Abteilung Psychiatrie. Den Eindruck, den so eine Abteilung vermittelt, kann nur die allerhöchste Warnstufe in einem Menschen auslösen. Zitternd umarmte sie mich und flüsterte mir ins Ohr:

„Peter, ich bin in dein Leben getreten, als du dringend Hilfe brauchtest. Seitdem ist viel passiert, und wir haben fest zusammengehalten. Auch das hier ziehen wir gemeinsam durch!“

Ich setzte meinen Entzug also fort. Während der kommenden Monate bewachte sie den Ablauf so gut es ging und dokumentierte die Medikation. Außerdem bestand die lauernde Gefahr, dass meine Verwandtschaft, sofern sie von meinem Klinikaufenthalt erfahren würde, erneut versuchen könnte, diesen für ein Attentat auszunutzen. Daher hielt sie Kontakt zu meinem Freund, dem Kriminalhauptkommissar Ludger Kleideiter, der sich bereithielt, bei jeglicher Unstimmigkeit sofort nach Marburg zu kommen.

Wir verbrachten jeden Tag einige Stunden zusammen. Auch meine Tochter besuchte mich. Auf diese Weise sorgten beide Frauen dafür, dass sich bei mir langsam das Gefühl einstellte, wieder richtig gesund werden zu können.

Kapitel 9

Raum, Zeit und die Primzahl 19

Mit der Begriffsbildung „Chemische Elemente“ durch Lavoisier erwiesen sich die fortlaufenden Zahlen als die entscheidende Möglichkeit, die Elemente zu klassifizieren. Wasserstoff (Hydrogenium) wurde als das einfachste Element $_1H$ erfasst, so dass sich im Laufe vieler Jahre eine Nummerierung durchsetzte. Mitte des 19. Jahrhunderts verbreitete sich der Gedanke, dass sich alle chemischen Elemente in acht Gruppen periodisch unterteilen lassen, wobei noch zwei Nebengruppen notwendig wurden.

Die Gründe dafür blieben lange unbekannt. Erst mit der Entwicklung des Modells der Elektronenschalen brach bei den Wissenschaftlern die Euphorie aus. Statt zu betonen, dass wir jetzt endlich ein wenig darüber wissen, warum die chemischen Elemente in einer ewigen Ordnung angelegt sind, wurde gejubelt: „Jetzt wissen wir alles!“

Das Periodensystem baut auf den Anzahlen von Protonen in einem Atomkern auf, und zwar nach den fortlaufenden Zahlen 1, 2, 3, 4, 5, ... , wobei die Protonenzahl eines Atomkerns eben auch die Anzahl der Elektronen auf der Hülle bestimmt. Mit der Entdeckung des Neutrons wurde dann die scheinbar letzte Lücke unseres Wissens über die Atome geschlossen. Flugs wurden die Neutronen im Atomkern als eine Art notwendiger Klebstoff erklärt. Wie in dem Märchen „Des Kaisers neue Kleider“ wäre ein Kind notwendig gewesen, das in seiner Unschuld die Gaukelei beim Namen genannt hätte.

Ich war einmal so ein Kind, das früh verstanden hatte, dass die Elektronen deswegen auf Motorrädern um den Heliumkern rasen, damit sie nicht in den Kern hineinfallen. Aber dem kleinen Peter war auch klar, dass die Motorräder nur dazu dienten, Kindern zu vermitteln, dass die Elektronen permanent in Kreisen um den Atomkern fliegen, ähnlich wie die Planeten um die Sonne.

Später als jugendlicher Schüler erkannte ich dann, dass die Elektronen gar nicht um den Atomkern fliegen, und dass die Gründe, warum sie dennoch nicht in den Kern fallen, völlig ungelöst sind.

Die Erklärung, die von Wissenschaftlern erfundenen Quantengesetze seien es, welche die Anzahlen der Elektronen auf den Elektronenschalen bestimmen, habe ich als Angeberei empfunden. Die Zahlen waren vor uns da. Sie waren immer da.

Auch hatte ich mit etwa 12 Jahren verstanden, dass die Atomkerne eines jeden chemischen Elementes nicht nur aus einer festgelegten Anzahl von Protonen bestehen, sondern zusätzlich verschiedene Anzahlen von Neutronen besitzen können. Da in keinem Chemie- oder Physikbuch etwas über den Hintergrund für das eiserne Gesetz der zehn Sorten Isotopen zu lesen stand, war ich früh zu den entscheidenden Fragen vorgestoßen, die mich mein Leben lang begleitet haben: Warum ist das Wesen der Isotopie vierfach mit der Summe der Zahlen 1 + 19 verknüpft. Die Antwort auf diese Frage müsste in der Primzahl 19 selbst verborgen sein.

*

In Band III 6. Buch S. 313 f. war ich erstmalig auf die Teilbarkeit durch drei bei **3** · (1 + 19) Ordnungszahlen eingegangen. In Umkehrung lassen sich **1** · (1 + 19) Ordnungszahlen nur durch eins teilen. In dieser 3 + 1 Klassifizierung vermutete ich die Lösung für die Idee: Der Restwert von 81 – die Primzahl 19 – verbirgt ein Rätsel. (Kap. 4)

Ordnungszahlen und Teilbarkeiten von 4 · (1 + 19) Elementen

19

	4	**2**	**6**	**3**
19	**8 = 4 · 2**	**10** = 2 · 5	**9**	**1**
	12 = 4 · 3	**14** = 2 · 7	**15**	**5**
	16 = 4 · 4	**18** = 2 · 9	**21**	**7**
	20 = 4 · 5	**22** = 2 · 11	**25** = 5 · 5	**11**
	24 = 4 · 6	**26** = 2 · 13	**27**	**13**
	28 = 4 · 7	**30** = 2 · 15	**33**	**17**
	32 = 4 · 8	**34** = 2 · 17	**35** = 5 · 7	**23**
	36 = 4 · 9	**38** = 2 · 19	**39**	**29**
	40 = 4 · 10	**42** = 2 · 21	**45**	**31**
	44 = 4 · 11	**46** = 2 · 23	**49** = 7 · 7	**37**
	48 = 4 · 12	**50** = 2 · 25	**51**	**41**
	52 = 4 · 13	**54** = 2 · 27	**55** = 5 · 11	**47**
	56 = 4 · 14	**58** = 2 · 29	**57**	**53**
	60 = 4 · 15	**62** = 2 · 31	**63**	**59**
	64 = 4 · 16	**66** = 2 · 33	**65** = 5 · 13	**67**
	68 = 4 · 17	**70** = 2 · 35	**69**	**71**
	72 = 4 · 18	**74** = 2 · 37	**75**	**73**
	76 = 4 · 19	**78** = 2 · 39	**77** = 7 · 11	**79**
	80 = 4 · 20	**82** = 2 · 41	**81**	**83**

Tabelle 3

Ich hatte schon 1983 festgestellt, dass in den vier 19er Anordnungen der stabilen Elemente das Zahlenverhältnis 8 zu 11 gespeichert ist. Die Untersuchung dieser Proportion hatte mich zu der 11. Fibonaccizahl – der Primzahl 89 – geführt und damit in die Struktur des Pascalschen Dreiecks mit seiner 8 zu 11 Geometrie. Nun war ich auf ein weiteres Zahlenverhältnis gestoßen.

In den 19 durch 4 und in den 19 durch 2 teilbaren Ordnungszahlen befinden sich jeweils 6 Zahlen, die durch drei teilbar sind, während sich umgekehrt innerhalb der 19 ungeraden Ordnungszahlen 13 Zahlen durch drei teilen lassen. Insgesamt bildet die Teilbarkeit durch drei ein Verhältnis von 6 zu 6 zu 13, während die Nichtteilbarkeit durch drei eine Vertauschung von 13 zu 13 zu 6 ergibt.

Abb. 92 zeigt links eingerahmt die 6 primitiven Wurzeln 2, 13, 14, 15, 3 und 10 zur Basis 2 modulo 19. Merkwürdigerweise ist eine der primitiven Wurzeln – die 13 – prim von der Form 6n ± 1.

Die Indices der primitiven Wurzeln zur Basis 2 modulo 19 und die quadratischen Reste der Primzahl 19

$2^{\mathbf{1}}$	≡	[2]	mod 19	1^2	≡ **1**	mod 19
2^2	≡	4	mod 19	2^2	≡ 4	mod 19
2^3	≡	8	mod 19	3^2	≡ 9	mod 19
2^4	≡	16	mod 19	4^2	≡ 16	mod 19
$2^{\mathbf{5}}$	≡	[13]	mod 19	5^2	≡ 6	mod 19
2^6	≡	7	mod 19	6^2	≡ **17**	mod 19
$2^{\mathbf{7}}$	≡	[14]	mod 19	7^2	≡ **11**	mod 19
2^8	≡	9	mod 19	8^2	≡ **7**	mod 19
2^9	≡	18	mod 19	9^2	≡ **5**	mod 19
2^{10}	≡	17	mod 19	10^2	≡ 5	mod 19
$2^{\mathbf{11}}$	≡	[15]	mod 19	11^2	≡ 7	mod 19
2^{12}	≡	11	mod 19	12^2	≡ 11	mod 19
$2^{\mathbf{13}}$	≡	[3]	mod 19	13^2	≡ 17	mod 19
2^{14}	≡	6	mod 19	14^2	≡ 6	mod 19
2^{15}	≡	12	mod 19	15^2	≡ 16	mod 19
2^{16}	≡	5	mod 19	16^2	≡ 9	mod 19
$2^{\mathbf{17}}$	≡	[10]	mod 19	17^2	≡ 4	mod 19
2^{18}	≡	1	mod 19	18^2	≡ 1	mod 19

Abbildung 92

Die Indices der primitiven Wurzeln zur Basis 2 in der linken Matrize sind fortlaufend prim von der Form 6n ± 1. Folglich ist der Modulrest 13 eine Auffälligkeit. Gauß ist auf diese „Auffälligkeit" nicht eingegangen. Er hat diese Tatsache sogar noch verwischt, indem er seine Tabelle mit $2^0 \equiv 1$ beginnen lässt, so dass die $2^{18} \equiv 1$ verschwindet. (Wir haben diese Merkwürdigkeit schon in Kap. 4 S. 80 ff. erwähnt.)

Mein Verdacht wurde noch verstärkt durch eine Beobachtung in Abbildung 92a. Anhand des unteren, dunkel gefärbten Balkens lässt sich erkennen, dass 2^{14} modulo 19 den Restwert 6 hat. Gegenüber auf der rechten Seite besitzt – invertiert – die 14^2 den gleichen Restwert 6.

$2^{\mathbf{5}}$	≡	[13]	mod 19	5^2	≡	6	mod 19
2^6	≡	7	mod 19	6^2	≡	**17**	mod 19
$2^{\mathbf{7}}$	≡	[14]	mod 19	7^2	≡	**11**	mod 19
2^8	≡	9	mod 19	8^2	≡	**7**	mod 19
2^9	≡	18	mod 19	9^2	≡	**5**	mod 19
2^{10}	≡	17	mod 19	10^2	≡	5	mod 19
$2^{\mathbf{11}}$	≡	[15]	mod 19	11^2	≡	7	mod 19
2^{12}	≡	11	mod 19	12^2	≡	11	mod 19
$2^{\mathbf{13}}$	≡	[3]	mod 19	13^2	≡	17	mod 19
2^{14}	≡	6	mod 19	14^2	≡	6	mod 19

Abbildung 92a

Abbildung 92a zeigt ein rechtwinkliges Dreieck, dessen Ecken dreimal den Restwert 6 bilden. Diese geometrische Beobachtung deckt sich rechnerisch mit den beiden Verhältnissen 6 zu 6 zu 13 bzw. 13 zu 13 zu 6. Die gestrichelte Linie zwischen der 13 links oben und der 6 rechts unten vermittelt den Eindruck einer scheinbaren Spiegelung.

*

Obwohl ich schon lange in den fortlaufenden Zweierpotenzen

$$\mathbf{2^1, 2^2, 2^3, 2^4, 2^5 \ldots}$$

und in den fortlaufenden Quadratzahlen

$$\mathbf{1^2, 2^2, 3^2, 4^2, 5^2 \ldots}$$

die verborgene Geometrie dieser Welt vermutete, hatte ich nie die richtige Frage gestellt, um dies einwandfrei zu beweisen. Jetzt endlich führte mich ein guter Geist zu der notwendigen Frage: „Was wird aus den fortlaufend primzahligen Indices zur Basiszahl 2 modulo 19 falls diese in Quadratzahlen invertiert werden?"

Meine Antwort darauf lautete spontan:

„Sie müssten sich in den neun quadratischen Resten modulo 19 als primzahlige Anzahlen wiederfinden."

Folglich fertigte Yvonne Abbildung 92 an, die mit $2^1 \equiv 2$ modulo 19 beginnt. Umgekehrt steht nun die Kongruenz $1^2 \equiv 1$ modulo 19 rechts genau gegenüber. Nun ließen sich die neun quadratischen Reste darauf hin untersuchen, welche prim von der Form 6n ± 1 sind.

(Erklärung: Da sich die quadratischen Reste nach der Hälfte der Rechnungen in umgekehrter Reihenfolge wiederholen, erhalten wir nur neun quadratische Reste: 1, 4, 9, 16, 6, 17, 11, 7, 5. Diese Gesetzmäßigkeit, die der Formel

$$\frac{p-1}{2}$$

gehorcht, regelt auch die Folge der primzahlcodierten Nenner der Bernoullizahlen. (Bd. II Tab. 6 S. 185).

*

Meine Überlegung war richtig, denn fünf der quadratischen Reste sind Primzahlen von der Form 6n ± 1. Es handelt sich um die Zahlen: 1, 5, 7, 11, 17. Da in Abbildung 92 aber auf der rechten Seite der quadratische Rest 13 fehlt und gegen die Zahl 6 ausgetauscht ist, wollte ich den Hinweis des „guten Geistes" schon verwerfen.

Plötzlich hatte ich eine Idee. Dieses Problem musste vor mir auch C. F. Gauß aufgefallen sein. Jetzt schweifte mein Blick weg von dem quadratischen Rest 6 auf der rechten Seite nach links zur primitiven Wurzel 13. Und damit wurde mir klar, dass ich die wahrscheinlich wichtigste Entdeckung meines Lebens gemacht hatte.

In Abbildung 92 liefert die 5. Zeile links die primitive Wurzel 13 und rechts den quadratischen Rest 6.

$2^5 \equiv 13 \mod 19 \qquad 5^2 \equiv 6 \mod 19$

Somit ergibt sich für die Summe der Reste 13 und 6 der Wert 19. Das ist das Geheimnis der Primzahl 19, was nun erläutert werden soll.

Bei der Untersuchung der primitiven Wurzeln zur Basis 2 modulo 19 musste Gauß gemerkt haben, dass die von ihm benannten Indices fortlaufend von der Form 6n ± 1 sind: 1, 5, 7, 11, 13, 17. Folglich muss auch der Index 1 prim sein. Daraus resultierend dürfte nun aber keine der 6 primitiven Wurzeln selbst prim sein von der Form 6n ± 1. Da aber 2^5 geteilt durch 19 die primitive Wurzel 13 liefert, wird er wegen dieser Ausnahme bereits lange vor mir einen Vergleich mit den quadratischen Resten der Primzahl 19 wie in Abbildung 92 herangezogen haben. Dabei wird er bemerkt haben, dass sich die primzahligen fortlaufenden Indices der primitiven Wurzeln nun als Anzahlen in anderer Reihenfolge als quadratische Reste wiederfinden.

Aber auch hier tritt eine Ausnahme auf. Die 5^2 modulo 19 liefert den Rest 6 und nicht den Wert 13. Gauß wird dazu geschwiegen haben, da diese Rechenergebnisse scheinbar keine Erklärung zuließen. Aber er hat die Sache mit Sicherheit durchschaut.

*

Bei mir sieht die Sachlage anders aus. Ich habe die Ordnungszahlen der chemischen Elemente in vier 19er Kolonnen gruppiert und dabei ein Vertauschungsgesetz entdeckt. Hierbei zeigt sich die Teilbarkeit durch drei innerhalb drei 19er Kolonnen mit 6 und 6 und 13 oder die Nichtteilbarkeit mit 13 und 13 und 6. Jetzt war es nur noch notwendig, die Teilbarkeiten bzw. die Nichtteilbarkeiten durch 3 in den drei Kolonnen aufzuaddieren und damit das Begreifen zu visualisieren.

In Tabelle 3 auf Seite 162 zeigen sechs Zahlen innerhalb der neunzehn durch 4 teilbaren Ordnungszahlen eine Teilbarkeit durch 3. Auch bei den neunzehn durch 2 teilbaren Ordnungszahlen sind 6 Zahlen durch 3 teilbar. Bei den neunzehn ungeraden teilbaren Zahlen lassen sich 13 Zahlen durch 3 teilen und umgekehrt 6 Zahlen nicht. Die Summe von

$$\mathbf{6 + 6 + 13 = 25 = 5^2}$$

ergibt den Wert 5^2, während die Summe von

$$\mathbf{13 + 13 + 6 = 32 = 2^5}$$

den Wert 2^5 liefert. Da die Summe von 6 + 13 bzw. 13 + 6 neunzehn beträgt, ergeben die Additionen von 19 + 6 den Wert 5^2 und von 19 + 13 den Wert 2^5.

Endlich war es gelungen, die Phase der Abzählkunst 6 zu 13

bzw. 13 zu 6 abzuschließen. Wir waren bei der Frage nach dem „Warum“ angelangt.

*

Warum unterliegen in den 4 mal (1 + 19) chemischen Elementen einem Teilbarkeitskriterium durch drei, so dass 3 · 19 Elemente, also 57 Ordnungszahlen einem Verteilungsgesetz 6 zu 13 gehorchen müssen und 1 · 19 Elemente nicht.

Die Potenzen 2^5 und 5^2 liegen – wie schon in Kapitel 6 erwähnt –

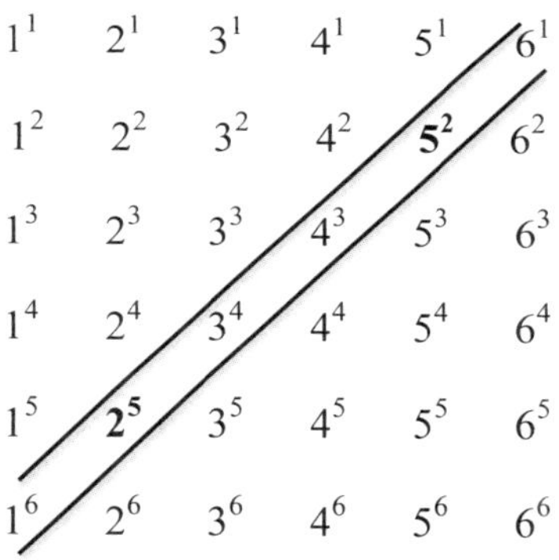

Abbildung 91

auf der Diagonalen von Abb. 91. In dieser Matrize liegt das Rätsel verborgen, das wir schon angedeutet haben. Um es aufzulösen, ist es nur notwendig, die Potenz 2^5 zu invertieren, sodass die Potenz 5^2 entsteht – oder umgekehrt. Diese beiden invertierten Potenzen liefern, weil die Summe von sechs und dreizehn **19** beträgt, die Lösung des Rätsels:

$$\mathbf{2^5 + 5^2 = 57 = 3 \cdot 19}$$

Somit erweist sich das Vertauschungsgesetz von 6 und 13 in den primitiven Wurzeln zur Basis 2 modulo 19 und in den quadratischen Resten modulo 19 als ursächlich dafür, dass die Ordnungszahlen der stabilen chemischen Elemente einer 19er Einteilung unterliegen. 19 dieser Ordnungszahlen sind nur durch die Primzahl 1 teilbar. 57 Ordnungszahlen unterliegen mit ihrer Teilbarkeit durch 3 dem Vertauschungsgesetz 6 zu 13 oder 13 zu 6. Die Gründe dafür liegen in der Primzahl 19. Damit ist ihr Metazahlcharakter bewiesen. Q.e.d.

Übrig bleibt die Frage: Warum ist die Teilbarkeit durch die

Primzahl **3** notwendige Bedingung? Darüber später.

Isaak Newton, der größte Physiker und Carl Friedrich Gauß, der größte Mathematiker der Weltgeschichte haben bei ihren mathematischen Arbeiten Formeln entdeckt, die Lösungen auf gestellte Fragen durch Einsetzen von Zahlen ergeben. Diese Überlegungen sind als Newtons und Gaußsches Lemma in die Geschichte eingegangen.

Das oben behandelte Vertauschungsgesetz von 6 und 13 soll nun ebenfalls in ein Lemma gefasst werden.

Lemma

$$(n + n + p) + (p + p + n) = 57 = 3 \cdot 19$$

Diese Vertauschungsaufgabe von n und p liefert für die Zahlen n = 6 und für p = 13 die Werte 25 gleich 5^2 und 32 gleich 2^5 und damit die Lösung für die oben gestellte Aufgabe.

*

Die Primzahl 19 – in ihrer Eigenschaft als Metazahl – ermöglicht der trinitären Unendlichkeit von Raum Zeit und Zahlen räumliche Punkte in Form von Neutronen zu bilden. Hierbei bildet der euklidisch, dezimal angelegte 4-dimensionale unendliche Raum reziprok die notwendige Kugelgeometrie, dessen Kugeloberfläche wiederum 2-dimensional, nichteuklidisch und vierfach fraktal angelegt ist. Sie bildet die Geometrie, auf der sich die ewige Zeit reziprok über eine komplexe Vierpolgeometrie als elektrische Punktladung verankert.

Auf diese Weise entstehen Neutronen als unzählbar viele Punkte von selbst im Raum. So erfüllt sich Giordano Brunos Idee, die später in die Monadenlehre von Gottfried W. Leibniz einging. Dieser Geburtsprozess der Materie würde sehr schnell zu einem Stillstand kommen, wenn nicht dafür gesorgt wäre, dass die Neutronen schon kurz nach ihrer Entstehung in positiv geladene, endgültig stabile Protonen umwandeln würden.

Bisher galten Neutronen als elektrisch neutral. Die logarithmische Struktur der vier Wurzelausdrücke in der komplexen Ladung +1, –1, + i und – i und dem Begriff 0 auf der Kugeloberfläche war unbekannt, so dass der Zerfall der Neutronen in Protonen, Elektronen und Antineutrinos unerklärlich blieb. Nunmehr besteht die Möglichkeit, diese neue Erkenntnis auch zu beweisen:

Beweis: Die beim Zerfall der Neutronen nachgewiesenen Antineutrinos können sich nur mit Lichtgeschwindigkeit fortbewegen. Ihre

Masse ließ sich bisher nicht messen. Somit stellten sie ein unlösbares Phänomen der Kernphysik dar. Bisher war unbekannt, dass die Neutralität des Neutrons aus seiner komplexen Ladung heraus existiert.

Da sich der Neutronenzerfall nur durch das Herauswerfen von Elektronen mit der Ladung –1 erklären lässt, muss gefolgert werden, dass der komplexe Ladungsanteil + i und – i mit am Zerfall beteiligt ist. Er ist notwendigerweise für den Auswurf von Antineutrinos oder Neutrinos verantwortlich. Der komplexe Ladungsanteil kann die Oberfläche selbst nicht verlassen, aber er kann etwas aussenden, das uns unbegreiflich erscheint, und das wir Neutrino nennen. Q.e.d.

*

Die Schwerkraft bietet die Möglichkeit große Mengen von Protonen zu einem gemeinsamen Mittelpunkt hin zu konzentrieren. Dabei entsteht Reibungshitze – bis hin zum Aufglühen der kernchemischen Zündung bei der Bildung des Deuteriums.

Es muss hier betont werden, dass wir über die Gravitation nicht wirklich etwas wissen. (Ich habe in Bd. II Kap. 10 S. 197 – 199 den Versuch unternommen, die Gravitationskonstante aus einer Überlegung zu meiner Deutung der Lichtgeschwindigkeit abzuleiten. Meine Idee war nicht schlecht, bleibt aber Hypothese.)

Die Entstehung von Sonnen scheint geklärt. Diese können bei einer Hitze von etwa fünfzehn Millionen Grad nur Elemente bis etwa zum $_{26}$Eisen produzieren. Das ist oft genug beschrieben worden.

Damit die Entstehung aller Elemente möglich wurde, muss unsere ursprüngliche Sonne ein Riesenstern gewesen sein. Dieser ist vor vielen Milliarden Jahren explodiert. Bei der Explosion (Supernova) sind alle Elemente des Periodensystems bis zur Ordnungszahl 83, aber auch die natürlichen radioaktiven Elemente von 84 bis 93 entstanden. Sogar die Elemente von 94 bis 100 konnten mit entstehen, worauf wir später zurückkommen werden.

Während dieser Explosion stieg die Temperatur weit über Einhundertmillionen Grad an. Das bedeutete, dass sich nicht nur weitere neue Kerne bis zum Eisen bilden konnten, sondern auch Elemente mit höheren Ordnungszahlen. Aber im Explosionsgeschehen, das uns bisher wie eine zufällige Unordnung erscheint, muss eine vollkommene Ordnung geherrscht haben. Diese haben wir nicht gesucht, weil uns gerade oder ungerade Zahlen, sowie teilbare oder nicht teilbare Ordnungszahlen des Periodensystems gleichgültig waren. Erst die Entdeckung der vierfachen 19er Gruppierung in den 81 stabilen Elementen hat es mir ermöglicht, hier Teilbarkeitsregeln nachzuweisen.

Man könnte meine Aufgabe mit dem eines Archäologen vergleichen: Durch Fleißarbeit von Geologen und Chemikern war es bereits vor meinen Untersuchungen längst gelungen alle 81 stabilen chemischen Elemente zu gewinnen. Es war nur noch notwendig gewesen, die Idee von 1 + 19 Reinisotopen weiterzudenken und auf drei weitere 1 + 19 Gruppierungen zu stoßen.

Die Teilbarkeit durch drei gewährleistet archetypisch, dass drei von vier 19er Kolonnen das Verhältnis 6 zu 13 bzw. 13 zu 6 im Sinne des Lemmas mit der Lösung 3 · 19 erfüllen.

*

Wir leben in einem Universum, in dem alles dreifach ist. Über diese Seltsamkeit wird in unseren Schulen und Hochschulen nicht geredet. Die Dreifachheit ist mir als Kind aufgefallen und hat mich dazu veranlasst, in Band I des Primzahlkreuzes viele Beispiele aufzuführen. Diese Beispiele sollen ein Bewusstsein für die Dreifachheit hier auf unserem Planeten – aber auch im unendlichen Universum – wecken.

Neben der Beobachtung, dass alles im Universum dreifach ist existiert auch eine nicht wegzuleugnende Vierfachheit. Diese beruht nicht auf Abzählbarkeit, sondern auf Geometrie.

Die Zahl drei ist die einzige ungerade Primzahl, nicht von der Form 6n ± 1. Ihre Einzigartigkeit liefert eine Erklärung, warum es nur drei echte hintereinander folgende Primzahlzwillinge geben kann:

5 – 7,   11 – 13,   17 – 19

Der Primzahlzwilling –1 und +1 erlaubt den Zahlen 1^2 und 23 sich zu einem vierten Zwilling auf dem ersten Zahlenkreis des Primzahlkreuzes zu vereinigen. Damit kann sich der Zahlenzwilling –1 und +1 unterhalb der ersten Schale in den komplexen Einheitskreis verwandeln. Aus dieser Überlegung stammt die Idee, dass 3 + 1 Gesetz zu formulieren.

Hinter dem Primzahlkreuz steckt der Gedanke, dass der Sechsertakt der Primzahlzwillinge bis ins Unendliche verläuft. Aus diesem Wissen heraus soll an dieser Stelle der Beweis geliefert werden, dass es unendlich viele Primzahlzwillinge gibt.

Beweis: Die Idee des Primzahlkreuzes basiert auf den Primzahlzwillingen von der Form 6n ± 1. Würde im Verlauf der Unendlichkeit des Zählens auf dem Primzahlkreuz irgendwann durch die Abnahme der Primzahlen die Bildung von Primzahlzwillingen beendet sein, wäre dies ein Widerspruch. Folglich muss es immer wieder zwei Primzahlen geben, die nur durch eine durch 6 teilbare Zahl voneinander getrennt sind. Somit ist die bisher ungelöste Frage nach der Unendlichkeit der Primzahlzwillinge entschieden. Q.e.d.

Die Fragestellung nach der Unendlichkeit der Primzahlzwillinge gehört zu den ganz wenigen ungelösten Problemen in der herkömmlichen Mathematik. Das zeigt allzu deutlich an, dass die führenden Mathematiker von der Überzeugung geprägt sind, dass sie die wahre Mathematik entwickelt und immer mehr verfeinert haben. Aus dieser irrtümlichen Überlegung heraus, lässt sich der Beweis eben nicht führen!

*

Auch in der Physik gibt es ungelöste Probleme, wie zum Beispiel der Zahlenwert der Lichtgeschwindigkeit. Das Bewusstsein dafür ist aber dem physikalischen Lehrkörper weltweit fremd.

Die Geschwindigkeit des Lichtes wurde in den letzten hundert Jahren immer genauer vermessen und beträgt

2,9979 ... · 100.000 KM pro Sekunde.

Mit diesem Messergebnis, das sicher schon auf über zehn Stellen hinter dem Komma vermessen wurde, ist die Frage ausgeblieben, warum die Lichtgeschwindigkeit in der Unendlichkeit von Raum und Zeit die Basiskonstante 2,9979 besitzt, die nahe der Zahl 3 liegt. Es sei betont, dass selbst ein exaktes Messergebnis von 3,0000 ... niemand auf den Gedanken gebracht hätte, dass die Dreifachheit in dieser Welt etwas mit der Lichtgeschwindigkeit zu tun haben könnte.

Bei meinen Überlegungen zur Struktur des Primzahlkreuzes habe ich die Summe der Zahlen auf dem ersten Kreis berechnet.

0,1,2,3,4,5,6,7,8,9,10,11,12,13,14,15,16,17,18,19,20,21,22,23,24

Sie besitzt den Wert 300. Obwohl die Zahl Null für die meisten Leser ein Nichts bedeutet, muss sie mitgezählt werden. Es handelt sich also um exakt 25 Zahlen.

Folglich müssen auf der zweiten Schale auch 25 Zahlen liegen. Die Summe der Zahlen von 24 bis 48 beträgt 900.

Für die dritte Schale des Primzahlkreuzes ergibt sich eine Summe von 1.500. Man erkennt, dass die Zahl 300 nichts anderes darstellt als 1 · 300, während die Zahl 900 und 1.500 sich darstellen lassen als 3 · 300 und 5 · 300.

Da die ersten zehn ungeraden Zahlen 1, 3, 5, 7, 9, 11, 13, 15, 17 und 19 aufaddiert die Zahl 100 liefern, lässt sich sofort zeigen, dass die Summe der ersten zehn Schalen den Wert 300 · 100 = 30.000 besitzt, was nichts anderes darstellt, als $3 \cdot 10^2 \cdot 10^2$. Hieraus lässt sich sofort ableiten, dass die Ausdehnung der Schalen auf dem Primzahlkreuz auf der Zahl 3 beruht und den Multiplikatoren $10^2 \cdot 10^2 \cdot 10^2$ ... ad Infinitum gehorcht. Dies bedeutet, dass der Raum um einen Punkt quadratisch angelegt ist und dem Dezimalsystem unterworfen ist.

*

Aus diesem Gedanken heraus lässt sich leicht erkennen, dass nicht nur die Mathematik, sondern auch die Physik neu entwickelt werden muss. Physiker gehen bei der Entwicklung von Naturgesetzen und ihren Formeln davon aus, dass die Natur kein Selbstbewusstsein hat. Erst der Mensch verfügt über die Fähigkeit, die Gesetzmäßigkeit in der Natur zu erkennen. Hierzu zwei Beispiele: Newton entwickelte das Grundgesetz der Mechanik:

Kraft = Masse · Beschleunigung,

während Ohm das Grundgesetz der Elektrizität erfand:

Spannung = Stromstärke · Widerstand

Diese Gesetze basieren auf einer bestechenden Dreifachheit. Das haben die großen Geister natürlich gewusst. Niemals aber ist hierbei die Überlegung im Spiel gewesen, dass die Primzahl 3 – die einzige ungerade Primzahl nicht von der Form $6n \pm 1$ – den Hintergrund für die beobachtete Dreifachheit in der Natur darstellt.

Es stellt sich auch die Frage, ob überhaupt der Versuch gemacht worden ist, den mechanistischen Begriff „Kraft“ mit dem Ausdruck „elektrische Spannung“ zu vergleichen.

Die Folgerung aus dieser Überlegung wäre, den Begriff „Masse“ mit der Vorstellung von „Stromstärke“ in Bezug zu setzen. Da die Masse eines Atoms sich letztlich aus der Summe von Protonen und Neutronen zusammensetzt, liegt die Erklärung für die Stromstärke letztlich in der Menge der Elektronen, die sich in einem Kupferdraht fortbewegen.

Diese gewagte Überlegung zwingt zu der eigenartigen Vorstellung, dass der Begriff der Beschleunigung dann mit dem Widerstand, der durch den Draht erzeugt wird, in Beziehung steht. Nun stellt die Idee einer Beschleunigung eine Steigerung der Geschwindigkeit dar, während der Widerstand gedanklich einer Bremsung entspricht. Diese Verletzung der Logik wird aber aufgehoben, dadurch dass die Atome mit ihren positiv geladenen Atomkernen von negativ geladenen Elektronenschalen umgeben sind. Diese Elektronenhüllen stellen für die durch die Spannung bewegten, fließenden Elektronen einen Widerstand dar. Die Folgerung aus dieser Beobachtung bedeutet, dass der Begriff der Beschleunigung mit einer positiven Zunahme und der Begriff des Widerstandes mit einer negativen Abnahme, verbunden werden müssen. Die hierbei auftretenden Vorzeichen plus und minus beziehen ihre Notwendigkeit aus der Tatsache, dass die Zahl 1 immer mit ihrem Spiegelbild –1 verknüpft ist.

In der Natur gibt es keine negativen Zahlen. Diese existieren nur in den Köpfen von Mathematikern. Die Natur benötigt nur die ewige Existenz der Zahl –1 als Spiegelbild der Zahl +1. Auf diese Weise lässt sich etwa aus der Zahl minus 17 leicht das Produkt – 1 · 17 bilden. (Der Faktor –1 lässt sich durch den ersten Ergänzungssatz des Quadratischen Reziprozitätsgesetzes nach Euler abhandeln.)

Weil nun die Zahlen –1, 0 und +1 eine ewige Dreifachheit bilden, stellt die Teilbarkeit durch 3 in den 3 · (1 + 19) Ordnungszahlen der stabilen chemischen Elemente eine Notwendigkeit dar. Diese hat ihre Begründung in der primitiven Wurzel 13 als Modulrest der Primzahl 19 zur Basis 2 bzw. in dem quadratischen Rest 6 der Primzahl 19.

*

Zurück zur Lichtgeschwindigkeit und damit zu einer noch waghalsigeren Idee.

Ich hatte aus dem oben angegebenen Messergebnis 2,9979 und der Zahlensummierung jedes Zahlenkreises auf dem Primzahlkreuz eine konsequente Folgerung gezogen. Wäre das Meter als dezimale Längenmaßeinheit im revolutionären Frankreich – um ein Spürchen verändert – entwickelt worden, würden wir heute beispielhaft eine Lichtgeschwindigkeit von

3,0000 ... · 100.000 Kilometer pro Sekunde

messen. Trotzdem wären wir nicht in der Lage, aus dem Messergebnis heraus der Lichtgeschwindigkeit den konstanten Zahlenwert **3** zuzuordnen. Ausgerechnet Albert Einstein hat die Bedeutung der Zahl drei nicht erkannt. Er war es, der den Nachweis erbracht hat, dass kein Körper – also auch kein Proton mit der Ladung plus eins bzw. kein Elektron mit der Ladung minus eins – die Lichtgeschwindigkeit erreichen kann. Er fand eine Gleichung, aus der sich zeigen lässt, dass jeder Körper bei Erreichung einer „nahezu Lichtgeschwindigkeit" so an Masse zunimmt, dass das Vorhaben sinnlos wird.

Wenn der Raum um einen Punkt vierdimensional unendlich ist, fordert die physikalische Logik, dass der Wert der Lichtgeschwindigkeit konstant sein muss. Könnte die Lichtgeschwindigkeit übertroffen werden, ließe sich sofort die Frage stellen, ob sie auch unendlich groß sein kann. Damit wäre der vierdimensionale Raum ein Widerspruch.

*

Der Zufall in allem Geschehen auf diesem Planeten wird als eisernes Gesetz kollektiv empfunden. Genau da liegt das Problem, mit dem wir Kapitel 2 beginnen. Die Evolution muss aus dem zufälligen Geschehen in einem sehr langen Zeitraum stattgefunden haben.

Nun weiß aber jeder Chemiker, dass die Entwicklung einfachster Einzeller auf der Verkettung von 20 Aminosäuren beruht. 19 von ihnen besitzen grundsätzlich ein asymmetrisches Kohlenstoffatom mit einem freien Wasserstoffatom und einer Bindung zu einer NH_2-Gruppe. Das Stickstoffatom verfügt über zwei s-Elektronen, die an der Bindung nicht teilnehmen. Diese beiden s-Elektronen der Aminosäuren der Peptide haben eben nicht zu der Überlegung geführt, dass sie eine Aufgabe haben. In Frage kommt die Idee, dass sie als Laufboten-Elektronen im Sinne eines Telefondrahtes fungieren.

Mit diesem Gedanken würde den Peptidketten die Fähigkeit zukommen, Steuerbefehle auszuführen, was einem Denkbewusstsein auf einfachster Ebene gleichkommt. Damit wäre die Entstehung des Lebens auf der Basis von Zufall als Einfallslosigkeit entlarvt.

Diese Überlegung lässt sich weiter entwickeln. Voraussetzung für die Bildung von Aminosäuren war eine Lufthülle aus Stickstoff, damit sich in der Atmosphäre elektrische Blitze entladen konnten.

Da die Erde bei ihrer Entstehung glühend heiß war, hatte sie keine Stickstoffhülle. Wo also kam der Stickstoff her. Der Chemiker Friedrich Wöhler aus Göttingen hat es 1860 herausgefunden. Der Stickstoff war an das Element Silizium gebunden und hat sich so vor einem Verblasen in den Weltraum gerettet. Später hat sich dann der Stickstoff durch Spaltung des Siliziumnitrids von neuem gebildet. Diese Überlegungen sind schon im Band III 6. Buch besprochen worden. Das Genie Wöhler wurde einfach ignoriert, weil er für die aufkommende Lehre der Darwin'schen Evolutionstheorie eine Gefahr darstellte, die Schwanitz (Kap. 2 Seite 21) so formuliert hat:

„Die Idee eines sinnvollen Weltplanes und eines Zieles der Naturgeschichte erwies sich als überflüssig.“

Wöhler hat auch als Erster den Homologen des gasförmigen Methans – das Monosilan – gewonnen. Erst 120 Jahre danach konnte ich nachweisen, dass flüssige Silane als Treibstoffe so eingesetzt werden können, dass sie auch den Stickstoff von gestauter Luft mit verbrennen. Dieser patentierte Gedanke ist auf Gleichgültigkeit und Hass gestoßen. Aber eine Idee, deren Zeit gekommen ist, kann von keiner Armee dieser Welt aufgehalten werden. (Voltaire)

Und deswegen wird auch die Zeit kommen, in der die Bedeutung der Zahl drei für die Ausbreitung des Lichtes erfasst wird.

*

Ich habe in Bd. I Kap. 32 zwar die Zahl 19 als eine ungerade Primzahl bezeichnet, gleichzeitig aber hervorgehoben, dass sich das Metall Kalium mit der ungeraden Ordnungszahl 19 und seinen drei Isotopen wie ein geradzahliges Element verhält. Bei dieser Untersuchung tauchte die Frage auf, ob etwas in unserem Universum gleichzeitig gerade und ungerade sein kann. Dies führte dazu, dass ich in Bd. II Kap.1 den Widerspruch von der Vorstellung gerade und ungerade aufgab und eine dritte neutrale Zugehörigkeit entwickelte. Damit wurde die Idee verwirklicht, dass die codierende Zahl 19 als Metazahl eine dritte, und zwar eine neutrale Seinsform (Eigenschaft) verkörpert.

Für die Richtigkeit dieses Gedankens spricht zum Beispiel die chemische Verbindung Wasser. Es ist neutral, aber es zerfällt von alleine in positiv geladene Protonen p^+ und in negativ geladene OH^- Ionen. Aus dieser einfachen Überlegung habe ich vor langer Zeit den Gedanken entwickelt, dass die Zahlen

$$\mathbf{-1 \quad 0 \quad +1}$$

den ersten Primzahlzwilling für $n = 0$ von der Form $6n \pm 1$ darstellen. Es ist hier wichtig, die –1 nicht als negative Zahl im Sinne von Schulden zu betrachten, sondern wie in Band I ausführlich beschrieben, als Spiegelung der + 1.

Mit diesen Überlegungen soll das Begreifen, warum in der Zahl drei a priori die Erklärung liegt, dass in dieser Welt alles dreifach ist, vorerst abgeschlossen werden.

*

Wenden wir uns jetzt der Vierfachheit in dieser Welt zu – und dem 3 + 1 Gesetz. Die 4 Himmelsrichtungen ergeben sich aus der Kugelgestalt der Erde und die 4 Jahreszeiten aus ihrer Ekliptik. Solche geometrischen Beobachtungen sollen hier nicht abgehandelt werden.

Abbildung 68 zeigt ein Neutron mit 4 komplexen Zahlen + 1, – 1 und + i, – i auf seiner Kugeloberfläche. Die Kugelform erlaubt eine Geometrie mit vier gleichseitigen nichteuklidischen Dreiecken. Dieser Gedanke war bis zum Erscheinen des Primzahlkreuzes Band III 6. Buch unbekannt.

Bis dahin hatten alle Physiker vor mir sich damit begnügt, das Neutron einfach für ungeladen und damit für neutral zu erklären, ohne Erklärung! Beim Zerfall des Neutrons in ein Proton sollten ein Elektron und ein Antineutrino von alleine entstehen – also wie aus einem Zauberhut herausgezogen werden.

Niemand hatte daran gedacht, dass komplexe Zahlen – und nur komplexe Zahlen – erlauben, auf einer Kugel eine nichteuklidische Vierpolgeometrie aus vier nichteuklidischen Dreiecken zu gewährleisten. Somit besitzt die Oberfläche des Neutrons nicht mehr den Wert $4\pi\ r^2$, sondern muss komplex verstanden werden. Folglich lautet ihr Wert $4\pi i\ r^2$.

Hieraus soll nun erstmalig der Gedanke entwickelt werden, dass die Kugelform grundsätzlich komplex ist. Auch ich hatte mich bisher mit der Überlegung begnügt, das durch Rotation eines Kreises um 360 Grad von der Fläche $\pi\ r^2$ von alleine die Figur einer Kugel mit der Oberfläche $4\pi\ r^2$ entsteht. Der Wert $4r^2$ stellt den vierfachen Wert eines Quadrates dar. Wird er mit π multipliziert, entsteht das 3,141 ... mal-fache des Quadrates, denn die Kreiszahl π ist nur ein Zahlenwert. Auch wenn dieser transzendent ist, sagt er nichts darüber aus, warum sich die quadratische Fläche $4 \cdot 3{,}141 \ldots \cdot r^2$ in die Oberfläche einer Kugel verwandelt. Nur das Multiplikationsergebnis stimmt.

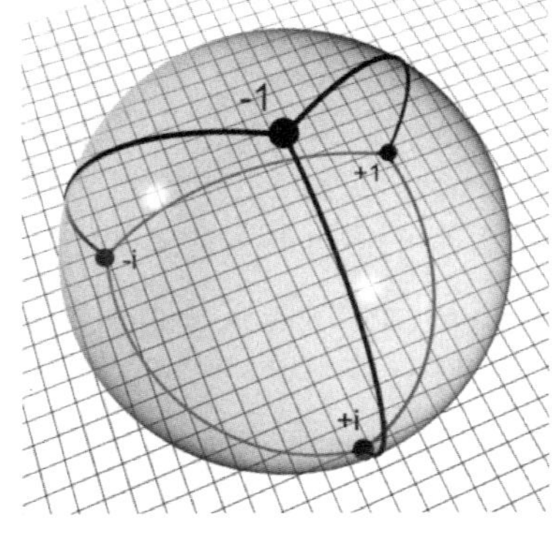

Abbildung 68 (Bd. III, Kap. 19)

Beim Betrachten von Abbildung 68 fällt auf, dass alle vier komplexen Zahlen gleich weit von einander entfernt liegen. Sie geben der Kugeloberfläche Form und Geometrie. Jedes der vier nichteuklidischen Dreiecke besitzt die Oberfläche $\pi i\, r^2$ und für die Kugel gilt dann die Formel $4\pi i\, r^2$.

*

Diese Überlegung bietet die Möglichkeit, die im Sommer 1992 an der TH Aachen von mir, aber auch von Prof. Butzer, als größtes Rätsel im Universum bezeichnete Eulersche Formel (5. Buch Kap. 4 S. 78) erstmalig zu entschlüsseln.

$$\mathbf{e^{i\pi} = -1}$$

Euler war bekanntlich auf die geniale Idee gestoßen, die Newtonsche Reihenentwicklung von e^x für komplexe Argumente durchzuführen. So gelangte er zu der Gleichung:

$$e^{ix} = \cos x + i \sin x$$

Nunmehr erhielt er für den Potenzausdruck $x = 2\pi$, (da der Sinus von 2π gleich null ist), die Formel $e^{2\pi i} = 1$ und für den Wurzelausdruck den oben erwähnten Wert $e^{i\pi} = -1$. Genau diese Formel mit dem komplexen Ausdruck $i\pi$ im Exponent haben Butzer und ich damals als rätselhaft bezeichnet.

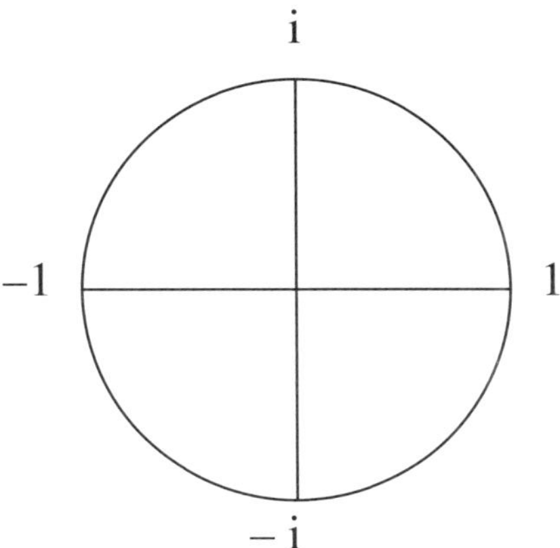

Abbildung 93

Abbildung 93 zeigt den sog. Eulerschen Einheitskreis. Auf diesem liegen rechts die Zahl 1 und durch Drehung um 180° die – 1, der Wurzelausdruck aus 1. Durch weitere Drehung um 90° entsteht oben die komplexe Zahl i. Unten liegt die Zahl –i, der negative Wert der Wurzel aus –1. Es scheint so, als wenn Euler auf dem Einheitskreis die Zahlen ±1 sowie die Zahlen ± i um die nicht gezeichnete Zahl null in der Mitte der sich kreuzenden Linien gespiegelt hat. Wahrscheinlich hat er lange vor mir schon gemerkt, dass die Zahlen

– 1 0 + 1

und

– i 0 + i

in ihrer Dreifachheit eine Einheit bilden. Diese komplexe Kreuzgeometrie hat Euler mit einem Kreis umgeben. Konsequenterweise wäre es jetzt nötig gewesen, die Formel für den Kreisumfang 2π r auch in einen komplexen Ausdruck zu verwandeln. Die Kreiszahl π ist zwar transzendent, aber sie ist nur ein Multiplikator von 2r.

*

Um dem Leser die Sache verständlicher zu machen, wollen wir gedanklich den Kreis zerschneiden wie einen Faden. Die Länge des Fadens wäre dann immer noch 2π r, aber die Kreisform wäre verschwunden. Da der Eulersche Einheitskreis mit seiner Kreuzgeometrie das innere Gerüst der Kreisgeometrie des Primzahlkreuzes darstellt, soll hier erstmalig der Versuch unternommen werden, den Umfang der Kreisform komplex darzustellen: 2πi r. Mit der Wurzel aus –1 gleich i wäre sichergestellt, dass es sich bei der Figur um einen Kreis handelt, der mit Hilfe der transzendenten Zahl π den Umfang unendlich genau liefert. Diese Idee, eine seit Jahrhunderten gebräuchliche Formel für den Umfang eines Kreises von 2π r in die komplexe Form 2πi r zu korrigieren, soll nun mit Hilfe von Abbildung 68 bewiesen werden.

Beweis: Abbildung 68 zeigt die komplexe nichteuklidische Geometrie eines Neutrons auf seiner Oberfläche. Wir haben nun in Abb. 70 auf der nächsten Seite in das unten liegende Dreieck ein umgedrehtes Dreieck eingezeichnet, um zu zeigen, dass wie beim Pascalschen Dreieck eine fraktale Geometrie vorherrscht. In Band III 5. Buch wurde ausführlich nachgewiesen, dass für fortlaufende Potenzen zur Basiszahl 2 <u>diese Fraktalität nur für Primzahlen 2, 3, 5, 7, ... usw. gilt.</u>

Diese Überlegungen lassen erkennen, dass sich die Kreuzgeometrie des Eulerschen Einheitskreises auf der Oberfläche von Atomkernen in eine nichteuklidische Geometrie von vier gleichseitigen Dreiecken verwandelt.

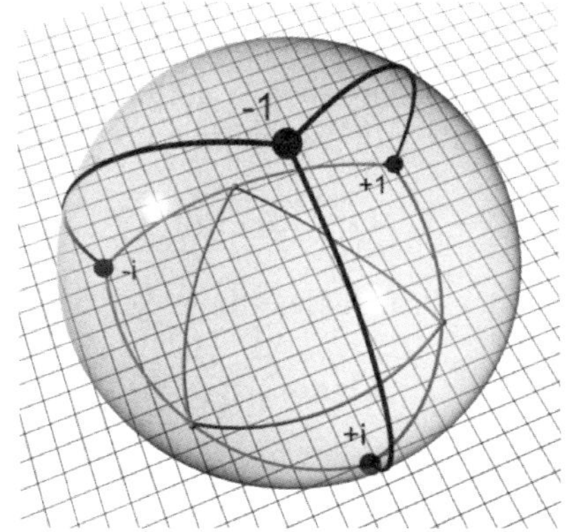

Abbildung 70 (Bd. III, Kap. 19)

Damit besitzt die komplexe Kugel eine Oberfläche von $4\pi i\ r^2$. Das bedeutet aber, dass die Kugelgeometrie grundsätzlich mit der komplexen Zahl

Wurzel aus minus 1 = i

verbunden ist. Dies war bisher unbekannt. Der komplexe Ausdruck i sichert die Kugelgeometrie, denn die Zahl 4, die Zahl π und die Zahl r^2 sind nur Faktoren einer Multiplikation. Wenn aber die Kugelgeometrie per ipse komplex ist, muss dieser Gedanke auch für die Figur eines Kreises gelten. Damit ist bewiesen, dass der Umfang eines Kreises $2\pi i\ r$ und sein Flächeninhalt $\pi i\ r^2$ betragen. Q.e.d.

*

Mit diesen Überlegungen ist das Problem $e^{i\pi} = -1$ gelöst. Übrig bleibt, die Frage, warum die Zahl vier so häufig als die Summe von 3 + 1 in Erscheinung tritt. Werfen wir noch einmal einen Blick auf Abbildung 68. Von oben gesehen handelt es sich um drei Dreiecke mit den komplexen Zahlen

– 1, – i, + i   – 1, + 1, + i   – 1, + i, + 1

Mit diesen drei Dreiecken ist das vierte Dreieck unten scheinbar schon mit entstanden. Aber dieser Gedanke täuscht, denn das vierte Dreieck besitzt auch eine komplexe Geometrie. Sie lautet:

+ 1, – i, + i

Somit ergibt sich aus der Kugelgeometrie die Lösung für das 3 + 1 Gesetz. Dieses Gesetz wiederholt sich auf dem Primzahlkreuz. Dort gibt es drei echte Primzahlzwillinge auf dem ersten Kreis.

5 – 7, 11 – 13, 17 – 19

Hinzu kommt ein vierter Primzahlzwilling, der die Verknüpfung der Primzahlen

23 und 1

zum ersten Kreis des Primzahlkreuzes ermöglicht. Dieser Kreis lässt sich quadrieren, so dass die Figur zweier sich schneidender Kreisflächen entsteht. Diese besitzt die Figur einer Kugel, die von immer größeren Kugeln umgeben ist. Somit steht den Elektronen die Möglichkeit zu, durch Energieaufnahme auf höhere Schalen zu springen.

Unterhalb der ersten Schale ist der Raum zweidimensional komplex von der Form des Euler'schen Einheitskreises. Im Mittelpunkt dieses Kreises befindet sich ein Atomkern mit seiner nichteuklidischen komplexen Oberfläche.

Mit diesen einfachen Überlegungen lässt sich die Quantenmechanik endlich auf eine mathematisch logische Grundlage stellen.

Kapitel 10

Der Krieg gegen die Materie

Alle chemischen Elemente bestehen aus Atomen mit einer bestimmten Anzahl von Protonen, Neutronen und Elektronen. Diese verfügen über drei verschiedene Ladungen: positive, negative und neutrale. Das war Stand des Wissens ab 1932, denn im Januar desselben Jahres hatte Chadwick das Neutron entdeckt.

Während die Elektronentheorie der Atomhüllen durch die Quantenmechanik endgültig geklärt schien, blieb die Frage nach dem Bau der Atomkerne offen. Protonen und Neutronen mussten sich aus unerklärlichen Gründen wie zusammengeklebte Kugeln verhalten.

Schon kurz nach der Entdeckung des Neutrons stellte der Japanische Physiker Yukawa eine Theorie auf, die aus heutiger Sicht schlichtweg absurd ist. Danach sollten die Coulombschen Kräfte, durch die sich gleich geladene Protonen abstoßen müssten, dadurch aufgehoben werden, das geheimnisvolle Teilchen mit Namen „Mesonen" als Austauschteilchen zwischen Protonen und Neutronen für die Kernkräfte verantwortlich seien. Er entwickelte sogar die Idee, dass sich solche Teilchen, die später „Pionen" genannt wurden, in der kosmischen Höhenstrahlung nachweisen lassen müssten. 1937 fanden die Amerikanischen Physiker Anderson und Neddermeyer eben diese Teilchen, so dass Yukawa als erster Japanischer Physiker den Nobelpreis erhielt.

In unserer Zeit ist der Gedanke, dass zwischen den Protonen und Neutronen ständig Pionen hin und her rasen, unter dem Teppich verschwunden. Dafür wurde der etwas hilflos anmutende Begriff der „starken Kernkraft" erfunden. Die starke Kernkraft ist natürlich nur eine Behauptung und keine Erklärung.

Aus diesen Betrachtungen hatte ich 2003 die komplexe Ladung auf der Oberfläche der Atome der chemischen Elemente eingeführt und fest damit gerechnet, dass eine so brillante Idee sehr schnell zum Durchbruch kommt. Dagegen spricht aber die Realität.

*

Nach dem II. Weltkrieg begannen hauptsächlich amerikanische Physiker sogenannte Teilchenbeschleuniger mit immer größeren Durchmessern zu bauen. Diese Maschinen erzeugten Teilchen, die man nur als Kondensstreifen registrieren konnte. Das bedarf einer Erklärung. Werden zwei Autos – beide mit 300 Kilometer pro Stunde –

aufeinander gelenkt, wird es einen lauten Knall geben, und übrig bleiben zwei ineinander geschossene, völlig demolierte Autowracks. Träfen hingegen im Weltraum zwei Raketen beide mit 30.000 Kilometer pro Stunde aufeinander, gäbe es einen hellen Energieblitz. Das Material der Raketen wäre scheinbar verschwunden, weil es völlig verdampft wäre.

Hieraus darf man nicht folgern, dass zwei Protonen, die mit nahezu Lichtgeschwindigkeit aufeinander geschossen werden, sich gegenseitig auslöschen. Stattdessen werden die beiden Protonen nach dem Aufprall immer noch da sein. Sie sind Körper, die nicht verschwinden können. Warum, weiß man natürlich nicht. Es lässt sich nur registrieren, dass ihr Impuls sich in eine seltsame Form von Materie verwandelt, die früher als Kondensstreifen fotographisch festgehalten wurden. Inzwischen gibt es aber Detektoren, die mit Hilfe von Computertechnik Datenmengen verarbeiten können, die vor dreißig Jahren noch undenkbar waren.

Gearbeitet wird mit Ringbeschleunigern, die so konstruiert sind, dass etwa Protonen in zwei Ringen jeweils gegenläufig beschleunigt werden, in dem ersten links- und in dem zweiten rechtsherum. Somit war es möglich, Protonen mit immer größerer Beschleunigung aufeinander zuschießen, so dass sie beim Zusammenprallen ihre gespeicherte Energie wieder abgeben mussten. Die dabei freigesetzte Energie verwandelte sich innerhalb einer unvorstellbar kurzen Zeit nach der Einsteingleichung in unsichtbare Teilchen, die praktisch sofort wieder in andere Energieformen zerstrahlten.

Anfangs ließen sich mit Hilfe von überspanntem Wasserdampf und später mit kondensiertem Wasserstoff Kondensstreifen fotographisch festhalten. Das heißt, dass die jeweiligen erzeugten Teilchen gar nicht sichtbar in Erscheinung traten, sondern nur in Form ihrer „Schatten". Kurzum, die schlauen Forscher gaben ihnen Namen in Form von griechischen Buchstaben. Endlich war es möglich geworden, Nobelpreise wie am Fließband zu produzieren.

Über Jahrzehnte galt dieses eifrige, geldverschlingende Hantieren als Sensation, so dass immer größere Beschleunigungsmaschinen kleinere ablösten. Die Fülle von wissenschaftlichen Veröffentlichungen, die mit Ruhm und Anerkennung verbunden waren, wurde immer weniger durchschaubar. Erst als man ungefähr tausend verschiedene Teilchen erzeugt hatte, weigerte sich der US-Senat die nun allergrößte Anlage in Texas zu bauen. Nun wurde das Kind beim Namen genannt. Diese „unsichtbaren" Teilchen gibt es gar nicht, und sie haben die vom Steuerzahler finanzierte Forschung nicht weitergebracht, sondern in die Verwirrung geführt. Diese vernünftige, von den Amerikanern gefällte Entscheidung, hat sich in ihr Gegenteil verwandelt – in eine Katastrophe.

*

Jetzt vereinbarten verschiedene Europäische Staaten sich zusammenzuschließen und den größten Beschleuniger der Welt zu bauen. Die Sache hatte einen Haken. In England, Frankreich oder in Deutschland durfte die geplante, nunmehr weltgrößte Teilchenbeschleunigeranlage nicht stehen. Einfach deswegen, weil dann zwei Verlierer tödlich beleidigt gewesen wären. Ausgerechnet der Staat, der erst gar nicht in die damals neu gegründete Europäische Union eingetreten war, erhielt die Gelder für den Bau der Anlage. Die schlauen Schweizer nahmen das Geschenk gerne an, denn sie mussten ja keine Kosten tragen.

Der größte Teilchenbeschleuniger der Welt – Cern – im Schweizer Kanton Genf hat ein Jahresbudget von knapp einer Milliarde Euro. Dort sind 4000 Mitarbeiter angestellt und mit weiteren 10.000 beamteten Physikern weltweit vernetzt. Diese milliardenteure Anlage hat zu einem Besucherstrom von lindwurmähnlichem Ausmaß geführt.

Hauptanliegen dieses gigantischen, unterirdischen Bunkers ist der Beschuss von Protonen, die mit fast Lichtgeschwindigkeit aus zwei verschiedenen Richtungen aufeinander rasen. Auf diese Weise will man – nach dem Motto – „Du willst nicht, also brauche ich Gewalt" – Protonen gewissermaßen spalten. Man kann es vergleichen mit den Attitüden kleiner Kinder, die Gegenstände gerne mit den Händen oder mit Werkzeugen kaputtmachen, um hineinzuschauen.

Die wissenschaftliche Begründung für das Verbrennen von jährlich einer Milliarde Europäischer Forschungsgelder besteht in einer faustdicken Wissenschaftslüge, die als „Quarktheorie" in den Sechzigerjahren von amerikanischen Forschern aufgestellt worden ist.

Damals stand fest, dass Atomkerne aus Protonen und Neutronen bestehen müssen, die irgendwie von einer erlogenen „starken Kernkraft" zusammengebunden sind. Da sich diese Behauptung aber nicht beweisen ließ, hatten bestimmte Theoretiker die These aufgestellt, dass alle am Atomaufbau beteiligten Atomteile – Protonen, Neutronen, Elektronen und Neutrinos – in ihrem Inneren eine gemeinsame Struktur besäßen. Diese sollte darin bestehen, dass sich das Innere – zum Beispiel des Protons – in Wirklichkeit aus drei Protonenquarks zusammensetzt. Da diese drei Quarks aber nicht einzeln auftreten dürften, sollen sie fest untereinander verbunden sein. In den Lehrbüchern kann man nachlesen, dass die Quarks wie mit Handschellen aneinander gefesselt sind. Wie für die Protonen soll das Gleiche auch für die übrigen Atombausteine gelten. Diese Quarktheorie wird in diesem Kapitel als blühender Unsinn entlarvt.

*

Mit der Quarktheorie sollte sich der „Koloss“ von Genf als eine wirkliche Fehlentwicklung erweisen. Durch endlosen Umbau wurde dafür gesorgt, dass die Beschleunigungsenergie für die zum Einsatz kommenden Protonen von Jahr zu Jahr vergrößert wurde. Somit erhofften sich die Forscher endlich die Kerne des chemischen Elementes Wasserstoff zu spalten, wobei dann im Inneren der Protonen die Quarks frei werden müssten. Ohne sich auch nur daran zu erinnern, dass mit der Spaltung von $_{235}$Urankernen die Atombombe überhaupt erst möglich wurde, sollten jetzt die gespaltenen Wasserstoffkerne im Krieg gegen die Materie den endgültigen Triumpf der theoretischen Physik besiegeln. Die Spaltung von Protonen ist bis heute nicht gelungen, und ich sage es voraus: „Sie ist nicht machbar!“

Abbildung 78 zeigt noch einmal den ß-Zerfall des Neutrons. Das hierbei gebildete Proton – rechts – besitzt auf seiner nichteuklidischen, komplexen Oberfläche einen Gabelpunkt, der sich zu den drei darunterliegenden komplexen Zahlen +i, +1 und –i verzweigt. Dieser Gabelpunkt besitzt die Ladung null.

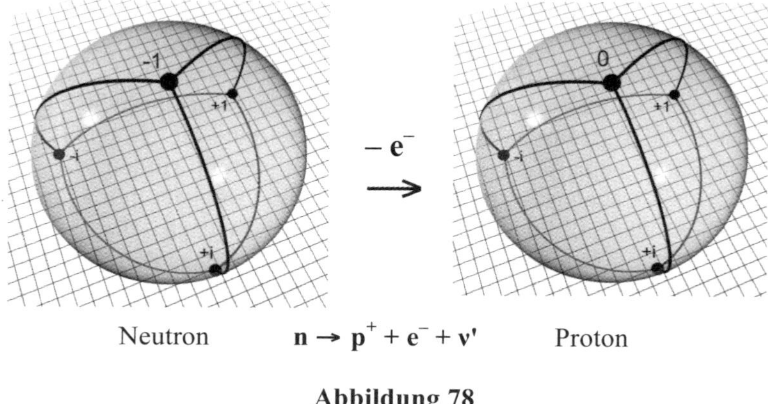

Neutron $n \rightarrow p^+ + e^- + \nu'$ Proton

Abbildung 78

Erst als ich die –1 als Spiegelung der +1 erkannt und entwickelt hatte, wurde es notwendig, die Null einzuzeichnen. Sie besitzt eine

Realexistenz und stellt keine Erfindung dar.

Mit diesem völlig neuen Gedanken, die Oberfläche der Atomkerne durch eine komplexe Punktladungsgeometrie erklärbar zu machen, konnte endlich die Frage beantwortet werden, warum sich beim radioaktiven Zerfall Neutronen, die einen Atomkern verlassen, innerhalb von ungefähr zwölf Minuten in ein Proton, ein Elektron und ein Antineutrino verwandeln.

*

Kein Kernphysiker kann erklären, warum Protonen überhaupt positiv geladen sind. Man kann lediglich folgern, dass aus dem Zerfall von Neutronen – unter Abgabe von Elektronen – positiv geladene Protonen entstehen. Woher die positive Ladung des Protons kommt und wo sie liegt, ist völlig unbekannt. Man kann Protonen elektrisch oder magnetisch beschleunigen und sich dann einbilden, zu wissen, was Protonen sind. Wo die beiden Bausteine, Protonen und Neutronen, denn herkommen, wird mit der Urknalltheorie erklärt. Es gilt eben immer noch die Meinung, dass „echte Wissenschaft" nach dem „wie" fragt und die Frage nach dem „warum" dem Glauben überlässt.

So konnte es passieren, dass im Kanton Genf viele Milliarden in den Ausbau von Cern investiert worden sind. Weitere Milliarden sind für die Mitarbeiter ausgegeben worden. Wenn sich nun aber die Protonen deshalb nicht spalten lassen, weil ihre komplexe, nichteuklidische Ladungsoberfläche ein Naturgesetz darstellt, würden sämtliche leitenden Mitarbeiter genau diese Wahrheit erbittert leugnen.

Deswegen soll daran erinnert werden, dass der größte Denker der Menschheit – Sokrates – vor über 2300 Jahren das sogenannte Höhlengleichnis entwickelt hat. Plato hat es später niedergeschrieben. Es handelt von Menschen, die tief unter der Erde die Schatten von Körpern und Gegenständen versuchen zu deuten. Hierbei sind Preise und Anerkennung zu gewinnen.

Ich habe schon im zweiten Band des Primzahlkreuzes, der 1991 erschien, die Sache so formuliert:

> *„Käme einer wie ich herunter zu ihnen in die Höhle und würde ihnen mitteilen, dass er die Gewissheit darüber habe, was hinter der Existenz der Materie – hinter der Substanz – wirklich steckt, würden sie ihn festnehmen lassen und lachend an ihre Arbeitsplätze zurückkehren. Doch wüssten sie gar, dass er die Wahrheit herausgefunden hat, die ihren Ruf und ihre hochbezahlen Pöstchen bedroht, sein Leben wäre in Gefahr."*

*

Abb. 69 zeigt die konvexe, komplexe, nichteuklidische Ladungsoberfläche eines Protons.

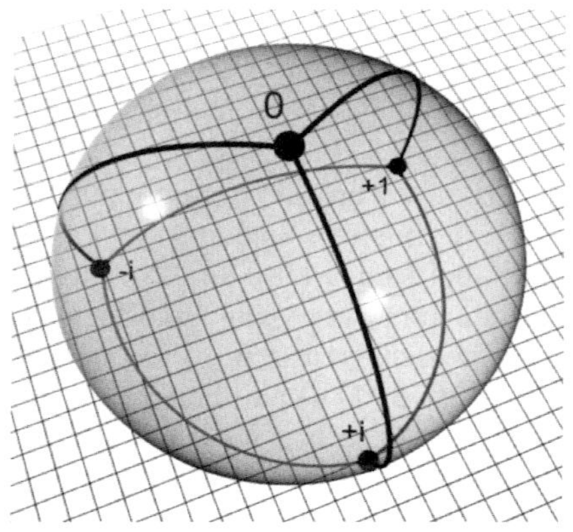

Abbildung 69 (Bd. III Kap. 19)

In Kapitel 9 Seite 176 und 177 haben wir den Beweis erbracht, dass die Kugelgeometrie aus sich selbst komplex ist. Ihre Oberfläche beträgt $4\pi\ i \cdot r^2$. Die Oberflächengeometrie des Protons enthält die Zahl Null. Es sei noch einmal daran erinnert, dass auch das Primzahlkreuz auf der Zahl Null aufbaut. Einfach deshalb, weil die Ordnung der Zahlen mit 0, 1, 2, 3, ... beginnt. Nun spiegeln sich um die Zahl Null die Zahlen –1 und +1, aber auch ihre Wurzelausdrücke + i und – i.

Während beim Eulerschen Einheitskreis auf das Einzeichnen der Null am Schnittpunkt der Kreuzform verzichtet wird, kennzeichnet die Zahl Null eben die vierfach gegabelte Dreiecksgeometrie des Protons. Nur so lässt sich erklären, warum Protonen positiv geladene Bausteine der Materie sind. Die Potentialdifferenz von + i und –i beträgt 0, während von +1 und 0 die Potentialdifferenz + 1 lautet.

1955 ließen sich erstmalig einige wenige Antiprotonen künstlich darstellen. Sie besitzen eine negative Ladung. Eine Zeitlang wurde als Erklärung die Behauptung diskutiert, dass die Antiprotonen sich in die entgegengesetzte Richtung der Protonen drehen. Diese Theorie ist aber als falsch entlarvt worden. Wir wissen einfach nicht, warum sich Protonen in Antiprotonen verwandeln können.

Es soll nun die Erklärung dafür geliefert werden, warum sich Protonen mit fast Lichtgeschwindigkeit, bei einer Temperatur nahe dem absoluten Nullpunkt – aufeinander geschossen – in Antiprotonen umwandeln.

*

Die Stoßprozesse der Protonen im Inneren der Sonne bei 15 Millionen Grad Celsius entwickeln gerade soviel kinetische Energie, dass sich nach der Formel $E = m \cdot c^2$ ein Elektron und ein Positron bilden. Während das Positron in die Unendlichkeit verschwindet, verwandelt das Elektron ein Proton in ein Neutron, so dass aus dem einen Proton und dem neu entstandenen Neutron ein Deuteriumatom entsteht.

Auf der Erde werden Protonen in zwei Ringbeschleunigern auf nahezu Lichtgeschwindigkeit gebracht, um sie dann gegeneinander zu schießen. Die Temperaturen in den Räumen der Beschleuniger liegen nahe am absoluten Nullpunkt bei –273 °C. Also umgekehrt zu den hohen Temperaturen in der Sonne bei 15 Millionen Grad Celsius.

Bei der Verwandlung von Energie in Materie in der Hitze der Sonne können sich nur gleichzeitig negativ geladene Elektronen und positiv geladene Positronen bilden. Umgekehrt kann diese Paarbildung bei dem Beschießungsprozess hier auf der Erde nicht stattfinden.

Und nun zu der Frage, wie es denn möglich ist, dass sich ein Proton überhaupt in ein Antiproton verwandeln kann, und wie dieses negativ geladene Proton stereogeometrisch gebaut ist.

Um dieses Rätsel zu lösen, soll daran erinnert werden, dass wir in Kapitel 4 dieses Bandes die Frage untersucht haben, warum ausnahmsweise das radioaktive Kaliumisotop $_{19}$Kalium 40 gleichzeitig Positronen und Elektronen im Verhältnis 11 zu 89 aussenden kann. Um Positronen zu erzeugen darf der Kaliumkern, einzigartig unter den stabilen Elementen von 1 bis 83, aber auch unter den natürlich radioaktiven Elementen bis Kernladungszahl 92 (Uran), ein Elektron aus der nullten Schale einfangen. Auf diese Weise bestehen 11% der abgegebenen ß-Strahlung aus Positronen. Somit existiert auf der Erde auch ein Beispiel für einen möglichen Elektroneneinfang, der zum Auswurf von Positronen führt.

Auf der nächsten Seite zeigt Abbildung 94 ein Proton, auf dessen Oberfläche in die Ladung 0 ein Elektron e^- eingeschossen werden soll. In Umkehrung wird nun ein Positron e^+ den Atomkern an der Stelle mit der Ladung +1 verlassen, sodass die Ladung 0 erneut entsteht, aber an einer anderen Stelle.

Nachfolgend abgebildete komplexe Kugeloberfläche erklärt die Kernumwandlung des Protons in ein Antiproton auf elegante Weise.

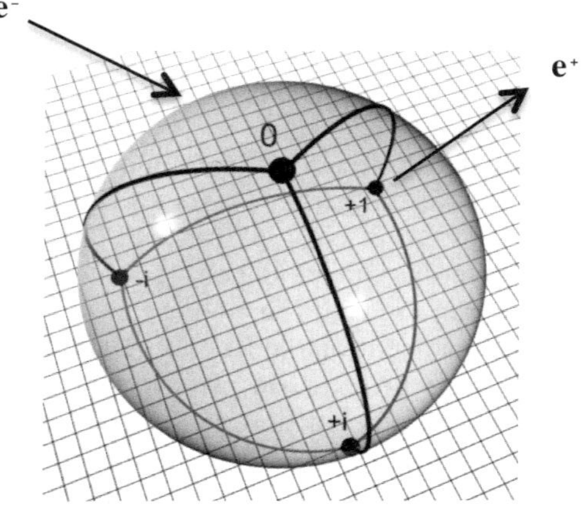

Abbildung 94

Aus Abb. 95 ist ersichtlich, dass das neu entstandene Antiproton nicht mehr deckungsgleich ist mit dem ursprünglichen Proton, weil sich die Nullpunkte verschoben haben. Umgekehrt ist die Ladung 0 aus Abb. 94 durch die Ladung –1 in Abb. 95 ersetzt.

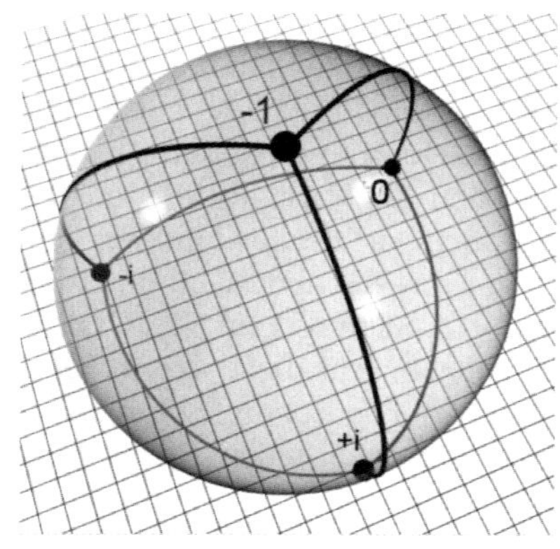

Abbildung 95

*

Der Stand des Wissens der Kernphysik bzw. der Theoretischen Physik lässt nur zu, Protonen als positiv und Antiprotonen als negativ geladen zu erfassen. Warum sich Protonen in ganz seltenen Fällen in Antiprotonen umwandeln lassen, ist völlig unbekannt.

Mit der Oberflächengeometrie aus den Abbildungen 94 und 95 war es möglich, das Gesetz der Paarbildung

$$\mathbf{e^- \text{ und } e^+}$$

zu erfüllen. Somit läuft alles auf die Frage hinaus, warum die Antiprotonen nicht stabil sind, sondern in Mesonen zerfallen. Es sei daran erinnert, dass die wenigen Antiprotonen, die erzeugt worden sind, nur so lange „am Leben" erhalten werden können, wie sie im Magnetfeld bei –273°C mit nahezu Lichtgeschwindigkeit gefangen gehalten werden. Das wiederum führt zu der Frage: „Warum passen die Antiprotonen nicht in diese Welt?"

In der Sonne werden über die Massendifferenz Elektronen nur erzeugt, um mit Protonen Neutronen zu bilden. Die gleichzeitig entstehenden Positronen fliegen dabei fort. Umgekehrt können hier auf der Erde Elektronen in die Oberfläche von Protonen eindringen, wobei gleichzeitig jeweils ein Positron als Ladungsausgleich die Oberfläche des Kerns verlässt. Damit ist der Nachweis erbracht, warum es überhaupt möglich ist, Antiprotonen zu erzeugen.

Die ursprüngliche Annahme, dass Protonen und Antiprotonen real im Universum existieren und sich gegenseitig auslöschen, hat sich als falsch erwiesen. Diese Wahrheit beinhaltet eine verheerende Konsequenz für die Theorie vom Urknall. Mit der erstmaligen Entdeckung der Antiprotonen begann der Aufbau eines geradezu irrsinnigen astrophysikalischen Weltbildes: Im Urknall sollen nur ungefähr gleiche Mengen von Materie und Antimaterie entstanden sein. Anschließend, so wird behauptet, haben sich gleiche Mengen von Materie und Antimaterie wieder ausgelöscht. Diese Behauptung ist somit als falsch entlarvt. Die märchenhafte Weltentstehung aus dem Urknall hat sich in all unseren Schul- und Lehrbüchern weltweit voll überzeugend niedergeschlagen. Deswegen ist es notwendig, den Beweis zu erbringen, dass Antimaterie nicht gleichzeitig mit Materie entstehen kann.

*

Mit der Entdeckung des Primzahlkreuzes war die Erkenntnis geboren, dass die Klassifizierung von fortlaufenden Zahlen 0, 1, 2, 3 4, 5, ... über die Taktsequenzen $6n \pm 1$ und $4n \pm 1$ $(n = 0)$ die Lösung –1 erlaubt. Dies führte zu dem Verständnis, dass es die negativen Zahlen –2, –3, –4, –5, ... an sich nicht gibt. Um negative Zahlen zu erzeugen, benötigt die Natur nur die Zahl –1. Durch Multiplikation der fortlaufenden Zahlen mit –1 entstehen die negativen Zahlen.

Umgekehrt lassen sich gerade Zahlen durch die Multiplikation von ungeraden Zahlen mit der Zahl +2 gewinnen. Die beiden Zahlen –1 und +2 sind für den Ablauf der vier radioaktiven Zerfallsreihen und umgekehrt zur Produktion von Deuterium auf der Sonne der maßgebliche zahlentheoretische Hintergrund.

Warum sich in den Sonnen des unendlichen Weltalls nur Protonen befinden und eben keine Antiprotonen, soll nun mit Hilfe von Abb. 96 beantwortet werden.

Es handelt sich um zwei Spiegel, die über eine Mechanik rechtwinklig miteinander verbunden sind. Ein solcher klappbarer Spiegel wurde schon in Band I Kapitel 22 ausführlich erklärt.

Abbildung 96

Plato hat erstmalig den nach ihm benannten „Platonischen Spiegel“ beschrieben. Leider haben die Übersetzer die Geometrie der Spiegelverkehrtheit nicht verstanden und somit völlig unsinnige Beschreibungen überliefert.

Aus der Abbildung 96 lässt sich entnehmen, dass der linke und der rechte Spiegel über eine Mechanik so aufgeklappt ist, dass die beiden Spiegel über Eck stehen, also über einen Winkel von 90° miteinander verbunden sind. Das Bild zeigt eine Fotografie, bei der ich in den vorderen realen Raum eine Tasse mit einem Henkel gestellt habe. Ihr Henkel befindet sich links. Gleichzeitig besitzt diese Tasse auf der Vorderseite und auf ihrer Rückseite ein Logo von der Firma Lotus.

Das Spiegelbild dieser Tasse steht ihr gegenüber und zeigt, dass der Raumspiegel die Gegenstände um 180° gedreht abbildet. Links und rechts erkennt man zwei Spiegelbilder, auf denen links der Henkel nach vorne zeigt und rechts auf der Rückseite verborgen ist.

*

Meine Überlegungen zu einem solchen „Raumspiegel" begannen Ende 1978. Zu diesem Zeitpunkt hatte ein Installateur auf meinen Wunsch hin ein dreieckiges Waschbecken im ersten Stock meiner Apotheke angebracht. Oberhalb des Waschbeckens befand sich ein Spiegel über Eck. Gemeint sind zwei rechtwinklig zueinander stehende Spiegelhälften wie in Abb. 96. Als ich mich darin betrachtete, wurde mir schlagartig klar, dass der Raum um einen Punkt von der Geometrie eines Kreuzes sein muss, aber nicht zweidimensional, sondern vierdimensional. Gemeint ist die Geometrie zweier sich kreuzender Flächen.

Zum besseren Verständnis zeigt Abbildung 97 unten zwei Hände, dren linke und rechte Finger ineinander gekreuzt sind. Mit dieser Anschauung lässt sich die Kreuzgeometrie zweier sich schneidender

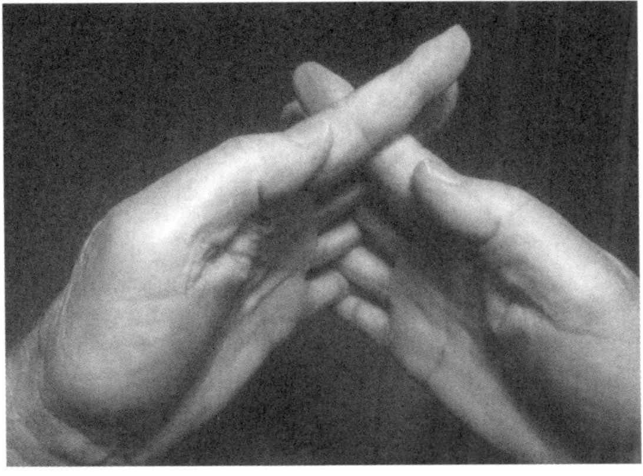

Abbildung 97

Flächen verständlicher machen.

Auch wurde mir beim erstmaligen Hineinschauen in den Raumspiegel blitzartig klar, dass der Raum um einen Punkt – und zwar um jeden Punkt – immer unendlich ist. Das hatte Ende des 16. Jahrhundert schon Giordano Bruno erkannt. Aber bisher ist niemand auf die Idee gekommen, dass ein solcher unendlicher Raum selbst auch eine Geometrie besitzt. Diese Geometrie ist vierdimensional, rechtwinklig von der Form zweier sich kreuzender Flächen.

Dies lässt sich aus Abbildung 96 leicht beweisen. Im Vordergrund steht real eine Tasse. Diese spiegelt sich dreifach in den Bildern links, rechts und gegenüber. Ein Mensch, der in solch einen Spiegel schaut, würde sich so sehen, wie eine Person ihn ansieht, die ihm gegenüber steht.

Jetzt läuft alles auf die Frage hinaus, ob es eine solche seitenverkehrt gespiegelte Person auch real geben kann. Die Antwort lautet: Nein! Ein Mensch kann sich zwar um 180° drehen, nicht aber seine geometrische Bauweise. Diese Analogie werden wir bei der Lüftung des Geheimnisses um das Antiproton anwenden, denn bisher ist unbekannt, warum Protonen und Antiprotonen sich nicht gegenseitig auslöschen.

*

Da ein dreidimensionaler Körper von einem vierdimensionalen Raum umgeben sein muss, hat Albert Einstein die Idee entwickelt, dass ein vierdimensionaler Raum über eine Zeitachse verfügen soll. Ein dreidimensionaler Körper – etwa eine Kugel – die sich ständig mit Lichtgeschwindigkeit vergrößert, wurde zum Symbol der vierten Dimension. Diese unsinnig neue, geometrische Idee stieß bei dem großen Mathematiker und theoretischen Physiker Henri Poincaré auf allerheftigsten Widerstand. Weil er schon 1912 starb, konnte Max Planck 1913 Albert Einstein an das Kaiser Wilhelm Institut in Berlin als Direktor berufen. Vorher hatte Planck bereits dafür gesorgt, dass Einstein erst einmal den Titel „Dr. phil." erhielt und sodann den des „Dr. habil." und anschließend eine außerordentliche Professur. (Alles innerhalb eines Jahres.) Nunmehr war es für Planck möglich, dafür zu sorgen, dass er an der ETH Zürich zum ordentlichen Professor ernannt werden konnte.

Hierzu muss der Leser wissen, dass zum Zeitpunkt von Einsteins Studium, die ETH in Zürich noch nicht den Rang einer Universität hatte, so dass Einstein sein Studium der Physik mit dem Titel „Physiklehrer für die Mittelstufe" abgeschlossen hat.

(Um es klar auszudrücken: Der Schweizer Lehrkörper mochte

den deutschen, jüdischen Einstein nicht und ebenso wenig seine vom Balkan stammende, jüdische und gehbehinderte Ehefrau. Sie soll als glänzende Mathematikerin maßgeblich an den drei Publikationen beteiligt gewesen sein, die Einstein im Sommer 1906 an die Analen der Physik in Leipzig eingereicht hat. Für eine dieser Schriften erhielt er nach dem I. Weltkrieg den Nobelpreis für Physik.)

Zurück zu Einsteins Idee von der Verknüpfung von Raum und Zeit. Diese hat mit der Vorstellung von gekrümmten Räumen ein Ausmaß von Irrsinn angenommen, dass es bisher für mich vollkommen sinnlos war, sich gegen unser astrophysikalisches Weltbild zu wehren. Erst durch die Überlegungen zu Platons Spiegel konnte ich zu dem Beweis finden, dass Einsteins Verknüpfung von Raum und Zeit schlichtweg falsch ist.

Jetzt ist die Zeit reif, den Kampf gegen ein völlig falsches Weltbild zu eröffnen. Ich habe den Beweis gefunden, warum das Antiproton nicht in diese Welt gehört.

*

Aus Abbildung 94 und 95 auf Seite 188 lässt sich entnehmen, dass das ursprüngliche Proton oben auf der Kugel die Ladung 0 enthält und rechts (hinten) mit der Ladung +1 verbunden ist. Nachdem in dieses ursprüngliche Proton ein Elektron mit der Ladung –1 eingedrungen ist, entstand gleichzeitig, durch Auswurf eines Positrons, rechts hinten die Ladung 0.

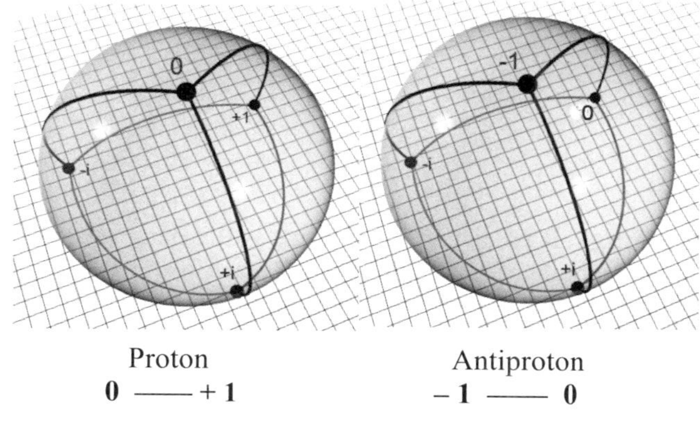

Proton
0 —— +1

Antiproton
– 1 —— 0

Abbildung 98

Auf diese Weise sind zwei Sorten von Protonen möglich geworden, die aber, wie in einem vierdimensionalen Raumspiegel, sich umgekehrt gegenüber stehen. Siehe Abbildung 98.

0 —— + 1
– 1 —— 0

Genau dieses seitenverkehrte, sich selbst Gegenüberstehen ist aber eine Illusion, die der vierdimensionale Raum nicht zulässt. So wie ein Mensch sich nicht selbst gegenüberstehen kann, so können das Protonen und Antiproton auch nicht.

Das Antiproton ließ sich zwar einzeln herstellen und dem Entdecker einen Nobelpreis bescheren, aber es gehört nicht in diese Welt. Es verschwindet von alleine, was wir mit dem Stand unseres Wissens bisher nicht erklären konnten, weil wir den Begriff der 4. Dimension mit falschen Mitteln gedeutet haben.

Einsteins hilflose Idee von der Verknüpfung des dreidimensionalen Raumes mit einer Zeitachse war ein fataler Irrtum. Sie hat zu einer Entwicklung in der Astrophysik geführt, die ich rückblickend als Katastrophe deute. Hierzu reicht ein einziges Beispiel. Im Fernsehen wird weltweit und permanent anschaulich über die Theorie der schwarzen Löcher berichtet. In Wirklichkeit spiegelt diese Dummschwätzerei nur den Ausdruck unseres Unwissens wieder.

Es soll aus diesem Grund noch einmal auf die drei Formen der Unendlichkeit eingegangen werden. Bisher wurden in der Physik nur die Unendlichkeit von Raum und Zeit berücksichtigt. Da die Mengen, also die Zahlen, auch unendlich sind, und sie damit überhaupt keine Erfindung darstellen, muss die Trinität von

Raum
Zeit
Zahlen

als eine **Dreifaltigkeit** erfasst werden. Diese völlig neue astrophysikalische Erkenntnis bedeutet das Aus für Albert Einsteins Raum-Zeit-Kontinuum, was nun begründet werden soll.

*

Die fortlaufenden Zahlen beginnen mit den unteilbaren Zahlen 1, 2 und 3. Dies lässt sich sofort dahingehend weiterentwickeln, dass einfach alle fortlaufenden Zahlen in drei Sorten aufgeteilt werden sollen, die sich eben von den drei ersten Zahlen ableiten. Somit ergeben sich drei Kolonnen von Zahlen:

1, 5, 7, 11, 13, 17, 19, 23, 25, ... usw.
2, 4, 8, 10, 14, 16, 20, 22, 26, ... usw.
3, 6, 9, 12, 15, 18, 21, 24, 27, ... usw.

Leider hat man im antiken Griechenland diese ins Auge fallende Dreifachheit nicht erkannt, weil zu dieser Zeit die Zahl Eins nicht als Primzahl betrachtet wurde. Es besteht die Möglichkeit, dass die Eins damals bewusst nicht zu den Primzahlen gerechnet wurde, weil sonst in den Zahlen 1, 2, 3 à priori ein tiefes Gesetz verankert sein müsste.

Dieser Schelmenstreich wurde bis heute nicht korrigiert. Es stellt sich die Frage, wie es dazu kommen konnte, dass auf die Weise die Dreifachheit in den Zahlen übersehen worden ist.

Dafür gibt es eine einfache Erklärung. Die Kaste der Mathematiker – von der Antike bis heute – hat immer wieder beteuert, dass der Mensch die Zahlen erfunden hat. Diese Behauptung basiert auf der hartnäckigen Forderung, dass es keine planende Gesetzmäßigkeit außerhalb der menschlichen Intelligenz geben darf.

Wenn aber in den ersten drei Zahlen eine ewige Gesetzmäßigkeit verankert ist, dann ist die Behauptung, dass der Mensch die Zahlen erfunden hat, eine unwahre Behauptung, die korrigiert werden muss. Es soll deshalb im nächsten Kapitel historisch aufgearbeitet werden, wie die Dreifachheit in der Natur von den Alchemisten entdeckt worden ist.

Kapitel 11

Über die Dreifachheit

„Aus vergilbten Pergamenten "

In memoriam: „Dr. Hermann Römpp", Chemiker

„Im Jahre des Heils – 1675 – schrieb Lemery, ein französischer Chemiker und Docteur en Medicin, ein lichtvolles Werk mit dem Titel ‚Coeur de Chemie', das zahlreiche Auflagen erlebte und in die meisten lebenden und toten Sprachen übersetzt wurde. In diesem Buch wurde die Welt der Stoffe zum ersten Mal in drei große Bezirke eingeteilt:

Zum ersten Gebiet, dem Mineralreich, zählte Lemery die Metalle, das Wasser, die Luft, ferner Kochsalz, Gips, Kalk, die Gesteine, Erze usw. Zum zweiten, dem Pflanzenreich, rechnete er den Zucker, die Stärke, Harze, Wachse, Gerbstoffe, Pflanzenfarbstoffe und dergleichen. Und zum dritten, dem Tierreich, vereinigte er die Fette, Eiweißstoffe, Hornsubstanzen usw.

Die am Aufbau des Tier- und Pflanzenkörpers beteiligten chemischen Verbindungen bezeichnete Lemery als organische Stoffe und stellte diese in Gegensatz zu den anorganischen, mineralischen Substanzen der unbelebten Natur.

Er vertrat die Ansicht, dass die organischen Stoffe nur im Körper von Organismen entstehen können und dass es aussichtslos wäre, diese Substanzen etwa im Laboratorium aus anorganischem Material aufzubauen.

Der große Chemiker Berzelius (1779 –1848) stützte diese Theorie lange Zeit mit dem Gewicht seiner Autorität. Er meinte, in den Pflanzen und Tieren (und selbstverständlich auch im Menschen) sei eine besondere „Lebenskraft" tätig, welche es ermögliche, die organischen Stoffe auf eine geheimnisvolle, unnachahmliche Art aufzubauen[1].

[1)] So schrieb J.J. Berzelius in einem 1815 in Nürnberg erschienenen übersetzten Buch („Übersicht der Fortschritte und des gegenwärtigen Zustandes der thierischen Chemie.") S. 2–3 u.a. : „Allein bei allen unseren Kenntnissen von der Bildung unseres Körpers, als Maschine betrachtet, und von dem wechselweisen Verhalten der Grundstoffe untereinander, liegt doch die Ursache der meisten Erscheinungen im thierischen Körper so tief vor unseren Blicken verborgen, dass wir es gewiss nie entdecken werden. Wir nennen diese verborgene Ursache Lebenskraft." („Gemeint ist der spätere besprochene Begriff „vis vitalis.")

Noch im Jahr 1808 beschrieb der deutsche Chemiker Friedrich Albert Carl Gren in seinem „Grundriss der Naturlehre“ Seite 585:

„Was sich in den Gefäßen organischer Körper aus den Grundstoffen bildet, das macht kein Chemiker im Kolben und Schmelztiegel nach.“

Es kam aber gründlich anders, denn schon sechszehn Jahre später wurde die skeptische Prophezeiung Grens von dem deutschen Chemiker Friedrich Wöhler (1800 – 1882) widerlegt. Dieser stellte 1824 die in Pflanzen verbreitete Oxalsäure und ebenfalls 1828, den Harnstoff aus anorganischen Materialien im Labor her.

Der Begriff Lebenskraft erhielt in latinisierter Form später als „vis vitalis“ erneut eine große Bedeutung.

*

Lebenskraft im Sinne Darwins erklärte die Entstehung des Lebens aus Zufall, wobei diesem später noch eine gewisse Notwendigkeit hinzugefügt wurde, so dass jegliche Planung ausgeschlossen war.

Wir haben dieses Leugnen eines Planes schon im Kapitel I als falsch bezeichnet und wollen nun die Trinität von Raum, Zeit und Zahlen noch schärfer fassen.

Da der dreidimensionale Raum drei Dimensionen besitzt,

Länge, Breite und Höhe

und die Zeit ebenfalls dreifach ist,

Gegenwart, Vergangenheit und Zukunft

und die Zahlen sich von den ersten drei Zahlen

1, 2, und 3

ableiten, bezeichnen wir nun diese dreifache Gemeinsamkeit als eine

Dreifaltigkeit.

Der Begriff „Dreifaltigkeit“ ist im christlichen Abendland über zweitausend Jahre missbraucht worden. Der **eine** Gott soll auf einem Thron sitzen und neben ihm sein Sohn. Über Gottvater und Sohn soll der heilige Geist als Taube schweben. In dieser Form wurde die Dreifaltigkeit von den Berufstheologen der naiven Menschheit als **ein** Gott verkündet. Dieser Gott, von dem die Priester sprechen, war immer da, was wiederum mit dem Begriff der Ewigkeit verknüpft ist.

In dem Begriff der Ewigkeit ist wiederum der Begriff der Dreifachheit verborgen. Wenn wir sagen, dass die Zeit läuft, ist damit gemeint, dass sie dreigeteilt ist in

Vergangenheit
Gegenwart
Zukunft.

Ein unendlicher Raum kann nicht leer sein, denn er muss mit etwas ausgefüllt sein, sonst wäre der Raum ein Nichts. Das, was im unendlichen Raum ist muss nach dem Stand unseres Wissens stofflicher Natur sein.

Es gibt nur einen Begriff für etwas, das abzählbar und gleichzeitig auch unendlich groß oder unendlich klein ist. Das sind die Zahlen!

Mit der Entdeckung der Kreuzgeometrie des unendlichen Zahlenraumes um einen Punkt ließ sich erkennen, dass in den fortlaufenden Zahlen 0, 1, 2, 3, 4, 5, ... ein ewiger Geist verborgen ist, der sich von den drei Zahlen

1 2 3

ableitet. Diese drei Zahlen sind unteilbar, aber gehören nicht zu den Primzahlen. Diese Erkenntnis ist neu! Bisher haben die Mathematiker die Zahl Eins als nichtprim bezeichnet, die Zahlen Zwei und Drei aber als prime Anfangszahlen der fortlaufenden Primzahlen.

Ich habe sie erstmals als die Anfangszahlen der drei Sorten Zahlen erkannt, von denen sich alle Zahlen ableiten.

1 → 5, 7, 11, 13, 17, 19, 23, 25, ...
2 → 4, 8, 10, 14, 16, 20, 22, 26, ...
3 → 6, 9, 12, 15, 18, 21, 24, 27, ...

Diese Überlegungen führen sofort zu einem neuartigen Verständnis der Elektronenschalenstruktur um einen Atomkern.

Zu Beginn des 20. Jahrhunderts trat ein Widerspruch auf. Die Mathematiker behaupteten, dass es die Zahlen an sich nicht gibt, sondern dass der Mensch sie erfunden habe. Da aber die Anzahl der Elektronen auf den Schalen eines Atomkerns den Gesetzen der Quadratzahlen 1^2, 2^2, 3^2, 4^2... gehorcht, lässt sich mit Gewissheit folgern, dass dieses Zahlengesetz nicht von Menschen erfunden sein kann, sondern immer da gewesen sein muss. Selbst als erkannt wurde, dass auch die Atomkerne mit ihren zugeordneten Protonen- bzw. Neutronenzahlen einem ewigen Gesetz gehorchen, haben unsere Berufsmathematiker weiterhin die Zahlen als menschliche Erfindung bezeichnet. Auf diese Weise fehlt das Begreifen dafür, dass

Raum, Zeit und Zahlen

in ihrer Dreifachheit eine Einheit darstellen, die real existiert.

Drei Sorten Zahlen, die sich von den Zahlen 1, 2 und 3 ableiten, bilden die geometrische Grundlage der Zahlenstruktur des Primzahlkreuzes. Hierbei war zu beweisen, dass die unendlichen Primzahlen von der Form $6n \pm 1$

$$\mathbf{-1, 1, \quad 5, 7, \quad 11, 13, \quad 17, 19, \quad 23, \ldots}$$

notwendigerweise unendlich viele Primzahlzwillinge beinhalten müssen. (Kap.9, S.170). Diese Primzahlzwillinge bilden die Kreuzgeometrie des Primzahlkreuzes und sind der Hintergrund der drei notwendigen Naturkonstanten:

$$\mathbf{e \quad i \quad \pi.}$$

Die Eulersche transzendente Konstante e stellt die Ordnung der fortlaufenden Zahlen 0, 1, 2, 3, 4, 5, ... usw. dar, wobei diese Ordnung nur dann einen Sinn gibt, wenn die Summe ihrer reziproken Fakultäten zusätzlich um eine weitere Eins ergänzt wird. Diese Eins ergibt sich aus der komplexen inneren Schale des Primzahlkreuzes. (Bd. II S. 90-92.)

Die von Euler mit dem Buchstaben i bezeichnete Konstante meint die Wurzel aus –1. Die als Kreiszahl bekannte Konstante π haben wir schon als einen transzendenten Dezimalbruch bezeichnet, der nur dann seinen Sinn erfüllt, wenn er mit der Konstanten i gekoppelt als i π auftritt. Das ist das Geheimnis der Kreisfigur, das in diesem Band schon erschöpfend behandelt wurde.

*

Die Unendlichkeit von Raum, Zeit und Zahlen führt zu der Frage, ob diese Trinität nicht auch ein Ichbewusstsein besitzt, die den Begriff Gott einzuführen erlaubt.

Tatsächlich existieren ja drei monotheistische Religionen:

Judentum
Christentum
Islam

Diese wären dann eben nicht „zufälligerweise" nacheinander entstanden, sondern aus einer absichtsvollen Idee heraus.

Begonnen hat die geradezu irrsinnige Idee von einem Gott in Form einer väterlichen Menschengestalt in Palästina. Dort lebte ein kleines Volk mit dem Namen „Israel", das von dem Wahn besessen war, ein von Gott auserwähltes Volk zu sein. Sie bauten am Rande der Wüste Negev eine Stadt, die sie Jerusalem nannten. Östlich Jerusalems stürzt die Landschaft 600 Meter tief und damit weit unter den Meeresspiegel. So ist denn das Land Israel dadurch geprägt, dass die Hauptstadt Tel Aviv ein mondäner Badeort am Mittelmeer ist und Jerusalem direkt an der Wüste liegt. Nördlich, in Kanaan, spricht man Arabisch. Östlich fließt der Jordan ins Tote Meer. Und ganz im Süden gibt es einen weiteren Badeort – Eilat – direkt neben der Grenze zu Ägypten. Hier beginnt die Wüste Sinai.

Vor 2000 Jahren hatte Rom Israel in sein Reich einverleibt. Die Römer waren milde Besatzer, verlangten aber von dem Volk Israel Steuerzahlungen. Statt sich mit den ganz normalen Gesetzen der Römer abzufinden, träumten die Juden davon, die wenigen römischen Besatzungstruppen anzugreifen und sie aus dem Land zu werfen. Die Antwort der Römer war die Ausrottung fast der gesamten jüdischen Bevölkerung. Der Rest floh und verteilte sich in ganz Europa.

Jahrzehnte vor dem Untergang des Staates Israel soll in Bethlehem ein Knabe geboren worden sein, der den Namen Jesus erhielt. Dieser Sohn eines Zimmermanns begann in jüngeren Jahren zu predigen. Er behauptete, der Sohn Gottes zu sein. Die gläubigen Juden waren entsetzt. Er wurde auf Bitten der Schriftgelehrten festgenommen und durch den Römischen Stadthalter zum Tod am Kreuz verurteilt.

*

Sein Tod leitete fast 500 Jahre später den Untergang des Römischen Reiches durch die Barbaren ein. Die siereiche Kraft Roms hatte durch das Aufkommen des Christentums immer mehr abgenommen.

Ganze germanische Volkstämme, wie z.B. die Goten, waren in den mediterranen Teil des Römischen Reiches eingefallen und hatten sich dort niedergelassen. Schließlich verbündeten sich die Römer mit den großen blonden Männern, den Langobarden, sowie mit den Goten. Das Römische Reich ist durch Völkerwanderungen der neugierigen Fremden aus dem Norden schlichtweg überflutet worden.

Eine Entscheidungsschlacht hat das spätere Europa geprägt. Im nordöstlichen Frankreich hatten sich achtzigtausend kampferfahrene römische Fußsoldaten zusammen mit einhundertzwanzigtausend germanischen Reitern verbündet, um die „Hunnenpest" abzuwehren. Das war der letzte Sieg Roms.

Nun begann sich ein zweites „Heiliges Römisches Reich", diesmal „Deutscher Nation", zu entfalten. Der römische Cäsar wurde einfach durch den Papst in Rom ersetzt. In Deutschland regierten Könige, die mit Wut auf die Macht der Päpste Krieg gegen die Vertreter des heiligen Stuhls führten. Gegen Ende des Mittelalters hatten die Römische Kirche und ihre evangelische Schwester, die in ganz Europa das Sagen hatten, es geschafft, ihre Glaubwürdigkeit für immer zu verlieren. Unzählige Christen sind lebendig verbrannt worden. Ein Ehepartner brauchte nur einem Geistlichen zu beichten, dass der andere Ehepartner sexuellen Kontakt mit dem Teufel hatte. Das reichte für eine Folterung. Nach dem Dreißigjährigen Krieg ebbte dieser Irrsinn ab, weil dieser Krieg zu viele Menschen vernichtet hatte.

Das 1950 durch Papst Pius XII verkündete Dogma der Römisch-katholischen Kirche, dass die Gottesmutter Maria lebendig in den Himmel gefahren sei, schlug dem Fass den Boden aus. Unter diesen Umständen werden die christlichen Kirchen an der Überlegung zerbrechen, dass es in einem unendlichen Raum weder Paradies noch Hölle geben kann. Da ist kein Platz für Räume außerhalb des unendlichen Raumes.

Nach dem II. Weltkrieg gingen die Menschen schon nur noch sonntags in die Kirche, dann immer seltener. Heute sind die Türen der Kirchen aus Angst vor Vandalismus meist verschlossen.

Den beiden Konfessionen gehört sehr viel Land. Sie haben durch Erbschaft immens viel Bargeld, Immobilien und Landbesitz zusammengerafft. Am schlimmsten hat es Deutschland getroffen, weil Adolf Hitler und Pius der XII die Kirchensteuer für beide Konfessionen eingeführt haben.

Trotz vielfacher Verachtung für die christliche Kirche beider Konfessionen sollten die Europäer aber nie vergessen, dass es das christliche Abendland war, das es geschafft hat, die drei naturwissenschaftlichen Fächer,

Physik,
Chemie,
Biologie,

erst langsam und dann immer schneller aufzubauen.

„Wir sind das Abendland", schreibt Iwan Lissner. Wir haben den Menschen

den Kunstdünger,
die Arzneimittel,
den Explosionsmotor

geschenkt – und natürlich die Demokratie! Hierbei ist zu erwähnen, dass Plato aus bewundernswerter Klugheit den Satz geprägt hat:

"*Die Demokratie ist die schlechteste aller Staatsformen, weil der Pöbel regiert.*" Da hat er Recht!

Die Demokratie hat durch Wahlen zum Beispiel Napoleon und weitere blutsaugende Massenmörder wie Hitler und Stalin an die Macht gebracht.

So ist denn die Demokratie nach Beendigung der europäischen Massenmördergeschichte wieder zu dem geworden, was Plato vorausgesagt hatte. Europa besteht heute aus 27 Staaten. Landesparlamente, Bundesparlamente, Europaparlamente speien wie monsterhafte Drachen ganze Armeen von Abgeordneten mit sicheren und hochdatierten Pöstchen aus.

Auf diese Weise verliert der Kontinent Europa mit einer Einwohnerzahl von einer halben Milliarde Europäern und einem Handelsvolumen, das die USA übertrifft, die politische Macht, die ihm zusteht.

*

Als wenn das Gesetz der Dreifachheit die Fäden gezogen hätte, hatte sich im 7. Jahrhundert nach Christus im Vorderen Orient eine dritte monotheistische Religion gebildet, die ebenfalls streng an das altjüdische Testament orientiert ist.

Alles begann mit dem Kaufmann Mohamed. Sein Name ist im arabischsprachigen Raum sehr verbreitet. Er war verheiratet und hatte eine Tochter.

Seine Frau besaß ein Handelsunternehmen in der Karawanenstadt Mekka, die in der arabischen Wüste liegt. Über sein Leben vor dem Ausbruch seiner „Ekstase" – gemeint ist das Hören der Stimme Allah's durch den Erzengel Gabriel – ist nichts bekannt. Er soll des Lesens und Schreibens nicht mächtig gewesen sein.

Er stieg aus unbekannten Gründen eines Tages auf einen Berg und kroch dort in eine Höhle. Eine Stimme begann zu diktieren. Die Stimme stellte sich ihm als Erzengel Gabriel vor und betonte, das Sprachrohr des nur einen Gottes „Allah" zu sein. Mohammed sprach das Diktat in seinem Kopf nach, ohne dabei Fehler zu machen.

Nunmehr begannen auch Neugierige zu dieser Höhle hochzusteigen und begriffen sehr schnell, dass dieses Diktat aufgeschrieben werden musste. In dieser Zeit war das Papier unbekannt, sodass auf Palmblätter Arabisch geschrieben wurden. Es unterblieb jedoch eine Nummerierung der Blätter, was zu einem gewaltigen Wirrwarr geführt hat.

So ist der Koran endstanden, von dem die Europäer nur glauben, ihn zu verstehen. Übrig für mich bleibt die Sure **76**. In ihr ist ein gewaltiges Mysterium enthalten, das viele Jahrhunderte den Sitz des Islamischen Glaubens, die Universität Kairo, beschäftigt hat. Die Sure enthält eine Passage, in der Mohamet vehement über die spricht, die es wagen würden, das Diktat des einen Gottes „Allah" zu verfälschen. Er spricht die Drohung aus:

„Darüber wacht 19!"

Dieser Satz bleibt bis heute unverstanden! Ich möchte nunmehr versuchen, dieses Rätsel lösen.

Weil das Leben hier auf dem Planeten Erde sich aus

1 +19 Aminosäuren

entwickelt hat, und der Aufbau der Materie über die Klassifizierung der 81 stabilen chemischen Elemente durch

4 · (1 + 19) Ordnungszahlen

geprägt ist, und in Umkehrung, der Zerfall der Materie – die natürliche Radioaktivität – über

4 Zerfallsreihen

verläuft, sehe ich den Hinweis in Sure 76 „Darüber wacht 19" als einen Beweis für ein diktiertes Geheimnis durch eine höhere Intelligenz.

76 : 19 = 4

Der nächtliche Himmel über der arabischen Wüste ist von beeindruckender Schönheit, eben weil die Luft sauber ist, und die Wolken in der Regel fehlen. Die Araber haben das mathematische Geheimnis der Sarosperiode entschlüsselt, wonach der Mond innerhalb von exakt acht Mal für dreieinhalb Minuten die Sonne verdeckt. Dies ist eben kein Zufall, wie unsere Wissenschaftler behaupten, sondern der Beweis dafür, dass der Planet Erde und sein Mond sich aus einem tiefen Grund gegenseitig kontrollieren.

Der Mond war einst ein Teil des Planeten Erde. Sein Gewicht beträgt 1/81 der Erde. Die Ziffern 81 und 19 bilden gegenseitig Restwerte. Damit ist bewiesen, dass die Primzahl 19 bewusst in die Mathematik des Planetensystems eingraviert ist.

*

Mir war die merkwürdige Summe von 1 + 19 für die Anzahl der Aminosäuren als Schüler aufgefallen. Später, als Student, fiel mir ein zweites Mal die Summe von 1 + 19 bei den Reinisotopen auf.

Im Folgenden begann ich mich für die auffällige Dreifachheit in den Naturwissenschaften zu interessieren. Gerade in der Chemie stößt man immer wieder auf Dreifachheiten. Zwei Beispiele: Das Element Kohlenstoff kommt in den drei Modifikationen vor:

Grafit
Diamant
Fullerene.

Ähnlich ist zum Beispiel beim Element Phosphor eine gelbe-, eine rote- und eine schwarze Modifikation möglich. Interessant ist, dass eben beide Elemente in der Natur nur in zweifacher Ausführung vorkommen. Die Fullerene und der schwarze Phosphor lassen sich nur künstlich herstellen, womit wiederum die Dreifachheit gewährleistet ist. Zurück zum Element Kohlenstoff. Er kann, ebenso wie die beiden Elemente Stickstoff und Sauerstoff, drei verschiedene Bindungen eingehen, wobei Chemiker entweder von Einfach- Doppel- oder Dreifachbindungen sprechen. Die Frage, warum genau die drei Elemente

Stickstoff
Kohlenstoff
Sauerstoff

drei verschiedene Bindungsvariationen eingehen können, ist völlig ungelöst.

Es sei an dieser Stelle an die Merkwürdigkeit erinnert, dass das

Element $_{19}$Kalium, das mit seiner ungeraden Ordnungszahl 19 – wie in Kapitel 4 beschrieben – nur als Einfach- oder Doppelisotop auftreten dürfte – einzigartig drei Isotope besitzt:

$_{19}$Kalium 38
$_{19}$Kalium 39
$_{19}$Kalium 40

Obwohl die Dreifachheit in der Chemie überwältigend ist, wird ihre Bedeutung nicht in der einmalig ungeraden Primzahl 3 (sie ist nicht von der Form 6n ± 1) selbst erfasst, weil nach herkömmlichem Denken die Zahlen 1, 2 und 3 nur Anzahlen darstellen, und die Zahlen an sich nicht selbstbewusst existieren! Somit bleibt z.B. die Frage ungelöst, warum der Kohlenstoff Mehrfachbindungen eingehen kann, während das Element Silizium – obwohl es im Periodensystem unter dem Kohlenstoff steht – nur Einfachbindungen eingehen kann. Die Antwort kann nur in dem Gesetz der Dreifachheit begründet sein und lautet, dass es eben nur drei Elemente geben darf, die Mehrfachbindungen eingehen dürfen. Q.e.d.

*

Der unendliche Raum, die unendliche Zeit und die unendlich vielen Zahlen sind bisher nie als eine Dreifachheit verstanden worden. Ich habe mich deswegen bemüht, sehr viele Beispiele von Dreifachheiten aufzuzählen. Nur führen solche Beispiele eben nicht zu einer Erklärung, warum die Dreifachheit im Universum von solcher Wichtigkeit sein soll. Wenn etwa die christliche Lehre von einem dreifachen Gott redet, der sich in Vater, Sohn und heiligem Geist verkörpert, stellt sich die Frage, was denn ein heiliger Geist sein soll. Obwohl sich diese Frage nicht beantworten lässt, ist die Dreifaltigkeit der Trinität Gottes seit zweitausend Jahren nicht angezweifelt worden.

Ungewöhnlich gründlich hat sich der britische Historiker Peter Watson in der Einleitung seines Buches „Ideen“ – Eine Kulturgeschichte von der Entdeckung des Feuers bis zur Moderne – mit der Frage nach der Dreifachheit beschäftigt:

„Aus irgendwelchen Gründen haben unzählige Denker der Vergangenheit die Geistesgeschichte als ein dreigeteiltes System betrachtet, jeweils gruppiert um

drei große Ideen,
drei Zeitalter,
drei Prinzipien.

Joachim von Fiore behauptete ketzerisch, dass es drei auseinander hervorgehende Epochen gebe:

das alttestamentlich, synagogale Zeitalter des Vaters,
das neutestamentlich, klerikale Zeitalter des Sohnes
und das mönchische Zeitalter des heiligen Geistes

in den nacheinander

das alte Testament,
das neue Testament
und ein Evangelium aeternum

in Kraft traten.

Der französische Staatsrechtler und Philosoph Jean Bodin (ca. 1530 bis 1596) teilt die Geschichte in drei Perioden auf:

in die der asiatischen Völker,
die der mediterranen Völker,
die Völker des Nordens.

Francis Bacon benannte im Jahr 1620 drei Entdeckungen, die die Welt seinerzeit von der alten Welt trennten:

Die Buchdruckerkunst,
das Schießpulver und
der Kompass."

*

In bestechender Weise zählt Peter Watson eine Fülle von Dreifachheiten im Laufe der Zeit auf. Typisch für unser Zeitalter unterschlägt er aber die Frage, warum die Dreifachheit so augenfällig in Betracht kommt. Genau diese Warumfrage hatte ich mir schon sehr jung gestellt.

„Warum ist die Dreifachheit im unendlichen Universum von solch einer nicht wegzuleugnenden Bedeutung?"

Es reicht, ein Beispiel zu nennen:

Plus
Null
Minus

Mit dem Beweis, dass die Zahlen 1, 2, und 3 Anfangszahlen eigener Zahlenreihen sind, konnte ich beweisen, dass sie alle drei unteilbar sind. Aus diesem Grund konnte ich zeigen, dass es insgesamt drei Sorten von Zahlen geben muss:

Teilbar durch **1:** **5, 7, 11, 13, 17, 19, 23, 25, ...**
Teilbar durch **2:** **4, 8, 10, 14, 16, 20, 22, 24, ...**
Teilbar durch **3:** **6, 9, 12, 15, 18, 21, 24, 27, ...**

Diese Überlegung führte am Ende von Band I zur Entwicklung des Primzahlkreuzes. Abb. 11 zeigt nur Primzahlen, die sich von der Eins ableiten.

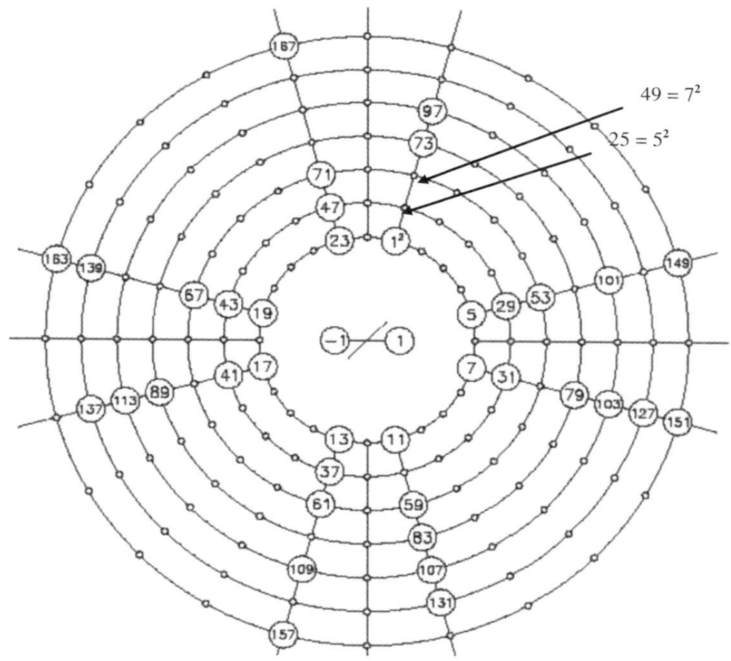

Abbildung 11 Bd. II

Auf dem ersten Strahl oberhalb der 1^2 befinden sich sämtliche Quadrate aller Primzahlen von der Form $6n \pm 1$ bis in die Unendlichkeit. Sie beginnen mit:

$$1^2, 5^2, 7^2, 11^2, 13^2, 17^2, 19^2, \ldots$$

Das bedeutet, dass die Verteilung der Primzahlen eben nicht chaotisch ist, wie Zahlentheoretiker das behaupten. Oberhalb der 1^2 stehen die Zahlen $5^2 = 25$, $7^2 = 49$, $11^2 = 121$, $13^2 = 169$ usw., so dass also sämtliche Quadrate der unendlichen Primzahlen geordnet sind. (Siehe Bd. II S. 28)

Abbildung 11 zeigt, dass die vier Primzahlzwillinge

5 und 7
11 und 13
17 und 19
23 und 1^2

den ersten Kreis auf dem Primzahlkreuz bilden.

Bisher hat man das Auftreten von Primzahlzwillingen dem Zufall zugerechnet. Die Frage, ob es unendlich viele Primzahlzwillinge gibt, war bisher nicht beantwortet. Ich konnte im Kapitel 9 erstmalig den Beweis dafür liefern, dass es unendlich viele Primzahlzwillinge geben muss.

*

Postulat:

Die Mathematik, die hinter uns liegt, hat die Zahl 1 zur Nichtprimzahl erklärt und die Zahlen 2 und 3 als die ersten beiden Primzahlen benannt. Es ist aber genau umgekehrt: Die Zahl 1 ist die erste Primzahl. Die Zahlen 2 und 3 sind zwar unteilbar, aber sie haben nichts mit den Primzahlen von der Form $6n \pm 1$ gemein. Nur so war der Beweis für die Unendlichkeit der Primzahlzwillinge möglich. Gleichzeitig ist mit dieser Überlegung bewiesen, dass ein weiterer Kreis mit vier Primzahlzwillingen nicht möglich ist.

Kapitel 12

Persil und Judengold

Fritz Henkel hatte 1907 aus einem Gemisch von Boraxperoxid von der Firma Degussa und Soda, wasserlöslichen Silikaten, Metaphosphaten als Füllstoff und Enthärter sowie zermahlener Seife das Waschpulver erfunden.

Der Name Persil war geschickt gewählt, weil er nicht irgendeine Worterfindung darstellt, sondern eine Zusammensetzung aus den Worten P E R-oxid und S I L-ikat.

Durch das Peroxid war nämlich der Trick gefunden, grauweiße Wäsche wieder in strahlendes Weiß zu waschen. Das körnige, weiße Waschpulver wurde in Pappkartons gefüllt und mit weißem Papier um klebt. Beide Seiten zeigten eine schöne junge Frau mit hellen Haaren und reinweißem Kleid.

Von heute auf morgen kündigten Litfaßsäulen in Deutschland an, dass ein weißes Pulver und eine von Wasserkraft angetriebene Waschmaschine den Hausfrauen das mühselige Waschen mit dem Waschbrett abnehmen konnte.

Die Erfindung verwandelte sich durch geschickte, weltweite Patentierung sehr schnell in eine Gelddruckmaschine. Der Sitz der Firma war in Düsseldorf-Holthausen, das damals noch Dorfcharakter hatte. Es lag zwischen der prosperierenden Industrie- und Finanzmetropole Düsseldorf und dem weiter entfernten, kurfürstlichen Benrath. Damit war das Unternehmen auf preiswertem, ehemaligem Wiesengelände erbaut worden. Holthausen liegt nahe am Rhein. So konnte dort ein eigener Hafen angelegt werden.

Da Fritz Henkels Brüder früh verstorben waren, wurde der überlebende jüngste Sohn Hugo sein Nachfolger. Dieser hatte Chemie studiert und sein Studium 1905 mit einem Doktortitel abgeschlossen. Unter ihm wuchs und gedieh die Firma. Während des II. Weltkriegs waren Arbeitskräfte knapp, so dass in großem Ausmaß Kriegsgefangene eingestellt werden mussten, die natürlich kein Gehalt bezogen, sondern als Sklaven arbeiten mussten. Wenn sie verhungerten, wurden sie durch „frisches Menschmaterial“ ersetzt. Dies hatte zur Folge, dass Dr. Hugo Henkel 1945 zu den 42 Industriellen gehörte, die vom US-Senat auf die Kriegsverbrecherliste gestellt worden waren. Er blieb längere Zeit in Haft.

Sein Sohn, Jost Henkel, hatte 1932 im Industrieclub von Düsseldorf dem deutschen Geldadel versprochen, dass im Fall von Hitlers Wahl zum Deutschen Reichskanzler mit modernsten Waffen aufgerüstet werden würde. Damit war die Revanche für den I. Weltkrieg auf dem Tisch. Der Industrieclub gehörte der Firma Henkel. Um weitere Vorwahlsiege zu erringen, brauchte Hitler Geld. Ein Koffer mit zwei Millionen Reichsmark stand bereit. Hitlers Wahlsieg war die Folge.

So hatte Jost Henkel im Hintergrund heimlich dafür gesorgt, dass Dutzende von Millionen Soldaten und Zivilisten im II. Weltkrieg auf beiden Seiten starben. Auch er starb schon mit 51 Jahren – an Trunksucht, sodass sein Bruder Konrad 1961 an die Macht gelangte.

*

Konrad Henkel hatte 1931 in Chemie promoviert. Interessant ist, dass Dr. Konrad Henkel in den Kriegsjahren 1939 bis 1945 am Kaiser-Wilhelm-Institut in Heidelberg unter Prof. Dr. Richard Kuhn über Giftgase geforscht hat. Auf diese Weise konnte er nicht wie sein Vater als Kriegsverbrecher belangt werden.

Kein Historiker hat jemals die Frage gestellt, warum ein Millionenerbe ausgerechnet an der Giftgasforschung Freude findet. Dr. Henkel wusste davon, dass Blausäuregas (Cyanwasserstoff) eingeatmet, lautlos zum sofortigen Tod führt. Da Adolf Hitler und seine Naziscbergen chemisch völlig ungebildet waren und der Giftgaseinsatz von Blausäure im I. Weltkrieg erfolgslos geblieben war, können die Nazis es nicht gewesen sein, die eine Idee der Judenvergasung in die Welt gebracht haben. Wer war es dann? Ich werde versuchen, diese Frage zu beantworten.

Ich bin zwar schon im Jahr 2003 in Band III, 6. Buch, Kapitel 18 darauf eingegangen, dass 93% der gesamten Degussa-Aktien vereinigt worden sind. Die übrigen 7% waren im Besitz der siebentausendfünfhundert Belegschaftsaktionäre der Degussa AG. Damit konnte Konrad Henkel diese 93 % mit Hilfe der nordrheinwestfälischen SPD-Regierung in den Veba-Konzern schieben. Anschließend wurde die Veba aufgelöst und der EON-Konzern gegründet. So waren im Jahr 2000 die Voraussetzungen dafür geschaffen, dass der SPD-Bundeskanzler Schröder und Graf Lamsdorf (FDP) zusammen mit den Vorständen der Dresdner- und der Deutschen Bank sowie der Degussa AG mit 10 Milliarden in Deutscher Währung den Juden in Amerika den Mund stopften.

Hier soll zum ersten Mal die Vermutung ausgesprochen werden, dass Konrad Henkel an der Idee und an der Durchführung der Vergasung des jüdischen Volkes in Europa beteiligt war. Da die Firma Henkel 1932 den Kanzlerkandidaten Hitler mit Bargeld in den Wahlsieg gerettet hatte, vertraute der spätere Reichskanzler Adolf Hitler dem

Giftgaschemiker Dr. Konrad Henkel, als dieser ihm klargemachte, dass der einzige Weg, Millionen Menschen lautlos und schnell zu töten, nur mit Blausäuregas möglich ist. Hierzu muss das Gift in einem abgeschlossenen Raum in Form einer verdampften Flüssigkeit, also eines Gases, zum Einsatz kommen. Für den Vorgang des Verdampfens hatte die zur Degussa gehöhrende Firma Degesch eine Kartusche konstruiert, die beim Öffnen Wärme erzeugt. Dies ist dadurch möglich, dass bestimmte zusammengefügte Substanzen durch chemische Reaktion Hitze erzeugen, und dadurch genau so viel Wärme in der Kartusche entsteht, dass eine standardisierte Menge Cyanwasserstoff (Blausäure) verdampft.

So konnte Adolf Hitler sich den Vorgang erklären lassen, wie deutsche, internierte Juden in Konzentrationslagern gruppenweise in Badehäuser geführt würden, wobei die Türen von außen abgeschlossen sein müssten, wenn durch Öffnungen in der Decke die aufgerissenen Kartuschen in die Räume fielen.

Um die Opfer nach dem Belüften der Baderäume nicht verscharren zu müssen, sollte dafür gesorgt werden, dass diese mit Hilfe von riesigen Krematorien so verbrennen, dass die übriggebliebenen Knochen mit Walzen zerrieben werden konnten.

Mit zunehmendem Begreifen muss die Bestie Hitler zu dem Gedanken vorgestoßen sein, dass in Polen, Ungarn, Frankreich und Russland weitere Millionen Juden nach Deutschland in diese Lager deportiert werden könnten. Das mordbesessene Paar – Hitler und Henkel – müssen bei dieser Überlegung in einen Rausch gefallen sein.

Hitler allein war gar nicht in der Lage, eine solch präzise Massenmordmaschine zu erfinden. Umgekehrt brauchte Dr. Konrad Henkel, um seinen Judenhass zu stillen, Adolf Hitler. Wer diese Geschichte liest, muss sich die Frage stellen, wie sollte der größte Massenmord der Europäischen Geschichte, mit derart effizienter und organisierter Logistik, anders verlaufen sein.

*

Auch soll hier die Frage gestellt werden, wem es denn am dringendsten wichtig war, dass der größte Massenmord der Geschichte endlich für immer, mit Hilfe einer Geldsühne, beerdigt wurde.

Zuständig für die Großproduktion von Cyanwasserstoff (Blausäure) war in Deutschland die Firma Degussa (Gold- und Silber Scheideanstalt). Diese Firma gehörte zu einem großen Teil den Familienmitgliedern des Henkel-Konzerns.

Da Schmuckgold in der Regel aus einer Legierung von Gold,

Silber und Kupfer besteht, lag es auf der Hand, den Millionen Europäischer Juden nach ihrer Verhaftung jeglichen Schmuck abzunehmen. Hinzu kam das Zahngold, welches dann zu Beginn der Lagerhaft brutal aus den Zähnen gebrochen wurde. Das Schmuck- und Zahngold wurde in die Degussa AG transportiert, um die Trennung der Legierungen von Gold und Silber vorzunehmen. Dort wurden die Metalle mit Hilfe von Königswasser (Salpeter- und Salzsäure) chemisch aufgelöst. Anschließend ist es möglich, die beiden aufgelösten Metalle mit Hilfe von Cyanidsalzen zu trennen. Genau dazu ist die Degussa in der Lage. (**DE** Deutsche – **G** Gold – **U** Und – **S** Silber – **SA** Scheideanstalt.)

Das geschmolzene Gold wurde dann in 12.5 Kilobarren gegossen und von der Deutschen Bank in Berlin mit einem Stempel gesiegelt. Die frisch gegossenen Goldbarren landeten in der Zentralbank der Schweiz. Diese überwies nun den Ankaufswert in Schweizer Franken nach Berlin. Hierbei ist zu berücksichtigen, dass man in Bern keine Verwunderung zeigte, dass Deutschland plötzlich zum Exporteur von Goldbarren avanciert war.

Die Gewinne der Degussa in diesem Geschäft bestanden aus unverkauften Goldbarren, die in der Schweiz nur gelagert wurden. Nach dem Krieg brauchten die Besitzer der Unternehmen Henkel und Degussa nur darauf zu warten, bis 1949 die Bundesrepublik Deutschland gegründet wurde. Jetzt stand plötzlich Kapital in Form von Deutscher Mark zu Verfügung.

*

1965 heiratete mein Zwillingsbruder in den milliardenschweren Chemieclan ein, wobei ihm seine zukünftige Frau Christa Thorbecke vorher anvertraut hatte, dass unter der Führung ihres Onkels Konrad, Gegner grundsätzlich auf dem Friedhof, in der Irrenanstalt oder im Gefängnis landen.

Konrad Henkel und ich hatten uns noch nie kennengelernt. Seine Schwester Ruth stellte mich ihm auf der Hochzeitsfeier vor, und ich merkte schlagartig, dass ich den Teufel vor mir stehen sah. Dadurch ahnte ich schon am Hochzeitstag meines Bruders, dass Onkel Konrad wohl wieder einen „Gegner“ entdeckt haben musste – mich!

Ich habe vielfach in meinem Leben Dinge vorhergesehen. Hätte ich nur den geringsten Verdacht gehabt, wer dieser Konrad Henkel ist, wäre ich zu dieser Hochzeit erst gar nicht erschienen. Es wäre mir viel Leid erspart geblieben, und meine Frau Helga wäre dann später nicht bestialisch ermordet worden.

Auch hätten sich Professor Fehèr und Dr. Henkel nie kenngelernt und ich wäre in kürzester Zeit habilitiert gewesen. In der Folge hätte ich erst gar nicht Kernchemie studiert, sondern nach der Habilitation die Stickstoffverbrennung von Höheren Silanen ausgearbeitet und publiziert.

Diese neuartige Verbrennung liefert das Verbrennungsprodukt Siliziumnitrid. Die drei Siliziumatome sind geometrisch mit den vier Stickstoffatomen so verbunden, dass das Verbrennungsprodukt Si_3N_4 die Temperatur von 1.900 Grad aushält. Ich konnte nachweisen, dass das Siliziumnitrid-Molekül so aufgebaut ist, dass die vier Stickstoffatome ihre jeweils zwei s-Elektronen nach der chemischen Bindung behalten haben. Dies bedeutet, dass das tetraedrische Molekül vier nach außen stehende, freie Elektronenpaare besitzt und damit eine Edelgasstruktur besitzt. (Siehe Kap. 13 S. 232 ff.)

Da ist sie wieder, diese erschreckende menschliche Gleichgültigkeit. Niemand weiß, wie das Molekül gebaut ist, aber man nutzt seine chemischen Eigenschaften.

*

Dr. Henkel hatte längst erfahren, dass ich dabei war, an der Universität Köln Karriere zu machen. Nun begann er und meine Schwägerin Christa Plichta kräftig an dem Ast zu sägen, auf dem ich saß. Ich wurde aus dem Beamtendienst entlassen, weil ich mich anscheinend nicht mit meinen Mitarbeitern vertragen hätte.

Jetzt wechselte ich in die Industrie und erhielt bei dem Konzern Wella AG eine Anstellung. Schon zwei Jahre später machte der Vorstandsvorsitzende Herr Krutzki mir das Angebot, nach weiteren zwei Jahren Leiter für Forschung und Entwicklung und Mitglied des Vorstands zu werden.

Es war Paul, der mich dazu brachte, wieder einmal meine Zukunftspläne zu ändern. Ich hatte ihm davon berichtet, wie gern ich meine medizinischen und pharmazeutischen Kenntnisse erweitern wollte, indem ich ein weiteres Studium der Pharmazie absolviere.

Paul hatte zu diesem Zeitpunkt begonnen, Medizin zu studieren und drohte in der Stofffülle zu ersticken. Daher bat er mich, ihn bei seinem Medizinstudium zu begleiten und bot mir dafür 1,5 Millionen DM an.

Ich habe schon in Band I darüber berichtet, dass Helga nun die Sache in die Hand nahm. Sie hatte erkannt, dass ich dabei war, Pauls mündliches Versprechen ohne Absicherung zu akzeptieren. Richtig wäre es gewesen, das Versprechen schriftlich niederzulegen. Stattdessen verlangte Helga von Paul, einen Schwur abzulegen.

Paul trat auf meine Frau Helga zu, hob seine rechte Hand und legte die linke auf eine Bibel. Er schwur bei Gott, dass er mir nach Abschluss meines Pharmaziestudiums und seines Medizinstudiums 1,5 Millionen DM auszahlen würde. Es kam anders!

Ich schloss mein Studium der Pharmazie nach zwei Jahren ab, während Paul 10 Jahre brauchte, um Arzt zu werden.

Damit wurde mein Traum, mich zurückziehen zu können und Privatgelehrter zu werden, unerfüllbar. Ich suchte die Schwiegermutter von Paul auf. Frau Ruth Thorbecke war die Schwester von Konrad Henkel und die Mutter von Pauls Ehefrau Christa Plichta, geb. Thorbecke. Ich berichtete ihr von den versprochenen Eineinhalb Millionen Deutsche Mark und Pauls abgelegtem Eid. Sie erklärte sich für diese hohe Summe nicht zuständig, obwohl ihr klar war, dass Paul nur durch meine Hilfe die Chance erhalten hatte, Medizin zu studieren. Da sehr reiche Menschen grundsätzlich extrem geizig sind, einigten wir uns auf einen Vergleich über eine halbe Million. Mit dieser Summe sollte es mir möglich sein, meine eigene Apotheke zu bauen.

Um diese Frau, die mich sehr mochte, nicht zu verärgern, machte ich den großen Fehler, den Vorschlag zu akzeptieren. Jetzt fehlte mir natürlich das Geld, wenigstens zwei große weitere Eigentumswohnungen zu bauen, die sich anschließend in Arztpraxen verwandeln ließen.

Bei diesen Überlegungen machte ich einen weiteren gravierenden Fehler. Ich würde auf diese Weise zwar der Besitzer einer Apotheke, doch war ich auch gezwungen, eben dort selbst zu arbeiten. Damit war der Traum vom Privatgelehrten erst einmal wieder dahin.

*

In diese Zeit fällt ein sonderbares Erlebnis. Nachdem ich mein drittes Studium – die Pharmazie – beendet hatte, musste ich ein Jahr in einer Apotheke arbeiten, um anschließend das dritte Staatsexamen ablegen zu können. Gottseidank fand ich für dieses Jahr eine Anstellung in einer Apotheke. Das Glück verdankte ich einer Apothekerin aus Düsseldorf, Helga Sonnenberg.

Sie hat nie geheiratet, sich aber viele Male verlobt. Wieder einmal wollte sie mich ihrem neuen Schwarm vorstellen. Das Kennenlernen sollte in dem ungarischen Restaurant „Zum Csikos" in der Düsseldorfer Altstadt stattfinden. Da meine Tochter inzwischen das Gymnasium auf der Königsallee in Düsseldorf besuchte, nahm ich sie häufig mit in die Altstadt und natürlich auch oft abends mit ins „Csikos".

Nun saßen wir zu viert in einem großen Saal und waren auf das, was an diesem Abend stattfinden würde, nicht vorbereitet.

Es gab damals in der Altstadt einen alten Rosenverkäufer, der etwa von 20 Uhr bis Ein Uhr nachts versuchte, langstielige dunkelrote Rosen an die Gäste in Restaurants und Bars zu verkaufen. Wir waren uns oft begegnet, aber ich hatte nie Rosen bei ihm gekauft. Er war von seiner Statur her klein und hatte eher hässliche Gesichtszüge.

An diesem Abend im „Csikos" bemerkte ich beiläufig, dass er den Saal betreten hatte. Es war noch früh am Abend und seine langstieligen Rosenbündel waren noch so vollzählig, dass man sein Gesicht kaum dahinter sah. Inzwischen hatte er sich unserem Tisch genähert. Und jetzt passierte es. Aus dem Stand rief er sehr laut:

„Seht! Was für ein Mensch!"

Plötzlich war es totenstill im Saal. Alle Gäste hatten gemerkt, dass er mich meinte, denn er zeigte mit seinem rechten Arm auf mich. Der Verkäufer, gekleidet wie ein Clochard, musste von einer Vision überwältigt worden sein, denn ich hatte ihn noch nie reden hören, außer mit seinem akzentuierten Ausruf: „Schöne Rosen!"

Er rief in den Saal:

„Dieser Mann ist gekommen, um den Menschen die Wahrheit zu bringen."

Er wollte gar nicht aufhören, mein „Erscheinen" auf dieser Welt zu deuten. Um diesem Spuk sofort ein Ende zu machen, stand ich auf, zog meine Brieftasche und sagte zu ihm:

„Ich möchte gerne eins dieser Bündel von ihren Rosen kaufen."

Jetzt ging es erst richtig los! Er sprach laut in den Saal:

„Von Ihnen nehme ich niemals Geld an."

Dabei legte er mir nicht ein Bündel Rosen, sondern alle Rosen in den Arm. Mir blieb keine Zeit, diesem Mann, der niemals auch nur eine einzige Rose verschenkte, das Geschenk wieder zurückzugeben.
Er war schon aus dem Restaurant gelaufen. Später zählte ich nach, es waren genau 12 Dutzend, also 144 Rosen.

Nach diesem Ereignis bin ich ihm nachts häufig wieder begegnet, aber hat mich nicht mehr erkannt.

Die Rosen landeten noch am gleichen Abend in einer halb mit kaltem Wasser gefüllten Badewanne auf der Bruhnstrasse. Und so sollte diese Geschichte eine Fortsetzung haben.

Am nächsten Morgen hörte ich meine Mutter lauthals mit meiner Tochter schimpfen. Es ging darum, dass sich ihre Enkelin nicht gewehrt habe, ein so teures Geschenk von ihrem Vater anzunehmen. Der werfe das Geld sowieso aus dem Fenster.

Ich hörte Vanessa sich laut weinend verteidigen:

„Die hat der Papa gar nicht gekauft, die hat er von einem Rosenverkäufer im „Csikos“ geschenkt bekommen“

Jetzt rastete meine Mutter vollständig aus!

Ich sprang aus dem Bett und in die Kleider und sorgte dafür, dass das aufgebrachte Mädchen sich wieder beruhigte.

*

Ich hatte sehr früh in meinem Leben eine angeborene Hellsicht bemerkt. Schon im ersten Band habe ich darüber berichtet, dass meine Mutter allen Besuchern unseres Hauses in Solingen-Ohligs, Rheinstrasse 34 und später in Düsseldorf, An der Icklack 17, davon erzählte, dass eines Tages ein Plichta ein gewaltiges Werk schreiben würde, das die ganze Welt verändern werde. Die Zuhörer ihrer Visionen hörten höflich zu, nahmen ihre Behauptungen aber nicht ernst. Und mein Vater lachte.

Die Zwillinge Peter und Paul hatten beide gemerkt, dass immer nur von einem Plichta gesprochen wurde, hatten aber geschwiegen.

Als ich Jahrzehnte später sowohl meiner Mutter als auch meinem Zwillingsbruder davon erzählte, dass ich mit jeweils einem Assistenten – einem Mathematiker oder Physiker – an einem gewaltigen Werk schreibe, haben beide mit trotziger Gleichgültigkeit darauf reagiert.

Während meine Mutter, nachdem der erste Band erschienen war, das Buch nicht einmal angefasst hatte, bat mich mein Bruder hingegen schriftlich, ihm ein Exemplar zukommen zu lassen. Mutter berichtete mir später, dass sich ihr Sohn Paul nach dem Durchblättern vom Ersten Band mehrere Tage in seinem Schlafzimmer eingeschlossen habe. Anschließend hätte er ihr mitgeteilt, dass er und seine Frau mit der sofortigen Verhaftung im Kanton Genf zu rechnen hätten.

Nunmehr schaltete sich der private Rechtsanwalt von Frau Thorbecke – Herr Dr. jur. Friedrich Kleine – in das Geschehen ein und traf sich mit meinem Bruder in Basel. Dort haben die beiden dann alle Banken in Freiburg und in Basel aufgesucht, in denen Paul Nummernkonten angelegt hatte. Die gesammelten Coupons wurden in Bargeld umgetauscht und das Papiergeld in Koffern verstaut, so dass die Nummernkonten gelöscht werden konnten.

*

In der Folgezeit sind dann alle Personen, die namentlich in meinem Ersten Band erwähnt werden, von der Kriminalpolizei bzw. Staatsanwaltschaft Düsseldorf verhört worden. Da es in meinem Buch strafrechtlich in der Hauptsache darum geht, dass meine ehemalige

Frau Helga Plichta ermordet worden ist, war es den leitenden Behörden wichtig, dass der von mir als Auftragsgeber des geplanten Mordes bezeichnete Dr. Konrad Henkel auf alle erdenkliche Weise reingewaschen wurde.

Das Verfahren gegen den Vorstandsvorsitzenden der Firma Henkel, dem zusammen mit Familienmitgliedern des Henkelclans das gesamte Aktienvermögen der Degussa AG gehörte, musste unbedingt eingestellt werden. Um es zu wiederholen: Dieser Chemiegigant war es, der Adolf Hitler nach seiner Machtergreifung klar gemacht hatte, wie die vielen Millionen Europäischer Juden zu einem späteren Zeitpunkt lautlos mit vergaster Blausäure umgebracht werden könnten.

Hitler erkannte somit die Chance, die Vergasung der Juden blitzschnell durchführen zu lassen und auch das geraubte Schmuck- und Zahngold der Millionen Zwangsarbeiter aus den besetzten Ländern eben durch einen Trennungsprozess in reinstes Barrengold (99,99 %) umzuwandeln. Die Goldbarren wurden mit Stempeln nummeriert und auf dem Europäischen Festland und in der Türkei als Gold der Deutschen Bank verkauft. Deutschland benötigte Legierungsbestandteile zur Produktion von Edelstahl. Das Roheisenerz wurde wie schon im Ersten Weltkrieg aus dem Norden von Schweden nach Deutschland importiert.

Da die Reichsmark nur in Deutschland einen Geldwert besaß, und Deutschland über keine Devisenvorräte verfügte, konnten Rohstoffe während des II. Weltkrieges im Ausland nur mit Gold oder durch Tauschgeschäfte bezahlt werden. Über die Rolle der Schweiz und das viele Gold aus dem Deutschen Reich habe ich schon ausführlich in Band III geschrieben.

So wie diese Tauschgeschäfte lautlos abgewickelt worden sind, hat auch der Prozess gegen Dr. Konrad Henkel klammheimlich stattgefunden. Es ist erst gar nicht zu einem Ermittlungsverfahren gekommen. Allen Beteiligten des Henkel-Familienclans und natürlich den leitenden Juristen der ermittelnden Behörden war klar, dass Konrad Henkel unbedingt davor geschützt werden musste, als Angeklagter vor Gericht zu erscheinen. Das ist Machpolitik in unserer demokratischen Bundesrepublik vom Feinsten.

*

Band I schildert schonungslos die Vorgänge, die dazu geführt haben, dass Helga Plichta in einer Frauenklinik einen Herzstillstand erlitt. Anschließend erlitt sie in der Unfallchirurgie der Universitätsklinik Düsseldorf in verbrecherischer Absicht erneut einen Herzstillstand.

Wegen der nun nicht mehr wegzuleugnenden kriminellen Tatsache war es notwendig, in dieser Angelegenheit überhaupt nicht forensisch ermittelt werden durfte. Aus diesem Grund mussten alle Lehrstuhlinhaber der Naturwissenschaften und der Mathematik an der Universität Düsseldorf die Inhalte meines Buches lesen, allerdings ausschließlich die naturwissenschaftlichen Inhalte. Man ist dann zu dem einstimmigen Urteil gekommen, dass meine Vorstellung von einem Bauplan des Universums – beruhend auf einem Primzahlmuster – schlichtweg auf Einbildung beruht.

Meine Überlegungen zu der Entstehungsgeschichte der Menschheit seien unwissenschaftlich, weil Charles Darwin schon im vorherigen Jahrhundert eindeutig den Zufall als den Geist erkannt habe, der für die Bildung von Eiweiß bis hin zu komplexen Lebensformen notwendig war. Ähnlich wurden andere naturwissenschaftliche Themen, über die ich geschrieben habe, abqualifiziert bzw. als falsch beurteilt. Fazit: Der Autor Peter Plichta hätte sich völlig verrannt und solle deswegen überhaupt nicht zur Kenntnis genommen werden.

Alle, die in irgendeiner Weise mit der grausamen Mordgeschichte Helga Plichta zu tun hatten, wurden wie gesagt von der Kriminalpolizei bzw. der Staatsanwaltschaft Düsseldorf verhört. Jeder Einzelne wurde verpflichtet, eine eidesstattliche Erklärung abzugeben.

Ich selbst hingegen bin nicht verhört worden, aber auch meine Schwiegermutter Gerlinde Herrmann wurde als die Mutter von Helga Plichta nicht vorgeladen. Sie hatte von Dr. med. Christian Koschera erfahren, dass ihre Tochter absichtsvoll zum Sterben verurteilt war. Das war der Justiz durch mein Buch bekannt, und deswegen ist sie erst gar nicht vernommen worden.

Da ich in Band I Kapitel 28 „Die hohe Kunst des Verbrechens" den Arztbrief abgedruckt habe, der nach Helgas Tod auch dem Frauenarzt Dr. Christian Koschera zugestellt worden war, und dieser ihn daraufhin meine Schwiegermutter Linde anvertraut hatte, taucht hier die Frage auf, wieso dieses wichtige Dokument bei der Untersuchung nicht berücksichtigt worden ist.

Der Arztbrief mit dem Datum vom 27.4.1977 trägt den Absender Prof. Dr. med. Wolfgang Birks, Direktor der Chirurgischen Universitätsklinik B Düsseldorf. Der Brief ist an die Ärzte Dr. med. C. Biermann und Dr. med. C. Koschera (beide Fachärzte für Frauenkrankheiten) gerichtet.

Aus diesem Arztbrief geht eindeutig hervor, was der behandelnde Arzt – Prof. Dr. August Jünemann– angestellt hat, um Helga Plichta in den sicheren Tod zu schicken. Hierbei ist es notwendig, festzustellen, dass der von mir als Schlachter bezeichnete Professor Jünemann namentlich nicht erwähnt ist.

Um es zu präzisieren: In Düsseldorf hat ein Justizskandal stattgefunden, wie er eigentlich undenkbar ist. Alle haben mitgemacht.

*

Mein Schwager, der Patentanwalt Heinz Ring, mein Zwillingsbruder Dr. med. Paul Plichta und meine Schwägerin Dr. med. Christa Plichta sowie der „offizielle" Vater des Kindes, Dr. med. Christian Koschera und letztlich die mit mir befreundete Chefärztin der Anästhesie des Evangelischen Krankenhauses in Ratingen, Dr. med. Ingrid Baumeister, haben allesamt eidesstattliche Aussagen gemacht.

Es wurde erklärt, dass der Tod meiner ehemaligen Frau Helga Plichta eine tragische Verkettung von ärztlichen Fehlentscheidungen darstellt. Eine strafbare Handlung sei hingegen nicht erkennbar. Auf diese Weise haben in Düsseldorf – dem Dorf, in dem das Naziwüten erfunden wurde – die Behörden etwas Unvorstellbares fertiggebracht:

Die Kriminalpolizei, die Staatsanwaltschaft und höchste Beamte im Wissenschafts- und Gesundheitsministerium sowie in Forschungsbereichen haben kollektiv im größten Ausmaß kriminelle Handlungen durchgeführt. Sie haben mit einer nicht zu überbietenden Blind- und Blödheit, Bestechlichkeit und Unwissen in theoretisch- und astrophysikalischen, biochemischen, medizinischen und pharmazeutischen Sachbereichen entschieden. Ihr Unvermögen, historische und zahlentheoretische Zusammenhänge im Sinne von Euler und Gauß zu erkennen, hat dazu geführt, denen Recht zu geben, die unvorstellbar reich sind, und darüber hinaus, schon immer geniale politische Drahtzieher waren.

*

Ich habe mit eisiger Gelassenheit zugeschaut bei dieser mit Naziehrgeiz zu vergleichenden Geschäftigkeit vereidigter deutscher Beamten. Zwischen Helgas Tod im Jahre 1977 und meiner hier in Marburg durchgeführten offiziellen Anzeige liegen vierzig Jahre. Diese Verbrecher-Clique in Düsseldorf glaubt, wie in einem Märchen, dass das Plichta-Übel längst vorbei ist.

Jetzt, nach vierzig Jahren lasse ich die Katze aus dem Sack. Ich habe darüber berichtet, wie mein Zwillingsbruder nach seiner durch mich erworbenen Mittleren Reife zu wildern begann. Dr. med. Paul Plichta und meine Schwägerin Dr. med. Christa Plichta sind nicht mehr lange promoviert und approbiert. Pauls Abitur ist gekauft und ebenso sein Physikum.

Christa Plichta's Doktorarbeit ist von einem hohen Beamten der WHO (Prof. Dr. med. Bögel) in Genf mit Hilfe von Bestechungsgeldern verfasst worden. Umgekehrt habe ich meinen Bruder unter Zwang dazu gebracht, die für ihn geschriebene Dissertation nicht einzureichen, sondern seine Doktorarbeit selbst zu schreiben.

Dies hat ihn fünf Jahre seines Lebens gekostet, aber die Doktorarbeit ist eben nicht gekauft, wie die von seiner Ehefrau Christa Plichta geb. Thorbecke, geb. Henkel. Auf diese Weise hätte mein Bruder Paul die Möglichkeit als promovierter Arzt, Kronzeuge der Staatsanwaltschaft in Deutschland zu werden. Sein Mitwissen um das Mordattentat auf Helga Plichta würde ihm dazu verhelfen, seine Frau, Christa Plichta für immer ins Gefängnis zu bringen und sich selbst vor einer lebenslänglichen Haft zu verschonen. Helga Plichta starb vor 42 Jahren. **Mord kann laut Deutschem Bundesgesetz nicht verjähren!**

Kapitel 13

„Raumfahrt"

Zu den Menschen, die dazu auserwählt sind, als Erwachsene etwas ganz Großes zu leisten, gehörte der Deutsche, Dr. Wernher von Braun. In seiner Jugend – während der Zwanziger Jahre des vergangenen Jahrhunderts – hatte er erlebt, dass viele Menschen leidenschaftlich von der Idee einer möglichen Weltraumfahrt erfüllt waren. Überall wurde an großen Feststoffraketen gebastelt, die auf Kirmes- oder anderen öffentlichen Plätzen gezündet, heulend – hoffentlich senkrecht – in den Himmel rasen sollten.

Zu diesem Zeitpunkt stand für die Vordenker der Weltraumfahrt schon längst fest, dass nur mit Stufenraketen und flüssigen Antriebsstoffen der Weltraum erreicht werden kann. Genau das wusste von Braun. Er favorisierte als flüssigen Treibstoff Hydrazin – eine Stickstoff-Wasserstoffverbindung – und als Oxidator rote, rauchende Salpetersäure – eine wahrhaft höllische Kombination.

(Diese rote Säure lässt sich dadurch gewinnen, dass in die Salpetersäure Stickoxide eingeleitet werden. Hydrazin und seine Derivate erwiesen sich als krebserregend.) Diesen Fehler konnte er später korrigieren, indem er Hydrazin und Salpetersäure durch eine Kombination von kryogenen Antriebsmitteln ersetzte – verflüssigtem Wasserstoff und Sauerstoff.

Er war seit seiner Kindheit von der Idee der Stufenraketen besessen und getragen von der Vision, dem Menschen zu ermöglichen, den Mond und später den Mars zu betreten. Der Aufstieg Hitlers und sein angezettelter Weltkrieg waren Bedingungen, die er akzeptieren – oder besser – hinnehmen musste. Auf diese Weise landete er in den USA als Kriegsgefangener.

Niemand in Amerika interessierte sich für Flüssigkeitsraketen. Raumfahrt galt als Utopie. Erst mit Beginn des Wettlaufs zwischen den USA und Russland begann sein Aufstieg.

Die von amerikanischen Ingenieuren gebauten Raketen explodierten eine nach der anderen. Aber noch immer war seine Zeit nicht gekommen. Es musste erst ein „Politgenie" die Bühne betreten und im Kongress eine der bedeutendsten Reden der Weltgeschichte halten. Dabei hatte Kennedy den Inhalt seiner Rede von dem „Raketengenie" übernommen:

„Der Raum zwischen Erde und Mond ist ein Ozean, der durchfahren werden muss."

Inzwischen sind bald fünfzig Jahre vergangen seit der ersten

Landung auf dem Mond, und die Amerikaner bereiten von Brauns zweiten Traum vor: Die Landung eines Menschen auf dem Mars.

Niemals in der Geschichte der Menschheit stand für ein Vorhaben so viel Geld zu Verfügung – außer im Krieg. Für den Flug zum Mars wurde eine neue Trägerrakete entwickelt, die von Brauns Saturnrakete an Leistung und Höhe noch übertrifft. Diese Monsterrakete hat längst ihren Probeflug bestanden.

Um Menschen zum Mars und wieder zurück zur Erde zu bringen, müssten viele Raketen gewaltige Materialmengen und natürlich Treibstoff und Oxidator in den Weltraum auf eine stationäre Bahn befördern. Zusätzlich ist es notwendig, die eigentliche Marsrakete erst im Weltraum zu bauen.

Da die Erde die Sonne in kürzerer Zeit umläuft als der Mars, ist ein Flug zu dem roten Planeten astronomisch von vorberechneten Kalenderjahren abhängig. Wenn es also gelingt, in möglichst kurzer Flugzeit den Mars zu erreichen, muss das Mars-Mutterschiff am Ende der Reise in den Orbit des Planeten einschwenken.

Ähnlich wie beim Mondflug wird nun das Raumschiff den Planeten umkreisen. Mit einer Transportfähre ist dann der Abstieg zum Mars mit Hilfe von Raketenschub und Fallschirm geplant.

Nach dem Wiederaufstieg zum Mutterschiff wird dieses mit Hilfe von erneutem Raketenschub den Marsorbit verlassen und zum Mutterplaneten zurückkehren, um dort wiederum in einen Orbit einzuschwenken. Die Astronauten werden nunmehr das Raumschiff verlassen und in eine enge Kapsel steigen, die mit Bremsraketen ausgestattet ist. Die Landung kann nur mit Hilfe von Fallschirmen im Pazifik stattfinden. Und das ist peinlich! Deswegen redet auch niemand darüber.

Fazit: Was übrig bleibt auf dem Mars, ist eine aufgestellte Fahnenstange mit der Nationalflagge der Vereinten Staaten. Die Antwort auf die Frage, ob es auf dem Mars Leben gibt oder gegeben hat, ließ sich schon vor Jahrzehnten beantworten. Die Antwort lautet: „Nein!“

Die Geschichte vom Leben auf dem Mars ist ein Märchen. Noch schlimmer ist die Vision von zukünftigen Kolonien der Menschheit auf dem roten Planeten.

*

Das Leben hier auf der Erde hat sich aus 20 Aminosäuren entwickelt. Genaugenommen handelt es sich um 19 Aminosäuren, die über wenigstens ein sterisches Zentrum verfügen.

Die erste der zwanzig Aminosäuren besitzt kein sterisches Zentrum. Somit baut sich das Leben auf der Erde, aber auch das mögliche Leben auf anderen Planeten im Weltraum auf dem Wesen der Isotopie nach einem

1 + 19

Gesetz auf.

Genau dieses geheimnisvolle Gesetz war zentraler Mittelpunkt aller drei Bände von „Das Primzahlkreuz“. Es hat hier, in Band IV, im 9. Kapitel, seine Auflösung mit Hilfe eines Verteilungsgesetzes gefunden, welches seine Ursache in der Primzahl 19 selbst birgt.

Es soll also in diesem 13. Kapitel, das von der Raumfahrt zum Mars handelt, die Darwinsche Lehre – also die Entstehung des Lebens aus einer Verkettung von günstigen Zufällen – als Irrtum erfasst werden. Umgekehrt ist es notwendig, den Beweis anzutreten, dass nicht nur die chemischen Elemente und ihre vierfache Aufteilung in 1 + 19 Sorten von Isotopen einem Gesetz gehorchen, das immer da war. Auch die Auswahl der Bausteine des Lebens, die 1 + 19 Aminosäuren, die von Biologen als Zufälligkeit gedeutet werden, soll als Gesetzmäßigkeit erfasst werden.

*

Warum war Wernher von Braun der Mars so wichtig? Nun, die anderen Planeten, die um die Sonne kreisen, eignen sich nicht für einen Besuch. Der Merkur hat keine Lufthülle, und auf seiner Oberfläche ist es ungefähr 600°C heiß. Die Venus hat zwar eine Kohlendioxidatmosphäre, aber die Oberflächentemperatur liegt ähnlich hoch wie beim Merkur. Die äußeren großen Gasplaneten Jupiter, Saturn, Uranus und Neptun sind uns verschlossen. Sie und ihre Monde bergen aber die Möglichkeit, uns eines Tages mit Wasserstoff, Methan, Helium 3 und Helium 4 bzw. anderen Energieträgern zu versorgen.

Während ich ab 1974 an der Universität Marburg tief in die Pharmazie und Biochemie eingetaucht war, landeten die Amerikaner eine Sonde weich auf dem Mars. Aufgabe des Unternehmens war das Vorhaben, mit einem an Bord befindlichen, gekoppelten Gas- und Massenspektrographen nachzuweisen, ob sich irgendwelche tiefgefrorenen Einzeller oder Sporen im Marsboden befinden.

Die Sonde ermöglichte mit einer Schaufel ein wenig Sand vom Boden aufzunehmen und in eine angewärmte Nährlösung zu befördern. Die Hoffnung der Wissenschaftler bestand darin, dass, so wie beim Rebensaft die Gärung einsetzen würde, mit der beschriebenen Apparatur auf diese Weise Leben nachgewiesen werden könnte.

Ich hatte zum damaligen Zeitpunkt mit Ingrid Weber eine Einzimmerwohnung eingerichtet und auf dem Teppichboden stand ein tragbarer Farbfernseher. Davor saß ich und war fassungslos, weil es überhaupt kein Leben auf dem Mars geben kann. Das ganze Roboter-Messdatenszenario auf dem Mars war albern.

Die sehr dünne CO_2 Atmosphäre des Mars macht nur 1 % im Vergleich zu dem Atmosphärendruck der Erde aus. Leben kann auf einem Planeten im richtigen Abstand zur Sonne aber nur dann entstehen, wenn genügend Stickstoff, Wasserdampf und CO_2 in der Atmosphäre enthalten sind. Nur so können bei entsprechender Temperatur (nicht bei Minusgeraden, wie auf dem Mars) durch Reibungselektronen atmosphärische Blitzentladungen ablaufen, die in der Lage sind, die beiden festgebundenen Stickstoffatome des Luftstickstoffs zu spalten. Diese atomaren Stickstoffatome sind äußerst aggressiv, so dass sie sich mit den Gasen der Atmosphäre verbinden können. Nur auf diese Weise war es möglich, dass chemische Verbindungen entstehen konnten, die als Vorläufer des Lebens notwendigerweise existiert haben müssen. Gemeint sind Kohlenwasserstoffe, die sowohl mit Stickstoff als auch mit Sauerstoff Verbindungen eingegangen sind.

*

Das Geheimnis des Lebens basiert auf Aminosäuren. Diese wurden in den frühen Jahren des 20. Jahrhunderts aus Eiweißen isoliert. Man fand genau 20 Aminosäuren ohne auch nur die Frage zu streifen, warum nicht weniger oder warum nicht mehr.

Um dem Leser zu vermitteln, warum sich die Natur für exakt 20 Aminosäuren entschieden hat, soll kurz die chemische Zusammensetzung einer Aminosäure erklärt werden. Sie besitzen – mit einer Ausnahme – immer ein zentrales Kohlenstoffatom, das über vier Bindungen verfügt.

Gebunden sind vier verschiedene Reste: Ein Wasserstoffatom H, ein Aminrest NH_2, ein weiteres Kohlenstoffatom C und eine Carboxylgruppe COOH.

```
          H
          |
H2N  –   C*  –  COOH
          |
       – C –
          |
```

Abbildung 99 a

Von den 20 Aminosäuren verfügen 19 über ein sterisches Zentrum, d.h. sie sind spiegelförmig links gebaut. Aus diesem Grund besitzt das zentrale Kohlenstoffatom in Abbildung 99a rechts oben ein Sternchen. Dieses soll anzeigen, dass das zentrale Kohlenstoffatom sterisch gebaut ist. Das heißt von Abbildung 99a gibt es auch eine seitenverkehrte Form. Bei dieser ist die NH_2 Gruppe und die COOH Gruppe seitenvertauscht angeordnet.

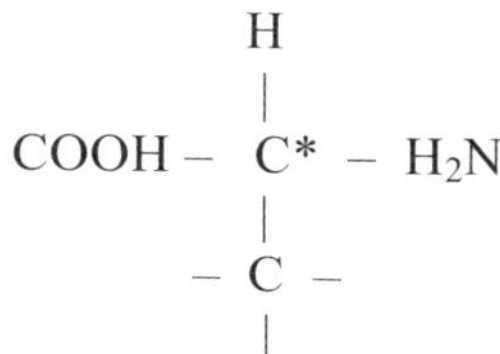

Abbildung 99 b

Falls ein Chemiker eine dieser 19 links gebauten Aminosäuren im Labor herstellen will, wird er schnell merken, dass sich bei seinem Hantieren beide Spiegelformen im Verhältnis von etwa 50% zu 50% bilden. Nun müsste er dieses Razemat (Mischung) versuchen zu trennen, worauf wir noch eingehen werden.

Die beiden sterischen Formen der 19 Aminosäuren sind nicht mehr deckungsgleich. Dies soll mit Abbildung 100 durch das Abzählen der fortlaufenden Zahlen 1, 2, 3 und 4 räumlich dargestellt werden. Beim rechten Tetraeder erfolgt die Zählrichtung von 1 nach 2 links, während sie beim linken Tetraeder nach rechts verläuft.

Solche sterischen Überlegungen haben in den Milliarden Jahren der Evolution a priori vorgeherrscht.

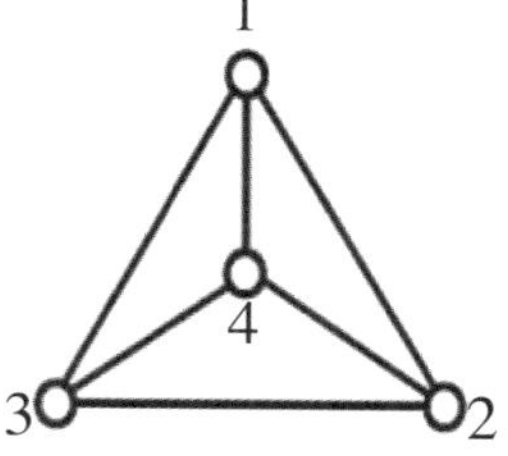

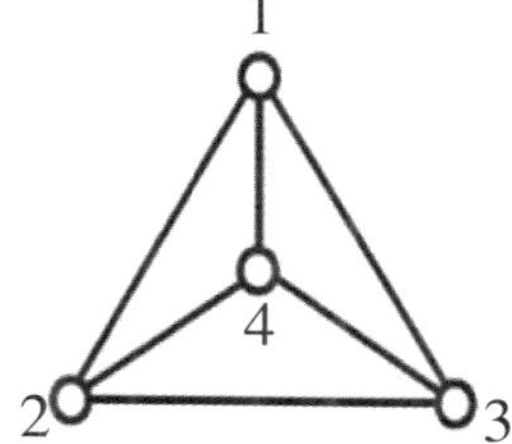

Abbildung 100

Aus einem Grund, den wir nicht kennen, hat die Natur als Baustein des Lebens 19 Aminosäuren ausgewählt, die links gebaut sind, während die rechtsgebaute Form zwar auch scheinbar vorhanden war, aber irgendwie verschwunden ist. Und hier liegt einer der größten gedanklichen Fehler in der Chemie des Lebens. Die beiden sterischen Formen in den Abbildungen 100 können sich **nicht** gegenseitig auslöschen. Auch eine mögliche sekundäre Razemattrennung in der sogenannten Ursuppe ist auszuschließen. Hier ist zum ersten Mal ausgesprochen, dass die Notwendigkeit, nur die linke Form der 19 Aminosäuren zu produzieren, von Anfang an existierte.

Unsere Chemiker haben sich eben nie gefragt, warum die Natur für die Anzahl der sterischen Aminosäuren die Zahl 19 gewählt hat. Um es schärfer auszudrücken, die Anzahl war allen völlig gleichgültig. Das lässt sich mit einem Satz erklären: Jede andere Zahl, die sich beim Abzählen ergeben hätte, würde heute ebenso lapidar in den Biochemiebüchern stehen. Auch ich wäre in die Falle gelaufen, aber ich hatte ja die Rätselhaftigkeit der 4 mal 1 + 19 Isotope entdeckt und war davon überzeugt, dass in der Primzahl 19 ein zahlentheoretisches Rätsel verborgen sein müsste.

Diese Beobachtung hatte mich zu der Überzeugung gebracht, dass nicht nur die Zahl 19 ein Geheimnis birgt, sondern auch die Summe aus

1 + 19

*

Abbildung 100 soll an dieser Stelle kurz für Probleme eingesetzt werden, von denen die Theoretische Physik schon lange glaubt, dass sie gelöst sind. Vor Jahrzehnten wurde beim Beschuss von Protonen mit Protonen eine Sensation gefeiert. Es waren sog. Antiprotonen entstanden, die man als Spiegelbilder der Protonen bezeichnete. Damit war die Behauptung in die Welt gesetzt worden, dass sich die Protonen in der uns bekannten Materie wie Kreisel drehen. Ob nun links- oder rechtsrum war den Wissenschaftlern dieser neuen Spin-Theorie herzlich gleichgültig. Die erstmalig entdeckten Antiprotonen sollten sich richtungsumgekehrt zu den Protonen drehen. Gleichzeitig wurde behauptet, dass Proton und Antiproton sich gegenseitig auslöschen. Ich habe mit dieser falschen Behauptung schon in Kapitel 10 S.187 ff. aufgeräumt.

Schlagartig setzte ein Ausmaß von irrsinnigen Behauptungen ein, die dem bereits akzeptierten Big Bang noch die Krone aufsetzten. Kurz geschildert, es sollten beim Urknall auf einmal und gleichzeitig, Materie und Antimaterie entstanden sein. Nach ihrer Entstehung haben sich aber die Materie und die Antimaterie gleich wieder ausgelöscht. Mit der Raffinesse von beamteten Schlaubergern wurde die Tatsache, dass ja recht viel Materie im Universum vorhanden ist folgendermaßen erklärt:

Von einer der beiden Spiegelformen – der Materie – musste (aus Zufall!) zu Beginn ein wenig mehr vorhanden gewesen sein als von der anderen Spiegelform – der Antimaterie. Somit war die Begründung gefunden, dass nach Auslöschen von Materie und Antimaterie ein wenig von der Materie übrig geblieben war, die sich heute im Weltall befindet.

Auch war gleich der Beweis gefunden, warum denn in unserem Universum alles aus Materie besteht, und nicht aus Antimaterie. Und weil Studenten alles glauben, was der Lehrkörper verkündet, war das Rätsel nach der Herkunft der Substanz im Raum endgültig gelöst.

*

Niemand ist auf die Idee gekommen, dass die Protonen und ebenso die Neutronen eine komplexe Oberfläche besitzen, und deswegen die vierpolige Ladungsgeometrie theoretisch auch erlaubt, dass wie in Abbildung 100 von jeder sterischen Form auch das umgekehrte Spiegelbild möglich ist. <u>Die Vertauschung der beiden willkürlichen Zahlen 2 und 3 zeigt, dass es – aus der Theorie heraus – auch immer eine nicht deckungsgleiche Spiegelform geben muss. Nur existieren kann diese nicht gleichzeitig.</u> Mit anderen Worten, die Natur hat sich nicht irgendwann für eine der beiden Stereoformen des Protons bzw. Antiprotons und des Neutrons bzw. des Antineutrons entschieden, sondern die Entscheidung für eine und nur für eine der sterischen Formen war immer da.

Damit ist die Theorie vom Kreisel, der sich links oder rechts drehen kann, nicht anwendbar für die Theorie der Bildung von Materie im Universum. Es gibt keine Antimaterie, so wie es auch das umgekehrte Spiegelbild des Menschen nicht wirklich gibt. Er kann sich nur selbst umgekehrt in einem rechtwinkligen Raumspiegel sehen. Siehe Kapitel 10 S. 190 ff. So gesehen haben sich die Entdeckungen von Antiprotonen und Antineutronen zur menschlichen Tragödie entwickelt. Homo hominis lupo!

Es soll aber kurz darauf hingewiesen werden, dass diese sterischen Überlegungen nur für Protonen und Neutronen gelten. Elektronen und Positronen scheinen keine räumlichen Körper mit komplexer Oberfläche zu sein, sondern können in Form reziproker Zeit gleichzeitig beide real existieren.

Aber nur die negativ geladenen Elektronen spielen beim Bau des

Periodensystems und bei der chemischen Verbindung die entscheidende Rolle in der Welt des Stofflichen. Dies führte unbemerkt zu einer nicht gewollten Verwirrung.

Wenn ein Natriumatom mit einem Chloratom reagiert, entsteht eine chemische Verbindung. Man sagt, dass Natriumatom hat jetzt sein Elektron auf seiner äußeren Schale abgegeben, so dass es sich in ein positiv geladenes Natriumion Na^+ verwandelt hat. Es hat nunmehr die Ladung +1.

Umgekehrt hat das Chloratom das Elektron des Natriums in seine äußere Schale eingebaut. Es hat sich somit in ein negatives Chlorid-Ion Cl^- mit der Ladung –1 verwandelt. Im Wasser aufgelöst schwimmen nun beide Ionen voneinander getrennt. Erst mit Eindampfen von großen Mengen dieser verschiedenen Ionen werden sich die verschieden geladenen Ionen wieder über eine räumliche Gitterform zu einem weißen Salz vereinigen. Es hat nun den Namen Kochsalz. Damit war der Begriff „positive und negative Ladung“ vergeben.

Erst im 20. Jahrhundert wurde festgestellt, dass beim radioaktiven Zerfall des Elementes 19 seltsamerweise nicht nur negativ geladene Elektronen, sondern auch positiv geladene Positronen auftreten. Ihnen wurden die Ladungen –1 und +1 zugeteilt, obwohl diese Ladungsbezeichnung schon vergeben war.

Positronen und Elektronen scheinen als reziproke Zeit – wie oben beschrieben – nicht wie Protonen und Neutronen körperlich mit komplexen Oberflächen zu existieren, obwohl sie über eine bestimmte, sehr geringe Masse verfügen. Bei Berührung löschen sie sich gegenseitig aus unter Abgabe von elektromagnetischer Energie in Form von Röntgenstrahlen.

Was diese Teilchen von der Ladung +1 und –1 wirklich sind, wissen wir nicht. Da die Erfindung des elektrischen Gleichstroms sehr schnell zur Entdeckung des Elektromagnetismus führte und daraufhin zur Erfindung des Wechselstroms, übernahmen schon Ende des 19. Jahrhunderts die negativ geladenen Elektronen die sprichwörtliche Weltherrschaft. Die Elektromotoren besaßen eine drehende Welle für den Antrieb. Die Radioröhre ermöglicht die Informationsübertragung und das Röntgengerät den Blick in das Innere des menschlichen Körpers. Der Mikroprozessor aber übertrifft alle bisherigen Vorstellungen. Die positiv geladenen Elektronen mit dem Namen Positronen führen dagegen ein Dasein wie ein Kuriosum.

*

Zurück zum Element Kohlenstoff. Er kann ebenso wie die beiden

Elemente Stickstoff und Sauerstoff drei verschiedene Bindungen eingehen. Die Frage, warum genau drei Elemente drei verschiedene Bindungsvariationen eingehen können, ist völlig ungelöst.

Beispielsweise verbrennt der Kohlenstoff mit dem Sauerstoff zu CO_2. Während dies der Weltbevölkerung ununterbrochen von neuem um die Ohren tönt, – weiß kaum jemand, – dass die chemische Verbindung CO_2 über zwei Doppelbindungen verfügt. Dies lässt sich dadurch visualisieren, dass das CO_2 Molekül von Chemikern mit Doppelstrichen gezeichnet wird.

$$O = C = O$$

Auch Silizium reagiert mit dem Sauerstoff scheinbar zu SiO_2. In Wirklichkeit besitzt das Molekül aber keine Doppelbindung. Die Existenz eines Siliziumdioxids von der Strichformel O = Si = O ist **ausgeschlossen**. Deswegen ist das SiO_2 auch nicht gasförmig, sondern ein Feststoff. Im Fensterglas oder Meeressand bindet jedes Siliziumatom vier Sauerstoffatome, die mit ihren freien Bindungsarmen wiederrum Bindungen mit weiteren Siliziumatomen eingehen, so dass eine räumliche Gitterstruktur entsteht.

Da der Kohlenstoff einfache, doppelte und dreifache Bindungen eingehen kann, und das Silizium eben nicht, blühte vor ungefähr zweihundert Jahren ein Fachbereich der Chemie auf, den wir heute als Organische Chemie bezeichnen.

Indem nun Wöhler erstmalig den einfachsten Kohlenwasserstoff, das CH_4 (Methan bzw. Erdgas) als Siliziumverbindung SiH_4 (Monosilan) darstellte, entdeckte er eine verblüffende Eigenschaft dieses Gases. Es ist selbstentzündlich an Luft und explodiert mit reinem Sauerstoff knallend. Erst zu Beginn der Jahrhundertwende 1900 gelang die Darstellung des Gases Disilan als Homologen des Ethans. Und noch später gewann Alfred Stock auch die bei Raumtemperatur flüssigen Tri- und Tetrasilane. Danach verfiel die Silanchemie wieder in den Dornröschenschlaf.

Erst im Jahr 1970 gelang mir an der Universität Köln die Gewinnung der Silane mit fünf–, sechs–,sieben– und acht Siliziumatomen. Da ich gezeigt hatte, dass Höhere Silane mit sieben oder mehr Siliziumatomen nicht mehr selbstentzündlich sind, wurde mir klar, dass solche Silane in der Raumfahrt eingesetzt werden könnten. Folglich patentierte ich das Herstellungsverfahren.

Ich hatte mit ungefähr 14 Jahren die beiden Bücher von Wernher von Braun kennengelernt und spontan erkannt, dass die Stufenraketen nur vorübergehend in der Weltraumfahrt zum Einsatz kommen werden. Hierüber redete ich mit meinem Vater, der als Ingenieur viele Patente erteilt bekommen hatte.

Die Raketenform müsste dahingehend geändert werden, dass nicht senkrecht, sondern horizontal zum Aufsteigen und zum Abbremsen, die Lufthülle benutzt wird. Hierzu ist nur die Diskusform geeignet. Diese Idee hat nichts mit den fliegenden Untertassen der vergangenen Jahrzehnte zu tun. Ich hatte die Diskusflugform gewählt, weil sie erlaubt, gegenläufige Schaufelkränze so in die Flugscheibe einzubauen, dass diese mit verstellbaren Blättern die Möglichkeit bieten, wie ein Hubschrauber aufzusteigen oder zu landen.

Abbildung Diskus

Im Gegensatz zu einem Hubschrauber besitzt der Diskus aber keinen zentralen Motorantrieb, um seine beiden Rotorkränze anzutreiben. Diesen Gedanken habe ich später im Band III fortlaufend verbessert und darüber Patente erhalten.

*

Nunmehr war ein Ersatz für die sog. Wegwerfraketen gefunden. Ein Diskus, der ohne Start- und Landebahn auskommt, aber auch nicht mehr die bisher unverzichtbaren Raketenstartrampen benötigt, stellt eine Revolution dar, sowohl für die Raumfahrt, als auch für die Hochgeschwindigkeitsfliegerei.

Die Rotation der Schaufelkränze könnte über benzinbetriebene Turbinen erfolgen. Die Mitnahme eines Oxidators unterbleibt, weil die Silane mit eingespeister, komprimierter Luft arbeiten. Dieser Gedanke ist aber nur richtig, wenn nicht nur der Sauerstoff, sondern auch der Stickstoff der Luft als Oxidator mitverbrannt wird.

Luft besteht immer aus einer Mischung von 21% Sauerstoff und 78% Stickstoff. Die großen Mengen von nicht brennbarem Stickstoff würden die Temperatur der Verbrennungsgase kühlen.

Was immer noch fehlte, war der Nachweis, dass die flüssigen Silane auch in der Lage sind, den Luftstickstoff mit zu verbrennen. Da Silane an Luft nur mit dem Sauerstoff verbrennen, ist das Aussprechen einer solchen Vermutung ausreichend, um für verrückt erklärt zu werden.

Die Sache verlief noch schlimmer. Ich bewies die Stickstoffverbrennung mit Silanen und wurde trotzdem für verrückt erklärt. Dieses Spießrutenlaufen für Erfinder ist hinreichend bekannt. Ich will im Folgenden schildern, was für eigentümliche Dinge passieren mussten, um den Beweis für die Luftstickstoffverbrennung zu finden.

*

Im Jahr 1968 – am Ostersonntag – schafft ich es zusammen mit meinem Kollegen Rolf Guillery an der Universität Köln erstmalig ein Silan zu halogenisieren. Zum Einsatz kam kondensiertes Disilan, das mit einer nichtreaktiven Flüssigkeit verdünnt war. Das verdünnte Disilan war auf minus 80°C abgekühlt und wurde mit einem Flügelrührer heftig gerührt. Auch das zum Einsatz kommende Brom war verdünnt und ebenfalls auf minus 80°C gekühlt. (Band I Kap. 10)

Während des Eintropfens begann sich über der drehenden, kalten Flüssigkeit ein ringförmig drehender Blitz zu bilden. Da wir mit dem Schutzgas „reiner Stickstoff" arbeiteten, fand ich sofort die Erklärung. Die Reaktion musste trotz Verdünnung und Abkühlung so heftig sein, dass aus der verdünnten Silanlösung Elektronen herausschießen konnten.

Da bei atmosphärischen Gewittern Reibungselektronen in der Lage sind, Stickstoffmoleküle zu spalten,

$$\mathbf{:N:::N:} \rightarrow \mathbf{2:\dot{N}:}$$

und diese atomaren Stickstoffatome N_1 äußerst reaktiv sind, mussten auch hier die herausgeschossenen Elektronen das Schutzgas Stickstoff gespalten haben. Aber womit hatten die N_1 Atome reagiert?

Die in der gerührten Lösung befindlichen Silanmoleküle waren möglicherweise durch die Bromatome in ganz geringem Maße in atomare Siliziumatome und Wasserstoffatome gespalten worden. Somit könnten die atomar reaktiven Siliziumatome sich oberhalb der gerührten Flüssigkeit mit dem Stickstoff unter Blitzerscheinung verbunden haben. Ich beschloss, diesen Gedanken durch ein Experiment zu überprüfen.

Dieser Versuch ist in Band I Kapitel 10 beschrieben. Hierzu waren etwa zehn Milliliter verflüssigtes Disilan – wiederum mit Frigen verdünnt auf minus 200°C – eingefroren worden und sollten außerhalb des Institutes, auf einem Asphaltgelände ruhig auftauen. Die Schutzatmosphäre in dem Kölbchen war Reinstickstoff. Aus einer Ahnung heraus nannte ich den kleinen Glaskolben, der mit einem gläsernen Dreiwegehahn verschlossen war, „unsere Bombe".

In der warmen Abendluft beobachteten die beiden Doktorranden in einer Entfernung von ungefähr 10 Meter, geschützt durch Gesichtshelme, wie das Kölbchen langsam auftaute. Ich hatte mit einer heftigen Explosion gerechnet. Aber was dann erfolgte, übertraf jede Vorstellung.

Die geringe Menge von verflüssigten Disilanen war aufgetaut und hatte sich in gasförmiges Silan verwandelt, so dass sich das Schutzgas Stickstoff und das Silan vermischt hatten. Dadurch war der Druck gestiegen. Jetzt herrschte in dem Kölbchen Überdruck, so dass sich der Verschluss zwischen dem Glaskolben und dem Absperrhahn lösen musste. Genau das ließ sich mit dem Fernglas beobachten.

Es gab einen nicht zu beschreibenden, hellen, durchdringenden Knall, der wahrscheinlich in ganz Köln zu hören war. Trotz des Schutzhelms, der über die Ohren reichte, wurden unsere Trommelfelle in Mitleidenschaft gezogen – sprich wir waren für mehrere Minuten taub. Die Druckwelle packte uns aus der Entfernung. Das war keine Explosion, es war auch keine Detonation. Es war etwas völlig Neues! Wäre diese „Bombe" im Labor gezündet, wir hätten nicht überlebt.

*

Ich begriff, dass hier eine Implosion stattgefunden haben musste. Die Siliziumatome hatten die Stickstoffmoleküle N_2 in atomare Stickstoffatome N_1 aufgespalten. Nunmehr waren jeweils 3 Siliziumatome mit 4 Stickstoffatomen zu einer Verbindung mit dem Namen Siliziumnitrid vereinigt worden. Eine einzelne Stickstoffsiliziumbindung ist wenig energiereich. Das führt hier nicht weiter. Erst aus der Dreiwertigkeit des Stickstoffs und der Vierwertigkeit des Siliziums lässt sich der implosive Charakter verstehen.

Bei der Reaktion hatten vier Stickstoffatome 12 p-Elektronen geliefert. Die vier s-Elektronenpaare des Stickstoffs (8 Elektronen) hatten an der Reaktion nicht teilgenommen. Die drei Siliziumatome dagegen hatten mit ihren jeweils vier Elektronen insgesamt ebenfalls 12 Elektronen geliefert. Das entstandene Molekül Siliziumnitrid besitzt folglich 24 Elektronen für ihre innere Bindung. Somit bilden die drei Siliziumatome und die vier Stickstoffatome eine chemische Verbindung von der Form eines Tetraeders. Bei diesem Tetraeder befinden sich die Stickstoffatome an den vier Ecken der Figur. Dies stellt aber eine Einzigartigkeit in der Anorganischen Chemie dar. Die vier s-Elektronenpaare der Stickstoffatome stehen nach außen. Eine solche Geometrie gibt es nur bei den Edelgasen Neon, Argon, Krypton und Xenon. Diese besitzen auf ihrer äußeren Schale acht Elektronen in Form von vier Elektronenpaarzwillingen.

Daraus lässt sich sofort ableiten, warum bei der Reaktion die Silanmoleküle spontan in gasförmige Siliziumatome und in gasförmige atomare Wasserstoffatome zerfallen waren, so dass sich die Siliziumatome mit den gasförmigen Stickstoffatomen in einen Feststoff mit tetraedrischer Molekularstruktur verwandelt haben.

*

Siliziumnitrid besteht aus 7 Atomen. Es handelt sich um ein weißes Pulver, das aus unbekannten Gründen Temperaturen bis 1900°C aushält. Man weiß nicht, wie denn überhaupt 3 Siliziumatome 4 Stickstoffatome sich zu einem Molekül verbinden.

$$\mathbf{3\ Si + 4\ N = 1\ Si_3N_4}$$

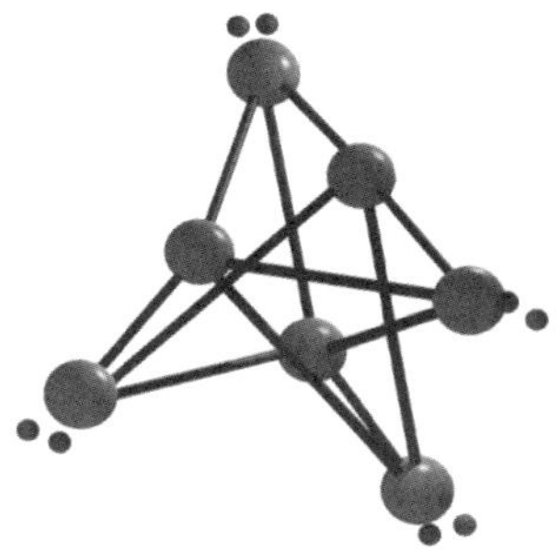

Siliziumnitrid Si_3N_4

Siliziumnitrid wird industriell in großen Mengen aus Silizium und Stickstoff gewonnen und lässt sich zu einer Keramik sintern mit der Diamanthärte 9. Folglich müssen die Silizium- und Stickstoffatome sehr fest untereinander im Si_3N_4 Molekül verbunden sein. Dies ist aber ein Widerspruch, denn eine Siliziumstickstoffbindung ist nicht sehr energiereich. Dieser Widerspruch wird einfach ignoriert.

Im Hollemann-Wiberg kann man nachlesen, dass es bisher unbekannt ist, wie die Siliziumatome mit den Stickstoffatomen verbunden sind. Das lässt erkennen, warum der Begriff „Stickstoffverbrennung" von Silanen bisher ungekannt war, und warum die Entdeckung der Stickstoffverbrennung von Silanen auf völliges Unverständnis gestoßen ist.

Für mich stand fest, dass ich eine große Entdeckung gemacht hatte. Stickstoff ist die Mutter aller Sprengstoffe auf Kohlenstoffbasis. Bei einer Initialzündung zerreißt die Bindung zwischen den Kohlenstoff- bzw. den Sauerstoffatomen – und den Stickstoffatomen. Die Stickstoffatome wiederum verbinden sich unter Abgabe von Wärme untereinander zu N_2 Molekülen. Nun können im selben Moment alle Kohlenstoffatome mit den freien Sauerstoffatomen unter starker Wärmebildung zu CO_2 reagieren. Auf diese Weise kann Stahl zerrissen oder Granit gesprengt werden.

Bei meinem Sprengstoffexperiment hatten sich aber jeweils im Moment der Zündung sieben Atome in ein Molekül verwandelt. Auf diese Weise war für einen Zeitraum im Bereich einer Millionstel Sekunde ein Vakuum entstanden und damit die Voraussetzung für eine Implosion geschaffen.

Silane brennen mit dem Luftsauerstoff. Deswegen ist niemals einer der wenigen Silanchemiker auf die Idee gestoßen, dass Silane unter bestimmten Voraussetzungen auch mit dem Luftstickstoff brennen könnten. Somit unterscheiden sich die Kohlen- und die Silanwasserstoffe aus ganz anderen Gründen als bisher angenommen.

Angeätztes Siliziumgranulat oder Siliziumblech brennt – mit einem glühendem Draht gezündet – mit reinem Stickstoff wie Schießpulver. Weil das aber nicht im Chemiebuch steht, weiß das eben kein Chemiker. Von den wenigen Chemikern, die je mit Silanen gearbeitet haben, weiß wiederum niemand, dass eine Silankette unter plötzlicher Hitzeeinwirkung spontan in Siliziumatome und Protonen zerfallen. Das atomare Silizium greift bei Abwesenheit von Sauerstoff die Dreifachbindung des Stickstoffs an.

Mit dieser Entdeckung hatte ich die Voraussetzung geschaffen, meine Idee vom wiederverwertbaren diskusförmigen Raumschiff dahingehend in eine Erfindung umzuwandeln. Der Diskus soll nicht nur

– wie ein Flugzeug auf der Luft getragen – auf immer höhere Geschwindigkeiten gebracht werden, sondern er soll auch unsere Atmosphäre einatmen und sie als Oxidator anwenden. Das bedeutet, dass nicht nur die 21 % Luftsauerstoff zur Verbrennung des Treibstoffs Silane dienen, sondern auch die 78 % Luftstickstoff. Wenn das gelingt, wird die heutige Einweg-Stufenraketentechnik abgelöst werden.

*

Meine Versuche, die Raumfahrt davon zu überzeugen, durch die Diskusform und der Luftstickstoffverbrennung mit der notwendigen Geschwindigkeit von über 28.000 Kilometer pro Stunde das Orbit zu erreichen und damit die Stufentechnik abzulösen, waren gescheitert. Diese neue Technik würde nicht nur die Reise zu den näheren Planeten hin ermöglichen, sondern auch die Landung des Diskus auf dem Mars. Der Mars verfügt über eine sehr dünne Lufthülle aus Kohlendioxid. Da Silane im Staustrahlbrenner in der Lage sind, Kohlendioxid zu Siliziumcarbid und Wasserdampf zu verbrennen, muss es möglich sein, den Diskus mit Hilfe von Turbinen auf dem Mars landen zu lassen.

Die Gründe für das Scheitern meiner Ideen liegen bei der Europäischen Raumfahrt ESA. Diese erzielt große Gewinne mit Weltraumsatelliten. Mit der Ariane 4 gelang es ihnen in den letzten Jahrzehnten eine solche Fülle von Nachrichten-, Navigation-, Spionage- und Forschungssatelliten in den Weltraum zu schießen, dass plötzlich Gelder für Bau und Entwicklung von immer größeren Raketen möglich wurden.

Die Ariane 5 und 6 sind in der Lage gleich mehrere oder sogar ein Dutzend Satelliten in den Weltraum zu tragen. Unter diesen Umständen stört eine neue Idee die Verbesserung von alten Ideen.

Bei den Amerikanern sieht die Sache anders aus. Die NASA hat den Satellitentransport längst der Privatindustrie zugeschoben. Sie konzentrieren sich auf den Marsflug. Er soll mit Beginn der Dreißigerjahre stattfinden. Die Kosten für die Planung des Fluges und für die Trägerraketen liegen nicht mehr, wie bei der Mondlandung, im Bereich von 100 Milliarden US Dollar, sondern im Billionenbereich. Die amerikanischen Steuerzahler werden überhaupt nicht gefragt.

Würde die Presse den Gedanken aufgreifen, dass die Einstufigkeit möglich wäre, bräche das ganze Marsprogramm zusammen.

Diese Erschütterung würde die Amerikanische Wirtschaft deswegen treffen, weil der wiederverwendbare Diskus, entgegen einem modernsten Kampfjäger, der inzwischen eine Viertelmilliarde kostet, in der Atmosphäre bremsen kann, ohne zu sinken. Er kann auch zickzack fliegen. Damit lässt sich das gesamte Lenkwaffensystem der USA in Frage stellen.

Die Geschichte hat gezeigt, dass jede neue technische Idee, wie die Eisenbahn auf Schienen, die Schifffahrt mit Dampfantrieb, der Dieselantrieb usw., auf heftigsten Widerstand gestoßen sind.

Erst mit der Entdeckung des Stickstoffs durch Lavoisier war es später möglich, Sprengstoffe zu entwickeln, die den Tunnelbau und die Bergwerke ermöglicht haben. Die bisher unbekannte Verbrennung des Luftstickstoffs zu Siliziumnitriden wird kommen, aber man wird sie so lange wie möglich versuchen zu verhindern oder bekämpfen.

*

Da die Gashülle des Mars keinen Stickstoff enthält, gab es dort nie Leben. Das große Lügen hat nur stattgefunden, um die Bevölkerung von der Notwendigkeit der Eroberung des Planeten Mars zu begeistern. Trotzdem ist es notwendig, Menschen zum Mars zu senden. Sie sind von Natur aus neugierig.

Ohne diesen Trieb wäre das Funkenschlagen eines Feuersteines mit einem eisenhaltigen Meteoriten nicht möglich gewesen. Eisen lässt sich in drei Modifikationen darstellen:

Eisenblech,
Gusseisen
Stahl.

Die Meteoriten können nun auch einen von den drei Eisensorten, den Stahl, enthalten. Schlägt ein Feuerstein, der das Element Cer enthält, gegen Stahl, entstehen Funken. Diese wiederum können Wolle oder Laub zum Glimmen bringen. Durch Hineinpusten entdeckte der Mensch Feuer zu machen. Und ein Feuerstrahl wird ihn auch zum Mars und zurück zur Erde bringen.

Alles hat damit begonnen, dass die Natur die Peptidketten entwickelt hat. In ihnen ist das Geheimnis des Lebens verborgen. Warum wissen wir nicht, wir tun nur so. Ich habe für die Beantwortung dieser Frage Jahrzehnte gebraucht.

Mir war während der Beschäftigung mit Biochemie an der Universität Marburg aufgefallen, dass mit dem Hämoglobin, dem Chlorophyll und dem Cobalamin genau drei zentrale Metallatome, nämlich Eisen, Magnesium und Kobalt von vier Stickstoffatomen umgeben sind. Statt dieses Wissen brav auswendig zu lernen wie meine Kommilitonen, hatte mich diese Untersuchung zu der Frage geführt:

Warum treten hier so auffällig die Zahlen 3 und 4 auf? Dies führte mich zu der Vermutung, dass die vier Stickstoffatome die Polschuhe eines ringförmigen Magneten darstellen. Daraus entstand die Idee, dass die drei verschiedenen Metallatome möglicherweise als nullwertige Atome eine Aufgabe erfüllen, und nicht – wie die Lehrmeinung behauptet – zentrale Liganden mit einer bestimmten Wertigkeit sind. (Bd. I, Kap. 17).

Zu diesem Gedanken war ich deshalb vorgestoßen, weil ich einmal eine chemische Verbindung „Dibenzolchrom" dargestellt hatte, die vor mir von dem späteren Nobelpreisträger E.O. Fischer erstmalig gewonnen worden war. Diese Verbindung enthält ein nullwertiges Chromatom, das wie ein Sandwich von zwei Benzolringen umgeben ist.

Meine Vermutung, dass die Natur möglicherweise nullwertige Metallatome dazu einsetzt, den Sauerstofftransport im Blut oder die Photosynthese zu steuern, verlangt aber auch, dass dann die chemischen Vorgänge an- und ausgeschaltet werden müssen, wie etwa das Licht einer Lampe.

Diese Überlegungen führten mich zu der Idee, dass jede Aminosäure in einer Peptidkette ja über ein freies ungebundenes s-Elektronenpaar des Stickstoffs verfügt. Diese Elektronen könnte die Natur dazu einsetzen, dass die Elektronenpaare durch die Peptidketten wie durch elektrische Drähte laufen. Diese Überlegung ist gewagt, aber sie würde Licht in das Geheimnis der Peptidketten bringen.

*

Mit dem Hinweis, dass unsere Wissenschaftler nicht wirklich wissen, warum Peptidketten das Geheimnis des Lebens bergen, kommen wir zurück zu der Frage, ob es auf dem Mars Leben geben kann. Ich habe diese Frage schon definitiv verneint. Die Erklärung liegt in dem fehlenden Stickstoff der Marsatmosphäre. Es ist zu vermuten, dass die Fachleute bei der NASA das auch wissen. Die faustdicke Lüge vom möglichen Leben auf dem Mars wurde nur aus der Notwendigkeit entwickelt, den Flug zum Mars Senatoren, Kongressabgeordneten und Steuerzahlern schmackhaft zu machen.

Fest steht, dass es nicht möglich sein kann, Kolonien für uns Menschen auf dem Mars zu errichten.

1. Dem Mars fehlt der Van-Allen-Gürtel. Wegen dem Protonenbeschuss der Sonne wäre alles Leben auf dem Mars nur mit Schutz-

anzug möglich.

2. Die Atmosphäre enthält weder Sauerstoff noch Stickstoff, sondern nur Kohlendioxid. Sauerstoff ließe sich allenfalls durch Elektrolyse von Wasser herstellen. Der Druck der Atmosphäre beträgt aber nur 1% des Druckes auf der Erde. Auch das macht den Weltraumschutzanzug zur Bedingung.
3. Es gibt nur die Behauptung für die Existenz von Wasser auf dem Mars. Die weißen Polkappen kommen nicht vom Eis aus Wasser, sondern von gefrorenem Kohlendioxid.
4. Die Temperatur auf dem Mars liegt bei etwa minus 50° C. Jeder Gedanke, brennbares Material zum Heizen zu benutzen entfällt mangels Sauerstoff und Stickstoff. Damit ist Wärmeerzeugung nur mit Photozellen – und zwar nur stundenweise möglich.

Müssen wir also zum Mars? Ja!
Wernher von Braun hatte Recht. So wie wir zum Nordpol und zum Südpol unter schwersten Strapazen gelangt sind, so wie wir den Mount Everest erklommen, die Tiefsee erforscht und den Mond besucht haben, so müssen wir auch zum Mars. Die Entwicklung der menschlichen Rasse basiert auf der Neugierde unserer Urahnen vor Millionen Jahren. Ließe die Neugier nach, würde die Menschheit aussterben.

Aus diesem Grund werden wir auch nach den unvorstellbar teuren Besuchen des Marsorbits oder gar dem Abstieg auf den Mars weiter in das entfernte Planetensystem vorstoßen. Aber gewiss nicht mit Mehrstufenraketen, sondern mit der Diskusform und der Möglichkeit der Stickstoffverbrennung zum Aufstieg und zur Wiederkehr.

Umgekehrt lassen sich auf dem Mars die CO_2 Gashülle mit Silanen verbrennen und auf den großen Gasplaneten oder ggf. deren Monden, der Wasserstoff der Gashüllen.

Fest steht, dass der Mensch nicht für den Weltraum gedacht ist. Aber er verfügt irgendwann über die Intelligenz Roboter zu bauen, denen die Temperatur, das Vakuum und die fehlende Gravitation keine Schwierigkeiten bereiten. Nur diese sind in der Lage bis ans Ende unseres Planetensystems vorzudringen.

Kapitel 14

Das siebte Siegel

Dieses Kapitel trägt den Titel der Offenbarung, die der Lieblingsjünger Jesus – Johannes – in den letzten Jahren seines Lebens auf einer der vielen griechischen Inseln gegenüber dem heutigen türkischen Festlandes verfasst haben soll.

Dort machte er in seiner Apokalypse die Voraussage einer Bestrafung für alles Leben hier auf Erden. Das Wort Apokalypse bedeutete aus dem altgriechischen übersetzt „Enthüllung". Es ist das einzige prophetische Buch des Neuen Testaments und galt als Hoffnungsschrift der unterdrückten Christen während der Christenverfolgung im Römischen Reich.

Das Buch des „Siebten Siegels" handelt von einem Strafgericht, bei dem das Leben der Menschheit ausgelöscht werden wird. Diese biblische Offenbarung galt bisher für die meisten vernünftigen Menschen als eine unfassbar dreiste Lügengeschichte. Wenn nämlich Gott die Menschen geschaffen hat, muss er gewusst haben, zu welchem Irrsinn diese einst fähig sein würden. Unsere ganze Geschichte handelt von Stechen und Zuhauen und natürlich von Schießen, ob nun mit Wurfspeeren, Pfeilen oder später mit automatischen Gewehren und Geschützen. Trotzdem ist die Menschheit nicht ausgestorben, sondern sie hat sich so ungeheuer vermehrt, dass einem angst und bange werden kann.

Nun wurde die Apokalypse des Johannes neben den vier Evangelien, die von der katholischen Kirche als einzig wahr bezeichnet werden, aus einem nicht nachvollziehbaren Grund angehängt. Viele haben sich in dieses Untergangszenario vertieft und nachgelesen, dass Johannes Gott im Himmel **dreifach** beschreibt.

Direkt um die Gottheit herum sitzen in Quadratform, die man aus einem anderen Blickwinkel auch als Kreuzform bezeichnen kann, die **vier** gewaltigen Tiere, so wie auf dem Primzahlkreuz auf der nullten Schale die vier Wurzelausdrücke der Eins.

Um diese Gruppierung befinden sich die **24** Ältesten im Kreis, und um diesen Kreis werden wiederum in weiteren Abständen von **10.000 x 10.000** usw. Engel beschrieben.

Woher weiß der Jünger Johannes um die Bedeutung der Zahl 24 (24 = 1 x 2 x 3 x 4) und der Einzigartigkeit von vier Primzahlzwillingen auf dem ersten Zahlenkreis. Es spielt meines Erachtens überhaupt keine Rolle, ob die Apokalypse im historischen Sinne wahr ist. Sie ist metaphorischer Ausdruck der universellen Primzahlcodierung in Form der Primzahlkreuzgeometrie.

Wenn es einen Bauplan gibt, der in dem Wesen der Zahlen verankert ist, dann lässt sich vermuten, dass die Entstehung des Planetensystems überhaupt nichts mit Zufall zu tun hatte, und dass der Ablauf der menschlichen Geschichte einer Planung gehorcht.

*

1939 passierte etwas Unvorhergesehenes. In diesem Jahr hatte der Begründer der Kernchemie – Otto Hahn – die Spaltung des Urans mit gebremsten Neutronen entdeckt. In der Folge wurden unzählige Atombomben gebaut, die ihrerseits heute nur noch die Zünder für die Wasserstoffbomben darstellen. Diese Kernwaffen besitzen nicht mehr nur die Amerikaner, die Russen, die Engländer und die Franzosen, sondern längst auch die Chinesen, die Inder, die Brasilianer und möglicherweise bald noch viele andere Staaten.

Ich erinnere daran, dass die Menschheit eine Gemeinsamkeit besitzt – nämlich die völlige Unkenntnis einfacher Grundkenntnisse in der Chemie. Das Unvermögen der Lehrer, chemische und kernchemische Zusammenhänge zu vermitteln – sowie die Gleichgültigkeit und Faulheit unserer Schüler gegenüber diesen Stoffgebieten, hat die Blindheit für eine weltweite Bedrohung perfekt gemacht.

Mit der Spaltung von $_{92}$Uran 235 durch gebremste Neutronen war es möglich geworden, eine weitere, ungeheuerlich gefährlichere Kernwaffe zu bauen, die den Namen Wasserstoffbombe erhielt.

Den Wissenschaftlern war es gelungen, das Geheimnis der beiden Isotope $_{3}$Lithium 7 und $_{1}$Tritium 3 für den Bau der Wasserstoffbomben zu nutzen. Ausgerechnet die begrenzten Vorräte an Lithiumsalzen, die heute dazu benötigt werden, Batterien zu bauen, die Strom speichern können, sind auch verwendet worden, Wasserstoffbomben auf Fließbändern zu produzieren.

Ohne darüber nachzudenken, wie viele von diesen Bomben ausreichen, den gesamten Erdmantel in einen feurigen glühenden Ball zu verwandeln, wurde weiter gebaut. Das Ziel war nach ein paar Jahren erreicht, aber man baute weiter, Jahrzehnte um Jahrzehnte, weil die Wissenschaftler und die Facharbeiter keine Lust hatten, in die Arbeitslosigkeit abzuwandern. Selbst eine solche, hier nicht zu überbietende Ermahnung, wird nicht helfen: Sie werden nicht mehr aufhören weiterzubauen: “Denn sie wissen nicht, was sie tun“.

*

1952 im Alter von 12 Jahren erfuhr ich aus der Zeitung, dass die Amerikaner die erste Wasserstoffbombe gezündet hatten. Mir war klar, dass hierbei keine Atome gespalten, sondern dass Wasserstoffisotope zu Helium verschmolzen werden. Die Größe einer Atombombe ist durch die sogenannte kritische Menge des zu zündenden Urans begrenzt. Umgekehrt lässt sich die Wasserstoffbombe beliebig groß bauen, und sie ist nur durch das Tragvermögen der Flugzeuge oder Transportraketen begrenzt.

1957 veröffentlichte der Professor für Philosophie Carl Jaspers sein Buch „Die Atombombe und die Zukunft des Menschen". Er schrieb dabei die beiden fundamentalen Sätze:

„Heute ist die Atombombe ein grundsätzlich neues Ereignis. Denn sie führt die Menschheit an die Möglichkeit ihrer totalen Vernichtung durch sich selbst."

Jaspers beging dabei den Fehler, die Wasserstoffbombe mit der Atombombe zu verwechseln. Da eben 99,99% der lebenden Menschheit nicht weiß, was schwerer Wasserstoff ist, oder warum sich aus einem Uranisotop eine Atombombe bauen lässt, sind Jaspers mahnende Sätze längst in der medial vernetzten Welt verhallt. Ich möchte die Sache noch schärfer und zynischer fassen. Der größte Teil der Menschheit glaubt wahrscheinlich, dass die Wasserstoffbombe etwas mit dem Gas Wasserstoff zu tun hat, weil der so schön – mit Luft gemischt – knallt oder sogar mit einer Wasserbombe!

Der Wechsel von der Atombombe, die eine mittelgroße Stadt in Sekundenschnelle auslöschen kann, zu einer Waffe, die in der Lage ist, auch Großstädte wie London oder Berlin weg zu pusten, ist von der Bevölkerung dieser Erde überhaupt nicht wahrgenommen worden.

Nun haben Ermahnungen noch nie zu wirken vermocht. Also soll jetzt die Drohung ausgesprochen werden:

Drohung!

„Wenn ihr Menschen nicht endlich begreift, dass wir alle gleich sind, wenn wir weiter an den Segen der Demokratie glauben, und nicht endlich damit aufhören, Politiker zu wählen, werden wir alle untergehen. Sokrates und Plato haben vor der Demokratie gewarnt. Sie sei die schlechteste aller Staatsformen, weil sie immer nur politische Ehrgeizlinge nach oben spült. Die gewählten – sich völlig selbst überschätzenden, ratlosen Staatsoberhäupter, wie Präsidenten, Diktatoren, Kanzler, Premierminister, Generäle und erst Recht die Päpste und der weltweite Kardinalsfluch, haben

uns immer nur Kriege und Elend gebracht.

Wenn ihr nicht zu der Einsicht gelangt, dass alle Gewählten nur Marionetten sind, und wir nicht endlich begreifen, dass das für immer verlogene Parteiensystem sich durch nichts von dem der Diktaturen unterscheidet, wird das Feuer uns alle vernichten. Die Bewohner dieser Erde – von den Elenden bis zu den Privilegierten – haben nur eines im Sinn: An Geld und Macht zu kommen. Wir Menschen sollten nicht gewählten Personen, sondern Auserwählten die Macht zur Verfügung stellen, die über eine angeborene Unbestechlichkeit und Können verfügen. Man kann diese Tugenden sehen und fühlen."

*

Merkwürdigerweise haben nicht einmal die römischen Päpste nach Zündung der ersten Wasserstoffbombe mit aller Vehemenz protestiert. Der größte Teil der Weltbevölkerung hat mit Gleichgültigkeit reagiert.

Es stellt sich die Frage, wie lässt sich in den Staaten, die über Kernwaffen verfügen, erreichen, dass dem Militär die Kernwaffen entzogen werden, damit das spaltbare Material eingesammelt werden kann. Das ließe sich dann zur Energiegewinnung von elektrischem Strom verwenden. Unter diesen Umständen könnte über viele Jahrhunderte erreicht werden, dass keine fossilen Brennstoffe weiterhin zur Energiegewinnung zum Einsatz kommen. Die Antiatombewegung erfasst die wirkliche Gefahr, die von den lagernden Wasserstoffbomben ausgeht, erst gar nicht. Über eine Volksaufklärung müsste klargestellt werden, dass Unfälle in Kernkraftwerken immer nur durch menschliches Versagen entstanden sind.

So konnte es passieren, dass ein Teil der Ostseite Japans durch eine Tsunamiwelle überspült wurde, und das Meerwasser blitzschnell das Abschalten der Kernreaktoren verhinderte. Es war menschliches Versagen, einen Kernreaktor direkt an der Küste auf fast Meereshöhe zu errichten. Statt diesen Gesichtspunkt in den Vordergrund zu stellen, nutzte zum Beispiel die Bundeskanzlerin in Deutschland die Chance, ihren Beliebtheitsgrad in der Bevölkerung zu erhöhen.

Alle Kernmeiler zur Erzeugung von Strom – ein Volksvermögen von vielen Milliarden – wurden abgeschaltet. Anschließend wurden die Meiler – aus Stahlbeton gebaut – Stück für Stück abgerissen und die Bruchstücke irgendwohin geschafft. Im Ausland hat man sich die Hände gerieben nach dem Motto: So blöd sind nur die Deutschen!

Bei den heute zur Verfügung stehenden Mitteln der Elektronik lassen sich vollkommen sichere Kernreaktoren bauen. Um es zu wiederholen: Die großen Unfälle bei den Reaktoren in Tschernobyl und Fukushima basieren auf menschlichem Versagen. In Russland war Alkohol im Spiel und in Japan fehlte die Einsicht, welches Unheil eine Flutwelle anrichten kann, wenn Kernkraftwerke auf Meereshöhe am Meer gebaut werden.

Erst durch das Unglück erfuhr die japanische Öffentlichkeit davon, dass auch Betrügereien im Spiel waren. So enthielten die Brennstäbe in profitgieriger Absicht verbotenerweise einen hohen Prozentsatz von billigem, aber sehr giftigem $_{94}$Plutonium.

*

Wir wollen uns nun der Frage zuwenden, wie viele chemische Elemente das gesamte Periodensystem eigentlich umfasst.

Bei der Beschäftigung zur Gewinnung von immer höheren Elementen trat eine Merkwürdigkeit auf. $_{94}$Plutonium ließ sich durch erneuten Neutronenbeschuss leicht in das bis dahin unbekannte Element $_{95}$Americium überführen, das sich wiederum durch Neutronenbeschuss in das Element $_{96}$Curium umwandeln ließ. Da ab dem Hauptgruppenelement $_{88}$Radium die Actinoide mit den Ordnungszahlen 89 bis 103 beginnen, sind alle jetzt hier besprochenen Elemente sogenannte Actinoide. Durch Neutronenbestrahlung von vierhundert Gramm $_{94}$Plutonium über eineinhalb Jahre ließen sich die Elemente $_{97}$Bercelium und $_{98}$Californium in Milligramm-Mengen darstellen. Schließlich gelang die Gewinnung von wägbaren Mengen der Elemente $_{99}$Einsteinium und $_{100}$Fermium.

Es ist bemerkenswert, dass die Darstellung der hier benannten Elemente nur durch Neutronenbeschuss möglich war. So ging man denn siegessicher daran, höhere Elemente oberhalb der Ordnungszahl 100 zu gewinnen. Verblüffender Weise gelang das nicht mehr. Jedes Begreifen, dass die Natur mit der Zahl 100 einen Schlussstrich gesetzt haben könnte, unterblieb. Dieser Gedanke unterblieb deshalb, weil man das Dezimalsystem – genau wie die Zahlen – für eine menschliche Erfindung hält, und jeder Gedanke von einem ewigen Plan in diesem Universum als absurd abgetan wird.

Genau mit diesem fundamentalen Irrtum aufzuräumen, war mein wesentlicher Verdienst. Schon 1984 war mir der Beweis gelungen, dass der Raum um einen Punkt quadratisch im Dezimalsystem angelegt ist.

Der Beweis gelang über den Nachweis, dass sich erweiternde

Kreise nach dem Gesetz der ungeraden Zahlen vergrößern und aus der Überlegung, dass die Addition der ersten zehn ungeraden Zahlen 1, 3, 5, 7, 9, 11, 13, 15, 17, 19 die Summe 100 ergeben.

Da ich in einem Zeitalter lebe, in dem die Mathematiker und Physiker mit Hartnäckigkeit davon überzeugt sind, dass die Natur kein Bewusstsein für Zahlen besitzt, sondern nur der Mensch über dieses verfügt, ist dieser Beweis überhaupt nicht zur Kenntnis genommen worden.

*

Ich habe zu meiner großen Freude im Jahre 1991 im „Primzahlkreuz" Band I Kapitel 34 „Die Quadratur der Kreise" nachweisen können, dass sich aus der quadratischen Abnahme der Lichtintensität die Naturkonstante c berechnen lässt.

Es liegt in der Natur der Mathematiker und Physiker, dass sie immer genauer vermessen – wie etwa den Wert der Lichtgeschwindigkeit. Sie stellen dabei aber nicht die Frage, warum ihre Messergebnisse ungefähr den Wert 300.000 Kilometer pro Sekunde liefern. Jede Überlegung, ob der Wert der Lichtgeschwindigkeit etwas mit der Primzahl drei – der einzigen ungeraden Primzahl nicht von der Form 6n +/–1 zu tun hat, ist bisher nie in Erwägung gezogen worden. **Es scheint meine Aufgabe zu sein, nachzuweisen, dass wir vom Zeitalter der Vermessungen in ein neues Zeitalter wechseln, das die Frage nach dem „Warum" in ihrer Wichtigkeit erkennen lässt.**

Da ich schon mit vernichtender Kritik auf die Verschleuderung von Milliarden Steuergeldern in Cern eingegangen bin, will ich auch mit meiner Beurteilung der Forschungsanlagen in Darmstadt nicht zurückhalten. Tatsache ist, dass viele Tausende von Forschern weltweit damit beschäftigt sind, sich selbst und der Menschheit vorzumachen, dass mit Hilfe der Teilchenbeschleuniger wichtige Erkenntnisse erlangt werden können. Indem einzelne Atome aus zwei unterschiedlichen Richtungen aufeinander geschossen werden, soll der Nachweis erbracht werden, dass es nunmehr möglich ist, immer neue höhere chemische Elemente zu erzeugen.

Am GSi Helmholtzzentrum für Schwerionenforschung in Darmstadt werden einzelne Atome mit sehr hohen Geschwindigkeiten aufeinander geschossen. Wenn es denn gelingt, dass sich hin und wieder zwei verschiedene Atomkerne treffen, tritt genau das ein, was die Kinetik fordert: Zerstörung!

Aber Halt! Die schlauen Forscher behaupten nun, dass zumindest für unvorstellbar kurze Zeit ein einzelnes Atom eines neuen chemischen Elementes entstanden sei. <u>Dabei tritt nur Zerstörung ein!</u>

Als man bei diesen Kinderspielen beim Element 118 angelangt war, kam ein Clown im weißen Kittel auf die Idee, dieses Element Darmstadtium zu nennen. Jetzt setzte vorübergehend ein Moment der Besinnung ein. Jeder wusste, dass zwei einzelne Atome sich nur getroffen hatten und dabei auseinandergeplatzt waren. Dem scheinbar neuen Element den Namen einer Stadt zu geben, weckte den Widerstand der wenigen Besonnenen. Allerdings folgte dieser Epoche der Besinnung der verlogene Alltag. Das Element 118, das es gar nicht gibt und nie geben wird, erhielt den Namen Darmstadtium.

*

Die Institute in Genf und Darmstadt arbeiten mit Ringbeschleunigern und beschäftigen in beängstigender Weise Tausende von Akademikern. Sie sind festgefahren auf dem Wissenstand, dass Protonen und Neutronen eines Atomkerns miteinander verklebt sind.

Ich habe vor langer Zeit diese Entwicklung kommen sehen und hatte im Stillen darauf gehofft, dass ich irgendwann den entscheidenden Beweis dafür liefern kann, dass Protonen und Neutronen in den Atomkernen nicht miteinander verklebt, sondern über Veränderung ihrer Ladungsdifferenz zu einer Kugel verschmelzen, wobei die Ladung auf der Oberfläche der Kugel, sprich des Atomkerns, nunmehr komplex angeordnet ist. Der Beweis gelang erst 2004. Also viel zu spät.

Ein weiterer Nachteil in meiner Tätigkeit als Privatgelehrter liegt in der Form meiner Publikationen. Ich verfasse schon lange keine Mitteilungen mehr in Fachzeitschriften, sondern habe mich früh für die Buchform entschieden. Alfred Nobel hat in seinem Testament verfügt, dass wissenschaftliche Publikationen in Fachzeitschriften veröffentlicht sein müssen oder in Buchform, um für die Beurteilung "Nobelpreiswürdig" in Frage zu kommen. Weiterhin müssen die Veröffentlichungen in einer der drei Sprachen Deutsch, Englisch oder Französisch gedruckt sein. Die Bände „Das Primzahlkreuz" I, II, III und IV sind in deutscher Sprache gedruckt und besitzen die Voraussetzung der Buchform in Deutsch.

Mit Herausgabe von Band I im Jahre 1991 erschien auf dem deutschen Markt ein Buch, das in autobiografischer Form die Absicht zum Ziel hatte, ungeklärte Fragen unseres physikalischen Weltbildes aufzugreifen und zu untersuchen. Hierbei hatte ich bewusst ein Tabu missachtet, wissenschaftliche Ergebnisse in der Ichform zu verfassen. Ich hatte die Absicht – schon vor Abschluss von drei abgeschlossenen Studien – eben kein beamteter Fachgelehrter zu werden, sondern die Fragen nach dem „Warum" endlich aufzugreifen.

Es war mir einfach ein Anliegen, etwa die Gründe dafür zu finden, warum freie Neutronen sehr schnell unter Abgabe von Elektronen in Protonen zerfallen. Ich habe viele Jahrzehnte darüber nachgedacht, warum es so schwer fällt, die Gründe dafür zu finden.

Um es zu wiederholen: Die Frage nach dem „Warum“ gibt es für die Wissenschaftler eben nicht. Es reicht ihnen, das was sie beobachten, zu vermessen.

Als ich die Lösung für den Zerfall der Neutronen in Protonen aus der komplexen Geometrie der Ladung auf der Kugeloberfläche des Neutrons endlich entschlüsselt hatte, habe ich mit einer Reihe von Chemikern und Physikern darüber gesprochen. Dabei konnte ich die erschreckende Beobachtung machen, dass sie die Lösung des Problems gar nicht verstehen wollen, weil sie damit den Zusammenbruch ihrer Leim- und Quarks Theorien erahnten.

Aus dieser Situation heraus entwickelte ich für das bestehende Weltbild eine revolutionäre Haltung zu den Fächern Chemie, Physik und Mathematik. Meine Vorgänger im 17. Jahrhundert, Kopernikus, Kepler und Galilei mussten noch damit rechnen, in den Kerkerverließen oder auf dem Schafott zu landen.

Einhundert Jahre später hatte die Römische Kirche ihre Macht eingebüßt, sodass Newton und Leibnitz ungestört ihre genialen Gedanken verbreiten konnten. Ihnen folgten Euler und Gauß. Mit Lavoisier bis hin zu Madame Currie begann eine Explosion des modernen Denkens, auch wenn beispielhaft Marie Curie bis zu ihrem Tode von der Pariser Presse weiterhin als „polnische Hure – ohne Empörung der Öffentlichkeit – bezeichnet werden konnte.

Heute, im 21. Jahrhundert gilt das Weltbild der Naturwissenschaften und der Mathematik als abgeschlossen. Wie oft habe ich von beamteten Kollegen den Satz gehört: „Wir wissen schon alles“. Das mag schon sein, dass wir sehr viel wissen, aber wir haben bei all unseren Fragen die entscheidende Frage nach dem „Warum“ ausgelassen. Es ist deswegen notwendig, ganz klar auszusprechen, dass wir bewusst in ein neues Zeitalter hinüberwechseln müssen. Wie war es bloß möglich, dass bis heute von den Wissenschaftlern die Meinung vertreten wird, dass etwa ein Neutron beim Zerfall in ein Proton ein Elektron aussendet, das vorher nicht da gewesen sein soll.

*

Ich beschloss noch einmal zwei Verlage anzuschreiben, und zwar „Die Angewandte“ in Weinheim und „Spektrum der Wissenschaft“ in Heidelberg. Mit dem Schreiben wollte ich testen, ob diese beiden Verlagshäuser überhaupt gewillt sind, die Lösung für den bisher völlig unbekannten Zerfall des Neutrons in ein Proton mit Hilfe der komplexen Zahlentheorie zu erfassen.

Dr. rer. nat. Peter Plichta
Diplom Chemiker
Kernchemiker
Apotheker

Dr. Peter Plichta, Am Hedgesberg 3, 35041 Marburg

„Die Angewandte"
Ges. Deutscher Chemiker
Postfach 10 11 61
69451 Weinheim
29.4.2020

„Spektrum der Wissenschaft"
Verlagsgesellschaft mbH
Tiergartenstr. 15- 17
69121 Heidelberg
9.6.2020

Sehr geehrte Damen und Herren!

Aus dem Briefkopf können Sie entnehmen, dass ich über drei abgeschlossene Hochschulstudien verfüge. Mit deren Hilfe ist es mir gelungen, über Kapital zu verfügen, um mich als Privatgelehrter auf das Gebiet der Mathematik / Zahlentheorie zurückzuziehen.

Die Zahlentheorie wurde von zwei der größten Genies des Abendlandes – Euler und Gauß – entwickelt, und sie gilt seit den Arbeiten von H. Poincaré als abgeschlossen. Sie wird im Mathematikstudium unterschlagen. Da ist viel Bosheit im Spiel!

Die stabilen chemischen Elemente werden nach der Anzahl ihrer Protonen im Atomkern nummeriert. Sie verlaufen vom Element Nr.1, dem Wasserstoff bis zum Element Nr. 83. Da die beiden Elemente 43 und 61 fehlen – sie lassen sich nur künstlich herstellen und sind radioaktiv – beträgt die Anzahl der stabilen chemischen Elemente $81 = 3^4$.

Es ist Kennzeichen unserer Wissenschaftler, dass das Abzählergebnis allein zählt. Die Frage, warum die Natur sich für 81 stabile Elemente entschieden hat, ist noch nie gestellt worden. Es kommt noch schlimmer! Jedes der stabilen chemischen Elemente besitzt eine bestimmte Anzahl von Isotopen. Hier kommen alle Zahlen von 1 bis 10 vor. Auch hier ist mit dem Abzählergebnis die Sache abgeschlossen. Die „Warumfrage" gilt als peinlich!

Ausgehend von solchen Fragestellungen habe ich mich viele Jahrzehnte bemüht, das Geheimnis von Neutronen und Protonen zu lösen. Das Neutron außerhalb des Kerns zerfällt innerhalb von Minuten in ein Proton und ein Elektron. Nun behauptet die Wissenschaft, dass das Elektron sich erst im Moment des Zerfallens von selbst bildet. Diese Erklärung ist dummdreist.

Ich konnte Licht in das atomare Geschehen bringen, indem ich die Protonen und Neutronen in einem Atomkern nicht mehr als ein zusammengeklebtes Gebilde sah, sondern dem Atomkern eine Kugelgestalt mit einer komplexen Oberfläche zuwies.

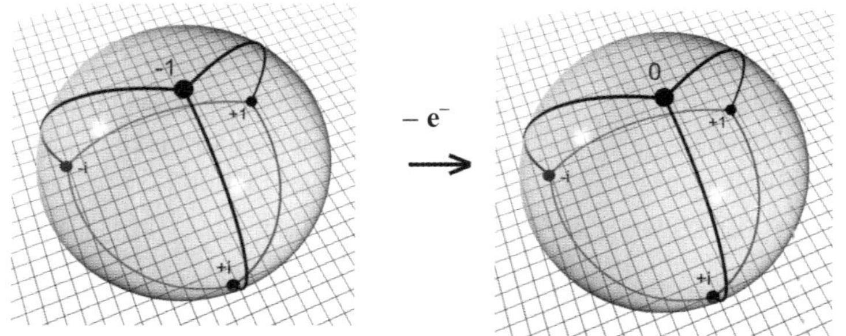

Dies soll mit den Bildern verdeutlicht werden: **Zerfall des Neutrons links in ein Proton rechts.**

Mit der Idee der komplexen Ladung auf der Oberfläche war die Möglichkeit gefunden, viele der bisher ungelösten Probleme in der Kernchemie/ Physik in den Griff zu bekommen. Hierzu weitere Worte zu verlieren, würde den Leser dieses Schreibens überfordern.

Ich habe über Jahrzehnte hinweg die Mühe unternommen, unser Weltbild vom Kopf auf die Füße zu stellen. Hierzu habe ich ein vierbändiges autobiographisches Werk „Das Primzahlkreuz“ verfasst, von dem drei Bände seit vielen Jahren auf dem Markt sind. Der vierte Band ist in Arbeit.

Bei vielen wissenschaftlichen Kollegen sind die Bücher auf völliges Unverständnis gestoßen, weil der Autor in biografischer Form davon erzählt, wie er während seiner Tätigkeit als beamteter Assistent auf dem Gebiet der Silanchemie etwas bis dahin Unmögliches wahr gemacht hat. Ihm gelang an der Universität Köln ein Durchbruch auf dem Gebiet der Silanchemie. Erstmalig ließen sich die flüssigen Silane, Disilan, Trisilan, Tetrasilan und Pentasilan mit Halogenen substituieren. Indem ich nachweisen konnte, dass das bisher unbekannte Heptasilan nicht mehr selbstentzündlich ist, war die Möglichkeit entdeckt, Silane als Treibstoff in diskusförmigen Flugkörpern so einzusetzen, dass der Stickstoff der Luft zu Siliziumnitrid mitverbrannt werden kann. Diese revolutionäre Idee ist bei der ESA in Noordwijk auf Wut und Hass gestoßen. Die Gründe dafür liegen in dem Gedanken, dass Raketen nach Verbrennung ihrer Treibstoffe zu Erde zurückfallen und verglühen. Damit ist sichergestellt, dass immer neue gebaut werden. Umgekehrt kann ein Diskus mit einem verschließbaren Außenkranz die Raumfahrt revolutionieren, weil er zielgenau auf einem Punkt landen kann.

Ich denke, es ist an der Zeit, dass die Öffentlichkeit erfährt, in welchem Ausmaß Erfindungen sabotiert oder totgeschwiegen werden, und ich würde mich freuen, wenn Sie dieses Schreiben dafür einsetzen, dass für Deutschland wieder Nobelpreise in Chemie und Physik vergeben werden.

Mit freundlichem Gruß!

Eine Antwort habe ich von beiden Verlagen, wie zu erwarten war, nicht erhalten. Wer sich in der Geschichte der Wissenschaft auskennt, weiß darüber Bescheid, dass das weltweite Heer von Lehrstuhlinhabern in Mathematik und Naturwissenschaften damit ausgelastet ist, den Stand des herkömmlichen Wissens ungefähr so zu hüten, wie die Schäfer ihre Schafe.

*

Mit dem 14. Kapitel des jetzt vorliegenden IV. Bandes sind wir am Ende einer langen Reise angelangt. Am 1. Juli 1984 hatte ich mit Christina Burckhard begonnen, das erste Kapitel des Ersten Bandes zu schreiben. Christina schrieb alles in chinesische Kladden von Hand und tippte die Texte dann auf einer Schreibmaschine ins Reine. Aber erst mit Hilfe des Mathematikstudenten Michael Felten, der mit einem der ersten Computerprogramme für mathematische Schriften vertraut war, begann sich das Vorhaben zu verwirklichen.

Jetzt im Sommer 2020 sind längst über 35 Jahre vergangen. Yvonne und ich schreiben an den letzten Kapiteln von Band IV des Primzahlkreuzes. Wir wohnen jetzt in Marburg, wo ich mit einem Paukenschlag mein drittes Studium in Pharmazeutischer Chemie mit der Note summa cum laude vor langer Zeit abgeschlossen habe.

Wir hatten im Sommer 2017 beschlossen, die schöne, doch sterbenslangweilige Schweiz wieder zu verlassen und nach Deutschland zurückzugehen. In der Schweiz waren wir bis zum 9. Kapitel vorgedrungen, in dem die Indices der primitiven Wurzeln zur Basis 2 modulo 19 verglichenen werden mit den quadratischen Resten der Primzahl 19. Wir begannen zu ahnen, welche Brisanz in den Überlegungen zum Vertauschungsgesetz 6 zu 6 zu 13 bzw. 13 zu 13 zu 6 verborgen ist. Dies gab uns die Kraft und das Vertrauen, dass der letzte Band fertiggestellt werden würde.

Das Haus in Overath stand nicht mehr zur Verfügung, da dieses, um den Leerstand zu vermeiden, inzwischen neu vermietet war.

Meine Tochter Vanessa lebt schon seit vielen Jahren hier in Marburg mit ihrer Familie. Sie hat gerade im Fach Neue Geschichte habilitiert und wird später eine Professorenstelle antreten. Als wir noch in der Schweiz wohnten, hatte sie das Haus in Düsseldorf auf der Bruhnstrasse verkauft und von dem Erlös ein altes Dreifamilienhaus in Marburg erworben und renovieren lassen, wo wir nun eine der Wohnungen bezogen haben.

Ich bin nun 81 Jahre alt und obwohl ich aus einem Grund, den ich nicht kenne, schlank und faltenlos geblieben bin, sind die Aussichten – auch nach Herausgabe des IV Bandes – über die Medien meine Erkenntnisse in die Welt zu bringen und eine neue Raumfahrt mit der Stickstoffverbrennung einzuleiten, gering.

Die Situation erinnert mich an die des jungen Carl Friedrich Gauß, der erleben musste, dass seine Disquisitiones über viele Jahre hinweg praktisch unverkäuflich blieben. Sein Buch war in lateinischer Sprache geschrieben und blieb schon daher ein Buch mit sieben Siegeln. Heute wird im Mathematikstudium die Zahlentheorie nicht gelehrt.

Als ich im Juli 1984 damit begonnen hatte, Band I „Das Primzahlkreuz" zu schreiben, besaß ich außer der Überlegung, die Primzahlzwillinge zyklisch zu untersuchen, noch wenig wissenschaftliches Material.

Ein Gedanke fesselte mich. Die Theorien vom Urknall mussten falsch sein. Der unendliche Weltraum konnte nicht irgendwann einmal leer gewesen sein. Der Gedanke, dass sich unendlich viel Energie schlagartig in Materie verwandelt haben soll, war für mich dummdreist. Hierbei sollen Protonen entstanden sein, die über eine positive Ladung verfügen.

Da aber unsere Physiker nicht wissen, wo die positive Ladung auf dem Proton liegt und gleichzeitig behaupten, dass ein Neutron gar keine Ladung besitzt, ist die Erklärung für die Tatsache, dass das Neutron nach ein paar Minuten im Weltall ein Elektron auswirft, ein Widerspruch. Für mich stand damit fest, dass sich das Fach Theoretische Physik in eine riesige Schwindelei verwandelt haben musste. Ich brauchte zwanzig Jahre, um die Oberfläche des Neutrons als komplex zu erfassen.

Schon damals war mir aufgefallen, dass das Deuterium mit seinen Potentialdifferenzen –1 und +2 genau die Ladungszahlen besitzt, die auch den radioaktiven Zerfall steuern.

Dieser ist dadurch gekennzeichnet, dass jeweils entweder ein Elektron mit der Ladung –1 oder ein Alphateilen mit der Ladung + 2 den Kern verlassen.

Durch die vierpolige Ladungsgeometrie konnte ich die Oberfläche des Deuteriums mit seiner Geometrie –1, +2, +2i, –2i darstellen. (Abb. 72, Bd. III, S. 397).

Jetzt ließen sich auch die Fakten für den Hintergrund der Entstehung der Materie durch die Kernfusion in der Sonne und deren radioaktiver Zerfall auf der Erde kernchemisch auf die beiden Ergänzungssätze zum Quadratischen Reziprozitätsgesetz zurückführen. Hiermit hatte ich mir einen Traum verwirklicht.

Gauß hat das Quadratische Reziprozitätsgesetz bewiesen, und ich empfand Freude daran, seine beiden Ergänzungssätze

–1 nach p
und
+2 nach p

als ursächlich für die beiden entscheidenden Abläufe im Sonnensystem verantwortlich gemacht zu haben. Gemeint sind:

1.) Die Produktion von Helium in der Sonne.
2.) Die Abgabe von Helium in Form von Alphateilen beim radioaktiven Zerfall der Materie hier auf der Erde.

*

Peter Plichta im Primzahlraum

Peter Plichta: „... Die Trinität von Raum, Zeit und Zahlen“

Notizen

Notizen